Probabilità in Fisica

T0219967

Guido Boffetta
Angelo Vulpiani

Probabilità in Fisica

Un'introduzione

 Springer

Guido Boffetta
Dipartimento di Fisica
Università di Torino

Angelo Vulpiani
Dipartimento di Fisica
Università La Sapienza, Roma

UNITEXT- Collana di Fisica e Astronomia
ISSN versione cartacea: 2038-5730

ISSN elettronico: 2038-5765

ISBN 978-88-470-2429-8
DOI 10.1007/978-88-470-2430-4

ISBN 978-88-470-2430-4 (eBook)

Springer Milan Dordrecht Heidelberg London New York

© Springer-Verlag Italia 2012

Copertina: Simona Colombo, Milano
Impaginazione: CompoMat S.r.l., Configni (RI)
Stampa: GECA Industrie Grafiche, Cesano Boscone (Mi)

Springer-Verlag Italia S.r.l., Via Decembrio 28, I-20137 Milano
Springer fa parte di Springer Science + Business Media (www.springer.com)

Prefazione

La prima reazione a questo libro potrebbe essere:

Perché un altro libro di probabilità? Perché questo titolo?

Una risposta, non particolarmente originale, è che la probabilità costituisce un linguaggio ed uno strumento tecnico e concettuale ormai ben consolidato la cui importanza difficilmente può essere sopravvalutata. Tanto per non tirarla troppo per le lunghe si può citare il grande J. Clerk Maxwell:

The true logic for this world is the calculus of Probabilities.

Nonostante il calcolo delle probabilità sia presente in quasi tutti i campi della fisica, per nostra esperienza sappiamo che molto spesso gli studenti di fisica presentano gravi lacune (sia tecniche che concettuali) anche su aspetti di base della probabilità. Paradossalmente anche chi si occupa di meccanica statistica a volte non è immune da questi difetti di preparazione. Queste carenze sono dovute, a nostro avviso, all'organizzazione didattica che tipicamente relega la presentazione, spesso frammentaria e che utilizza solo matematica elementare, dei concetti e tecniche di base del calcolo delle probabilità ai primi anni nei corsi di laboratori e qualche cenno nel corso di meccanica statistica. Mentre una trattazione sistematica e più rigorosa è disponibile solo in corsi avanzati (non obbligatori) della laurea specialistica, in genere con un taglio matematico o fisico-matematico.

Anche sui punti fondamentali, come la legge dei grandi numeri ed il teorema del limite centrale, è facile imbattersi con idee vaghe (se non errate) sulla reale validità dei risultati. Tra le tante possiamo citare la ridicola affermazione (attribuita a Poincaré[1]) che circola sulla diffusa presenza della funzione gaussiana in molti fenomeni, ammantata di una non necessaria aura di mistero:

Gli sperimentali pensano sia un teorema matematico, mentre i matematici lo credono un fatto sperimentale.

---

[1] Ci rifiutiamo di credere che il grande scienziato possa aver detto, se non con intento scherzoso, una tale stupidaggine.

Questo diffuso disinteresse per la probabilità tra i fisici è per certi aspetti inspiega-
bile e suona quasi paradossale in quanto i moderni sviluppi della teoria della probabilità sono stati chiaramente ispirati dalla fisica. Anche senza essere esperti di storia
delle scienze si può tranquillamente sostenere che nella seconda metà dell'Ottocen-
to il vecchio approccio classico alla probabilità non aveva possibilità di sviluppo,
sia per problemi interni, ma soprattutto per mancanza di applicazioni serie. Sono
stati proprio gli stimoli provenienti dalla fisica, a cominciare con lo sviluppo della
meccanica statistica da parte di J.C. Maxwell e L. Boltzmann, ed il moto browniano
(con A. Einstein, M. Smoluchowski e P. Langevin) che hanno permesso lo sviluppo
moderno del calcolo della probabilità e la teoria dei processi stocastici.

In fisica il calcolo delle probabilità ha un ruolo centrale e questo per diversi
motivi. Oltre a quelli ovvi (analisi dei dati) possiamo elencare:

- chiarire alcuni aspetti fondamentali della meccanica statistica, ad esempio: il significato matematico degli insiemi statistici, l'importanza dei tanti gradi di libertà coinvolti negli oggetti macroscopici, il principio di massima entropia (tanto
  spesso citato a sproposito);
- districarsi nell'apparente dicotomia tra la descrizione deterministica (in termini
  di equazioni differenziali) della fisica classica e l'uso di approcci probabilistici;
- orientarsi nei problemi di modellizzazione di fenomeni "complessi", ad esempio
  quelli che coinvolgono gradi di libertà con tempi caratteristici molto diversi.

Lo schema del libro è il seguente:

- La Prima Parte (Capitoli 1, 2 e 3) è costituita da un'*Introduzione generale alla
  probabilità*. Particolare enfasi è dedicata alla probabilità condizionata, alle densità marginali ed ai teoremi limite (legge dei grandi numeri, teorema del limite
  centrale e teoria delle grandi deviazioni). Alcuni esempi sono introdotti con lo
  scopo esplicito di evidenziare come molti risultati della meccanica statistica non
  sono altro che applicazioni di aspetti generali del calcolo delle probabilità.
- Nella Seconda Parte (Capitoli 4, 5 e 6) presentiamo i *Concetti fondamentali dei
  processi stocastici*. Dopo una discussione del moto Browniano, introduciamo le
  catene di Markov ed i processi stocastici la cui densità di probabilità è regolata
  dall'equazioni di Fokker- Planck. Due brevi parentesi, sul metodo Montecarlo
  e l'uso delle equazioni differenziali stocastiche per i modelli climatici, danno
  un'idea dell'importanza applicativa dei processi stocastici in fisica.
- La Terza Parte (Capitoli 7, 8 e 9) è una *Selezione di argomenti avanzati*: analisi dei sistemi deterministici caotici in termini probabilistici; generalizzazione
  del teorema del limite centrale per variabili con varianza infinita (funzioni stabili
  di Lévy); rilevanza delle distribuzioni non gaussiane nei processi di diffusione.
  Discutiamo infine alcuni dei molti aspetti dell'entropia, dalla meccanica statistica, alla teoria dell'informazione, al caos deterministico. Inutile dire che la scelta
  degli argomenti di questa terza parte è dettata in gran parte dagli interessi degli
  autori.

Per completezza in ogni capitolo abbiamo incluso alcuni esercizi e proposto semplici esperimenti numerici.

L'Appendice è divisa in due parti: la prima metà è un sillabo che contiene definizioni e concetti di base, ed è stata inserita alla fine del libro per non appesantire il testo con materiale che per qualche lettore è sicuramente superfluo. Nella seconda parte discutiamo tre argomenti interessanti, anche se in parte un po' a margine della fisica: un'applicazione (tecnicamente elementare ma con conseguenze non banali) della probabilità alla genetica; la statistica degli eventi estremi ed un'applicazione (al limite del lecito) del calcolo delle probabilità alla distribuzione dei numeri primi.

Infine, sono riportate le soluzioni degli esercizi.

I prerequisiti richiesti al lettore sono solo la matematica di base a livello universitario, per intendersi derivate, integrali, serie, calcolo combinatorio elementare e trasformate di Fourier.

Il primo ringraziamento è per Luca Peliti che ci ha incoraggiato in questo progetto con suggerimenti e consigli che hanno migliorato il libro. Stefano Berti, Massimo Cencini, Fabio Cecconi, Filippo De Lillo, Massimo Falcioni, Giacomo Gradenigo, Miguel Onorato, Davide Vergni e Dario Villamaina hanno letto parti del testo suggerendo miglioramenti, a loro tutti il nostro grazie. Un ringraziamento particolare ad Alessandro Sarracino ed Umberto Marini Bettolo Marconi che hanno scovato molti punti poco chiari, refusi ed errori.

Torino e Roma, ottobre 2011

Guido Boffetta
Angelo Vulpiani

Indice

1 Introduzione 1
  1.1 Un po' di storia: gli albori 1
      1.1.1 La probabilità come frequenza 2
      1.1.2 La probabilità classica 2
      1.1.3 Il paradosso di Bertrand 5
  1.2 La teoria della probabilità diventa una scienza matura 7
      1.2.1 Il concetto di indipendenza 9
      1.2.2 Un altro assioma 10
  1.3 Probabilità e mondo reale 11
  Esercizi 15
  Letture consigliate 15

2 Qualche risultato con un po' di formalismo 17
  2.1 Probabilità condizionata 17
      2.1.1 Finti paradossi: basta saper usare la probabilità condizionata 19
  2.2 Funzioni generatrici: come contare senza sbagliare 23
      2.2.1 Funzioni generatrici e processi di ramificazione 24
  2.3 Qualche risultato facile ma utile 27
      2.3.1 Come cambiare variabile 27
      2.3.2 Cosa fare se alcune variabili non interessano 29
  2.4 Applicazioni in Meccanica Statistica 30
      2.4.1 Dall'insieme microcanonico a quello canonico 30
      2.4.2 Densità di probabilità marginali meccanica statistica 31
  Esercizi 34
  Letture consigliate 36

3 Teoremi Limite: il comportamento statistico di sistemi con tante variabili 37
  3.1 La legge dei grandi numeri 37
      3.1.1 Qualcosa meglio di Chebyshev: la disuguaglianza di Chernoff 38

3.2   Teorema del limite centrale 40
    3.2.1   Cosa succede se le variabili non sono indipendenti? 45
3.3   Grandi Deviazioni 46
    3.3.1   Oltre il limite centrale: la funzione di Cramer 48
3.4   Grandi e piccole fluttuazioni in meccanica statistica 50
    3.4.1   Teoria di Einstein delle fluttuazioni 51
3.5   Qualche applicazione dei teoremi limite oltre la fisica 54
    3.5.1   Legge dei grandi numeri e finanza 54
    3.5.2   Non sempre tante cause indipendenti portano alla
            gaussiana: la distribuzione lognormale 56
Esercizi 58
Letture consigliate 61

4   Il moto Browniano: primo incontro con i processi stocastici 63
4.1   Le osservazioni 63
4.2   La teoria: Einstein e Smoluchowski 64
4.3   La derivazione di Langevin ed il Nobel a Perrin 66
4.4   Un semplice modello stocastico per il moto browniano 69
4.5   Un modello ancora più semplice: il random walk 71
Esercizi 73
Letture consigliate 73

5   Processi stocastici discreti: le catene di Markov 75
5.1   Le catene di Markov 76
    5.1.1   La distribuzione di probabilità stazionaria 78
    5.1.2   Il ruolo delle barriere: il giocatore in rovina 80
5.2   Proprietà delle catene di Markov 82
    5.2.1   Catene di Markov ergodiche 84
    5.2.2   Catene di Markov reversibili 86
    5.2.3   Il modello di Ehrenfest per la diffusione 87
5.3   Come usare le catene di Markov per scopi pratici: il metodo
       Monte Carlo 91
5.4   Processi a tempo continuo: la master equation 94
    5.4.1   Un esempio: processi di nascita e morte 95
Esercizi 96
Letture consigliate 98

6   Processi stocastici con stati e tempo continui 99
6.1   Equazione di Chapman-Kolmogorov per processi continui 99
6.2   L'equazione di Fokker-Planck 101
    6.2.1   Alcuni casi particolari 104
    6.2.2   Soluzioni col metodo delle trasformate di Fourier 105
6.3   L'equazione di Fokker-Planck con barriere 107
    6.3.1   Soluzioni stazionarie dell'equazione di Fokker-Planck 108
    6.3.2   Tempi di uscita per processi omogenei 110

6.4   Equazioni differenziali stocastiche 114
    6.4.1   La formula di Ito 115
    6.4.2   Dalla EDS all'equazione di Fokker-Planck 117
    6.4.3   Il processo di Ornstein-Uhlenbeck 118
    6.4.4   Il moto browniano geometrico 119
6.5   Sulla struttura matematica dei processi Markoviani 119
6.6   Un'applicazione delle equazioni differenziali stocastiche allo
    studio del clima 120
    6.6.1   Le EDS come modelli efficaci 120
    6.6.2   Un semplice modello stocastico per il clima 122
    6.6.3   Il meccanismo della risonanza stocastica 124
Esercizi 127
Letture consigliate 128

7   **Probabilità e sistemi deterministici caotici** 129
7.1   La scoperta del caos deterministico 129
7.2   L'approccio probabilistico ai sistemi dinamici caotici 134
    7.2.1   Ergodicità 137
7.3   Sistemi caotici e catene di Markov 140
7.4   Trasporto e diffusione nei fluidi 141
7.5   Ergodicità, meccanica statistica e probabilità 144
    7.5.1   Ipotesi ergodica e fondamenti della meccanica statistica 144
    7.5.2   Il problema ergodico e la meccanica analitica 146
    7.5.3   Un risultato inaspettato 147
    7.5.4   Teoremi e simulazioni 149
    7.5.5   L'ergodicità è veramente necessaria? 150
7.6   Osservazioni finali su caos, ergodicità ed insiemi statistici 151
Esercizi 152
Letture consigliate 153

8   **Oltre la distribuzione Gaussiana** 155
8.1   Qualche osservazione 155
8.2   Distribuzioni di probabilità infinitamente divisibili e distribuzioni
    stabili 157
    8.2.1   Un esempio dalla fisica 160
8.3   Non sempre i processi di diffusione hanno distribuzione gaussiana . 160
    8.3.1   Dispersione relativa in turbolenza 161
    8.3.2   Diffusione anomala in presenza di correlazioni temporali
        lunghe 165
    8.3.3   Diffusione anomala in una schiera di vortici 166
8.4   Appendice: la trasformata di Laplace nel calcolo delle probabilità . . 168
Esercizi 170
Letture consigliate 171

9   Entropia, informazione e caos 173
 9.1   Entropia in termodinamica e meccanica statistica 173
 9.2   Principio di massima entropia: cornucopia o vaso di Pandora? 175
 9.3   Entropia ed Informazione 177
        9.3.1 Entropia di Shannon................................. 178
        9.3.2 Teorema di Shannon-McMillan 179
        9.3.3 Entropia e caos 181
 9.4   Osservazioni conclusive 183
 Esercizi 183
 Letture consigliate 184

Appendice.   Qualche risultato utile e complementi 187
 A.1 Densità di probabilità marginali e condizionate 187
        A.1.1 Densità di probabilità condizionata 188
        A.1.2 Tre o più variabili 189
 A.2 Valori medi.. 190
        A.2.1 Una disuguaglianza spesso utile 190
        A.2.2 Valori medi condizionati 191
        A.2.3 Dai momenti alla densità di probabilità 191
        A.2.4 Cumulanti 192
 A.3 Qualche distribuzione notevole 192
        A.3.1 Distribuzione binomiale.............................. 192
        A.3.2 Distribuzione di Poisson 193
        A.3.3 Distribuzione χ^2 di Pearson 194
        A.3.4 Ancora sulla distribuzione di Poisson 195
        A.3.5 Distribuzione multidimensionale di variabili gaussiane 196
 A.4 Funzione gamma di Eulero ed approssimazione di Stirling 197
        A.4.1 Il metodo di Laplace 198
 A.5 Il contributo di un grande matematico alla probabilità in genetica:
        un calcolo elementare 199
 A.6 Statistica degli eventi estremi.............................. 200
 A.7 Distribuzione dei numeri primi: un'applicazione (al limite del
        consentito) della teoria della probabilità 203
 Letture consigliate 205

Soluzioni 207

Indice analitico.. 229

1

Introduzione

1.1 Un po' di storia: gli albori

Come è consueto iniziamo con un breve excursus storico, ovviamente senza pretese di completezza e rigore metodologico. Nel nostro caso l'introduzione storica non è solo un omaggio ai padri fondatori ma anche un'opportunità per sottolineare alcuni aspetti concettuali.

La teoria della probabilità è tra le discipline matematiche una delle più recenti, formalizzata solo nel XX secolo. Ha visto i suoi albori molto tardi (rispetto a branche come la geometria, l'algebra e l'analisi), ed inizialmente per motivi piuttosto frivoli: i giochi d'azzardo. Come origine del calcolo delle probabilità è spesso citato il problema, sollevato dal cavalier A.G. de Méré (un accanito giocatore) e risolto da B. Pascal. Il problema era il seguente: spiegare perché (come da evidenza empirica) puntando sull'uscita di almeno un 6 in 4 lanci di un dado (non truccato) sia più facile vincere che perdere, mentre puntando sull'uscita di almeno un doppio 6 in 24 lanci di una coppia di dadi è più facile perdere che vincere. De Méré era convinto che le probabilità di vittoria nei due casi dovessero essere uguali[1]. La risposta di Pascal fu di calcolare bene le probabilità ed ottenere così il risultato giusto. La soluzione è piuttosto semplice: poiché il dado ha 6 facce equivalenti la probabilità di ottenere 6 in un lancio è $p = 1/6$, la probabilità di avere un risultato diverso da 6 è $q = 1 - p = 5/6$, quindi la probabilità di non avere neanche un 6 in 4 lanci è $q^4 = (5/6)^4$ e la probabilità di avere almeno un 6 in 4 lanci è $1 - q^4 = 1 - (5/6)^4 = 671/1296 \simeq 0.517$.

Per il secondo gioco si procede in modo analogo: la probabilità di un doppio 6 nel lancio di una coppia di dadi è $p = 1/36$, quindi la probabilità di avere un risultato diverso è $q = 1 - 1/36 = 35/36$, e la probabilità di avere almeno una coppia di 6

---

[1] Per la curiosità del lettore, l'argomento (errato) di de Méré era il seguente: se in un gioco ripetuto la probabilità di vincere in un singolo tentativo è $1/N$, allora ci sarà un numero n^* (proporzionale ad N) tale che se $n > n^*$ la probabilità di vincita puntando su almeno un evento in n prove è maggiore della probabilità di perdita. Nel primo gioco $N = 6$ mentre nel secondo $N = 36$ quindi prendendo rispettivamente $n = 4$ ed $n = 24$ si ha che il rapporto n/N è $4/6 = 24/36$ quindi non sarebbe possibile che nel primo gioco la probabilità di vincere sia maggiore di quella di perdere, mentre nel secondo sia il contrario.

Boffetta G., Vulpiani A.: Probabilità in Fisica. Un'introduzione.
DOI 10.1007/978-88-470-2430-4_1, © Springer-Verlag Italia 2012

in 24 lanci è $1 - q^{24} = 1 - (35/36)^{24} \simeq 0.491$. È notevole il fatto che de Méré, pur modesto matematico, sia stato in grado di valutare dalle osservazioni una differenza di solo il 3%.

La prima opera "seria" (che anticipa uno dei risultati fondamentali del calcolo delle probabilità, cioè la legge dei grandi numeri) è il trattato *Ars conjectandi* di Jakob Bernoulli, pubblicato postumo nel 1713.

1.1.1 La probabilità come frequenza

La legge dei grandi numeri ci assicura che, in un senso che discuteremo in dettaglio nel Capitolo 3, se P è la probabilità che un certo evento accada (ad esempio esca testa nel lancio di una moneta), allora se si effettuano N prove (indipendenti), indicando con N^* il numero di volte che l'evento accade, allora a "parte eventi rari" si ha che

$$\lim_{N \to \infty} \frac{N^*(N)}{N} = P \,. \tag{1.1}$$

In termini più precisi, per ogni $\varepsilon > 0$ la probabilità che $N^*(N)/N$ si discosti più di ε da P diventa arbitrariamente piccola al crescere di N:

$$\lim_{N \to \infty} P\left(\left| \frac{N^*(N)}{N} - P \right| > \varepsilon \right) = 0 \,. \tag{1.2}$$

Una proposta che suona naturale è di definire probabilità dell'evento come la sua frequenza nel limite di tante prove. A rigor di logica la cosa non è senza difetti e si potrebbe obiettare che:

- si ha una circolarità (autorefenzialità) nella (1.2);
- c'è il problema che la (1.2) non assicura la convergenza di N^*/N a P per tutte le successioni, ma solo per "quasi tutte le successioni", ad esempio nel lancio di una moneta l'uscita della sequenza con N volte testa può ovviamente accadere;
- quanto deve essere grande N?
- come si decide che l'approssimazione è buona?

Non è facile rispondere in termini elementari a queste domande. Risposte, almeno parziali, saranno discusse quando tratteremo i teoremi limite e la teoria delle grandi deviazioni.

1.1.2 La probabilità classica

Nel 1716 A. de Moivre in *Doctrine de Changes* introduce la cosiddetta definizione classica della probabilità: la probabilità di un evento è il rapporto tra il numero di casi favorevoli e quelli possibili, supposto che tutti gli eventi siano equiprobabili[2]. Inoltre de Moivre mostra, in una situazione specifica, un caso particolare del teorema del limite centrale [3].

Un ruolo fondamentale per la probabilità classica è giocato, all'inizio del XIX secolo da P.S. Laplace con il suo *Théorie analytique des probabilités*. Nell'edizione del 1814 è incluso il saggio *Essai Philosophique des probabilites* che contiene il celebre manifesto sul determinismo:

> Dobbiamo dunque considerare lo stato presente dell'universo come effetto del suo stato anteriore e come causa del suo stato futuro. Un'intelligenza che, per un dato istante conoscesse tutte le forze di cui è animata la natura e la situazione rispettiva degli esseri che la compongono, se per di più fosse abbastanza profonda per sottomettere questi dati all'analisi, abbraccerebbe nella stessa formula i movimenti dei più grandi corpi dell'universo e dell'atomo più leggero: nulla sarebbe incerto per essa e l'avvenire, come il passato, sarebbe presente ai suoi occhi.

Può sembrare paradossale trovare quella che è considerata la formulazione per antonomasia del punto di vista deterministico, in un'opera dedicata alla probabilità.

Poche pagine dopo Laplace cerca di dare una spiegazione all'apparente contraddizione tra l'esistenza di fenomeni irregolari ed il determinismo:

> La curva descritta da una semplice molecola di aria o di vapore è regolata con la stessa certezza delle orbite planetarie: non v'è tra di esse nessuna differenza, se non quella che vi pone la nostra ignoranza. La probabilità è relativa in parte a questa ignoranza, in parte alle nostre conoscenze.

La definizione classica di probabilità, che è basata su eventi discreti, ha evidenti difficoltà nel caso si considerino variabili continue. Tuttavia l'approccio può essere generalizzato, almeno in certe situazioni, e portare alla probabilità geometrica. Per darne un esempio consideriamo il seguente problema: una stanza è pavimentata con piastrelle quadrate di lato L, si lanci una moneta di diametro $d < L$, ci si chiede la probabilità (che, si badi bene, non è ancora stata definita) che la moneta cada a cavallo di almeno 2 piastrelle. Nella Fig. 1.1 è mostrata la zona in cui deve cadere il centro della moneta per avere l'evento voluto. È naturale (o almeno sembra) supporre che la probabilità sia il rapporto tra l'area della parte tratteggiata e l'area della piastrella, quindi $p = 1 - (L - d)^2/L^2$. Quindi, nell'ambito della probabilità geometrica si definisce come probabilità il rapporto tra l'area dell'evento favorevole e quella totale[4]. Ovviamente in una dimensione, invece dell'area, si usa la lunghezza ed in tre dimensioni il volume.

---

[2] Un minimo di riflessione porta a sospettare che in questa definizione ci sia un punto debole perché il concetto di equiprobabile è autoreferenziale.

[3] Come notato da Kac e Ulam, per qualche purista il risultato di de Moivre non sarebbe da considerare molto profondo in quanto solo un'applicazione piuttosto semplice di formule combinatorie elementari e dell'approssimazione di Stirling $n! \simeq \sqrt{2\pi n}\, n^n e^{-n}$.

[4] Notare che, in termini moderni, nel problema del lancio della moneta la definizione equivale ad assumere che la densità di probabilità congiunta delle variabili x ed y (rispettivamente ascissa ed ordinata del centro della moneta) sia costante, e quindi si ricorre ancora di fatto all'utilizzo del concetto di "equiprobabile" della probabilità classica.

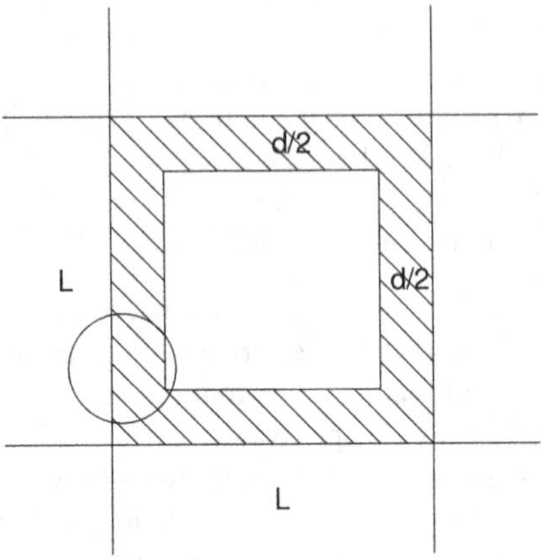

Fig. 1.1 Il problema del lancio della moneta. L'area tratteggiata, di larghezza $d/2$, rappresenta la regione in cui deve cadere il centro della moneta affinché essa sia cavallo di almeno due piastrelle

A prima vista tutto sembra sensato, purtroppo, come vedremo in seguito, l'idea di fondo della probabilità geometrica nasconde un aspetto sottile che non può essere superato senza un radicale ripensamento del problema su solide basi matematiche.

1.1.2.1 Come calcolare π lanciando aghi sul pavimento

Un'interessante applicazione della probabilità geometrica è il cosiddetto problema dell'ago di Buffon. Un pavimento è ricoperto di parquet con listelli uguali di larghezza d, un ago di lunghezza $L < d$ è lasciato cadere in modo casuale. Ci si domanda la probabilità che l'ago cada a cavallo tra due listelli. Indichiamo con x la distanza dalla linea di separazione tra due listelli ed il centro dell'ago, e con θ l'angolo che forma l'ago con la retta perpendicolare alla separatrice, vedi Fig. 1.2 ed assumiamo che x e θ siano distribuiti in modo uniforme in $(0,d]$ e $(0,\pi/2]$ rispettivamente. Si ha intersezione, vedi Fig. 1.2, quando

$$\frac{L}{2}\cos\theta > x,\tag{1.3}$$

questo corrisponde all'ago che interseca la linea separatrice di sinistra, oppure

$$\frac{L}{2}\cos\theta > d - x,\tag{1.4}$$

corrispondente all'intersezione con la linea a destra. Quindi la probabilità è data da

$$P = \frac{Area(F)}{Area(E)},$$

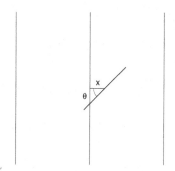

Fig. 1.2 Il problema dell'ago di Buffon di lunghezza L lanciato a caso su un pavimento formato da listelli di larghezza d

ove $Area(F)$ e $Area(E)$ sono rispettivamente l'area della regione per la quale vale la (1.3) oppure la (1.4) e l'area totale. Un facile calcolo fornisce

$$P = \frac{4}{\pi d} \int_0^{\frac{\pi}{2}} \frac{L}{2} \cos\theta\, d\theta = \frac{2L}{\pi d}. \tag{1.5}$$

A questo punto, invocando la legge dei grandi numeri si può pensare di calcolare π lanciando un grande numero di volte ($N \gg 1$) un ago e contando il numero di volte (N^*) che l'ago interseca la separatrice si ottiene una buona stima di $P \simeq N^*/N$ e quindi dalla (1.5) una stima di π:

$$\pi \simeq \frac{2LN}{dN^*}.$$

Questo risultato può essere considerato l'antenato del metodo Montecarlo: facendo ricorso alla legge dei grandi numeri ed usando una metodologia stocastica è possibile risolvere un problema (il calcolo di π) che non ha niente di aleatorio.

1.1.3 Il paradosso di Bertrand

Il linguaggio colloquiale non è sempre in grado di evitare situazioni paradossali, questo è ben evidente nel seguente esempio (dovuto a Bertrand). Si consideri il problema: dato un cerchio di raggio unitario si disegni una corda a caso. Calcolare la probabilità che la lunghezza della corda sia maggiore di $\sqrt{3}$ (il lato del triangolo equilatero inscritto).

Prima risposta. Prendiamo un punto P sul bordo del disco. Tutte le corde che partono da P sono parametrizzate da un angolo θ, vedi Fig. 1.3a. Se si vuole che la corda sia più lunga di $\sqrt{3}$ l'angolo θ deve essere compreso in un settore di 60 gradi in un intervallo di 180, quindi la probabilità è $60/180 = 1/3$.

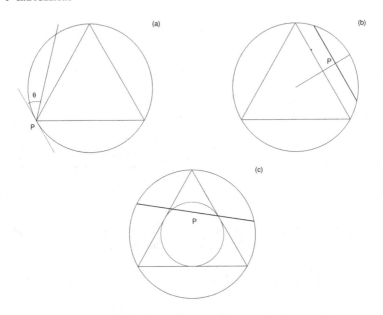

Fig. 1.3 Tre possibili soluzioni del problema di Bertrand

Seconda risposta. Consideriamo un punto P su un raggio e la corda passante per P e perpendicolare al raggio, vedi Fig. 1.3b. La corda è più lunga di $\sqrt{3}$ se il suo centro P è nella parte interna (di lunghezza $1/2$), quindi poiché il raggio è 1 la probabilità è $1/2$.

Terza risposta. Se il centro della corda cade nel disco di raggio $1/2$ allora la corda è più lunga di $\sqrt{3}$, vedi Fig. 1.3c, poiché l'area di questo cerchio è $\pi/4$ mentre l'area totale è π, la probabilità è $1/4$.

Qual è la risposta giusta? Semplicemente la domanda è mal posta, perché "si disegni una corda a caso" è decisamente troppo vago, ed in ognuna delle tre risposte c'è un'assunzione nascosta che sembra naturale, ma è invece arbitraria. Nella prima si è assunto che l'angolo θ sia uniformemente distribuita, nella seconda che il centro della corda sia uniformemente distribuito sul diametro, mentre nella terza che il centro della corda sia uniformemente distribuito all'interno del cerchio.

È chiaro che il paradosso di Bertrand mostra l'ambiguità di alcune idee apparentemente intuitive, che spesso vengono invocate (a sproposito) in ambito fisico. Ad esempio non ha alcun senso, senza qualche specifico argomento dettato dalla fisica od altro, dire *è naturale assumere che una densità di probabilità sia uniforme*.

1.2 La teoria della probabilità diventa una scienza matura

Alla fine del XIX secolo era ormai ben chiaro che il calcolo delle probabilità necessitasse di una profonda e solida sistematizzazione sia tecnica che concettuale. Non è certo un caso che D. Hilbert nel suo celebre discorso al congresso mondiale dei matematici del 1900 a Parigi, nell'elenco dei 23 problemi aperti pone (come sesto) quello di *trattare in modo assiomatico quelle parti delle scienze fisiche in cui la matematica gioca un ruolo importante; in particolare la teoria della probabilità ... e lo sviluppo rigoroso e soddisfacente del metodo delle medie in fisica matematica, in particolare nella teoria cinetica dei gas.*

L'iniziatore di questo progetto è stato E. Borel che intuì che la teoria della misura di Lebesgue dovesse essere la base matematica della teoria della probabilità. Il programma di formalizzazione può essere considerato concluso nel 1933 con la pubblicazione del libro di A.N. Kolmogorov *Grundbegriffe der Wahrscheinlichkeitsrechnung* (Concetti fondamentali di teoria delle probabilità) [5]. Discutiamo brevemente gli assiomi introdotti da Kolmogorov per formalizzare il calcolo delle probabilità ed il loro significato.

Consideriamo un insieme Ω di eventi elementari ω e sia $\mathscr{F}$ una famiglia di sottoinsiemi di Ω. Chiamiamo Ω spazio degli eventi ed eventi casuali (o semplicemente eventi) gli elementi di $\mathscr{F}$:

I. $\mathscr{F}$ è un'algebra d'insiemi, cioè $\Omega \in \mathscr{F}$, ed $\mathscr{F}$ è chiuso rispetto all'operazione di unione, intersezione e complemento, cioè se $A \in \mathscr{F}$, e $B \in \mathscr{F}$, allora anche $A \cap B$, $A \cup B$ e $\overline{A} = \Omega - A$ sono contenuti in $\mathscr{F}$ [6].

II. Ad ogni elemento A di $\mathscr{F}$ si associa un numero reale non negativo (la probabilità di A) $P(A)$.

III. $P(\Omega) = 1$.

IV. Se due insiemi A e B sono disgiunti (cioè $A \cap B = \emptyset$) allora $P(A \cup B) = P(A) + P(B)$.

La terna $(\Omega, \mathscr{F}, P)$ è detta spazio di probabilità. È un facile esercizio mostrare che

$$P(\overline{A}) = 1 - P(A) \,, \; P(\emptyset) = 0 \,, \; 0 \leq P(A) \leq 1 \,.$$

Discutiamo ora il significato concettuale (ed empirico) dei quattro assiomi di Kolmogorov, cosa importante se si vuole che il calcolo delle probabilità non sia solo una branca della matematica ma sia anche utilizzabile nelle scienze.

Consideriamo un "esperimento" $\mathscr{S}$ che può essere ripetuto un numero di volte praticamente illimitato, e consideriamo un dato gruppo di eventi possibili come risultato del realizzarsi dell'esperimento $\mathscr{S}$.

---

[5] L'opera di Kolmogorov può essere vista come la summa finale che riassume il lungo processo di sistematizzazione e formalizzazione che ha visto impegnati molti matematici, tra i quali (oltre a Borel e Kolmogorov) F.P. Cantelli, M. Fréchet, A.A. Khinchin, P. Levy e M. von Mises.

[6] $B - A$ è l'insieme che contiene gli elementi di B ma non quelli di A, quindi $\overline{A} = \Omega - A$ è costituito dagli elementi non contenuti in A.

L'assioma **I** specifica gli "oggetti" per i quali ha senso definire la probabilità. Ad esempio se $\mathscr{S}$ è costituito dal lancio di una coppia di monete distinguibili, allora gli eventi elementari sono le facce visibili delle due monete, quindi $\Omega = \{TT, TC, CT, CC\}$ ove TC indica l'uscita di testa per la prima moneta e croce per la seconda e così via [7].

Le proprietà della probabilità di un evento $P(A)$ devono essere tali che:

- si è praticamente certi che se $\mathscr{S}$ è ripetuto un numero molto grande di volte ($N \gg 1$) e l'evento A accade M volte allora M/N è molto vicino a $P(A)$;
- se $P(A)$ è molto piccola allora è praticamente certo che l'evento A non avviene in una singola realizzazione di $\mathscr{S}$.

Poiché $0 \leq M/N \leq 1$ e per l'evento Ω si ha sempre $M = N$ sono naturali gli assiomi **II** e **III**.

Se A e B sono incompatibili (i.e. A e B sono disgiunti) allora $M = M_1 + M_2$ ove M, M_1 e M_2 sono rispettivamente il numero di volte che accadono gli eventi $A \cup B$, A e B allora $M/N = M_1/N + M_2/N$ che suggerisce l'assioma **IV**.

Nel caso, particolarmente importante, che l'evento elementare ω sia un numero reale allora Ω è la retta numerica reale R, e la scelta naturale per $\mathscr{F}$ sono gli intervalli semiaperti $[a, b)$. È comodo introdurre la funzione di distribuzione:

$$F(x) = P([-\infty, x)),$$

cioè la probabilità che la variabile aleatoria X sia minore di x, e la densità di probabilità

$$p_x(x) = \frac{dF(x)}{dx},$$

ovviamente si ha

$$P([a, b)) = \int_a^b p_x(x')dx'.$$

La notazione $p_x(x)$ o $p_X(x)$ indica che la densità è relativa alla variabile aleatoria X. A voler essere rigorosi la definizione di densità di probabilità ha senso solo se $F(x)$ è derivabile; tuttavia se accettiamo il fatto che $p_x(x)$ possa essere una funzione generalizzata (ad esempio con delta di Dirac) il problema non si pone[8].

Notiamo inoltre che gli assiomi di Kolmogorov sono perfettamente compatibili con la definizione della probabilità classica e di quella geometrica; inoltre l'insieme degli assiomi non è contraddittorio[9]. Aggiungiamo che Kolmogorov era un convinto

---

[7] "Ovviamente" se le monete non sono truccate si avrà $P(TT) = P(TC) = P(CT) = P(CC) = 1/4$.

[8] Se la variabile aleatoria è discreta allora $F(x)$ è costante a tratti. Per il lancio di un dado non truccato abbiamo $F(x) = 0$ per $x < 1$, $F(x) = 1/6$ per $1 \leq x < 2$, $F(x) = 2/6$ per $2 \leq x < 3$, etc, e quindi

$$p_x(x) = \sum_{n=1}^{6} \frac{1}{6} \delta(x-n).$$

[9] Basta considerare il caso in cui l'unico evento possibile è Ω, quindi $\mathscr{F}$ è costituito solo da Ω e $\emptyset$ ed inoltre $P(\Omega) = 1$, $P(\emptyset) = 0$.

frequentista nel senso che pensava che l'interpretazione della probabilità in termini di frequenza fornisse la migliore connessione tra il formalismo matematico e la realtà fisica.

1.2.1 Il concetto di indipendenza

Due eventi A e B sono detti indipendenti se

$$P(A \cap B) = P(A)P(B) \,, \qquad (1.6)$$

più in generale $A_1, A_2, ..., A_N$ sono indipendenti se

$$P(A_1 \cap A_2 \cap ... \cap A_N) = \prod_{k=1}^{N} P(A_k) \,. \qquad (1.7)$$

Questa definizione suona piuttosto intuitiva, comunque vista l'importanza del concetto è opportuno rafforzare l'intuizione. La probabilità di $A \cap B$ se A e B sono indipendenti deve essere una funzione solo di $P(A)$ e $P(B)$:

$$P(A \cap B) = F(P(A), P(B)) \,, \qquad (1.8)$$

dobbiamo ora determinare la forma di $F(x, y)$. Consideriamo il seguente esperimento: il lancio di una moneta, opportunamente truccata in modo che la probabilità di avere testa sia p, e di un dado con quattro facce numerate da 1 a 4, anche il dado è truccato in modo tale che le facce 1, 2, 3 e 4 appaiono rispettivamente con probabilità p_1, p_2, p_3 e p_4 (ovviamente $p_1 + p_2 + p_3 + p_4 = 1$). Assumiamo che il lancio della moneta e del dado sia due eventi indipendenti e consideriamo l'evento $T \cap (1 \cup 2)$, cioè che venga testa (evento A) e che appaia il lato numerato con 1, oppure quello numerato con 2 (evento B). Dall'assioma **IV** abbiamo $P(B) = p_1 + p_2$ e quindi dalla (1.8) si ha

$$P(T \cap (1 \cup 2)) = F(p, p_1 + p_2) \,, \qquad (1.9)$$

ove $p = P(A)$. Poiché $T \cap (1 \cup 2) = (T \cap 1) \cup (T \cap 2)$ ed inoltre gli eventi $T \cap 1$ e $T \cap 2$ sono disgiunti, per l'assioma **IV** e la (1.8) si ha

$$P(T \cap (1 \cup 2)) = F(p, p_1) + F(p, p_2) \,.$$

Quindi $F(x, y)$ deve soddisfare l'equazione

$$F(x, y_1 + y_2) = F(x, y_1) + F(x, y_2) \,. \qquad (1.10)$$

A questo punto, notando che $F(1, y) = y$ e $F(x, 1) = x$, assumendo (cosa che sembra naturale) che $F(x, y)$ sia continua in x ed y, dalla (1.10) si ottiene $F(x, y) = xy$.

Un altro argomento per "convincersi" della (1.6): supponiamo che in $N \gg 1$ prove l'evento A avvenga $N(A)$ volte, B avvenga $N(B)$ volte e $A \cap B$ avvenga $N(A \cap B)$

volte. Possiamo scrivere

$$\frac{N(A \cap B)}{N} = \frac{N(A \cap B)}{N(B)} \frac{N(B)}{N} ,$$

a questo punto se ha A e B sono indipendenti è sensato assumere che la realizzazione di B non influenzi l'occorrenza di A e quindi per N grandi $N(A \cap B)/N(B)$ non deve essere diverso da $N(A)/N$, ora identificando le frequenze con le probabilità segue la (1.6).

1.2.2 Un altro assioma

Kolmogorov aggiunge un quinto assioma (apparentemente innocente), quello di continuità o **additività numerabile**:

V. Se $\{A_j\}$, con $j = 1, 2, \ldots$ è una collezione numerabile di eventi in $\mathscr{F}$ a due a due disgiunti allora

$$P(\bigcup_{j=1}^{\infty} A_j) = \sum_{j=1}^{\infty} P(A_j) .$$

Per la precisione nel libro del 1933 Kolmogorov introdusse un assioma equivalente: se $\{A_j\}$ è una successione decrescente di eventi tali che $A_1 \supseteq A_2 \supseteq \ldots$ con $\lim_{N \to \infty} \bigcap_{j=1}^{N} A_j = \emptyset$ allora $\lim_{N \to \infty} P(A_N) = 0$.

A questo punto il lettore attento si sarà reso conto della struttura matematica che si nasconde dietro gli assiomi di Kolmogorov: siamo in presenza della teoria della misura con opportuno "travestimento". Ricordiamo infatti, per completezza (e comodità), che una funzione non negativa di A, $\mu(A)$ è chiamata misura se valgono le seguenti proprietà:

Proprietà 1. Se $A_1, A_2, \ldots$ sono insiemi disgiunti e misurabili allora anche la loro unione $A_1 \cup A_2 \cup \ldots$ è misurabile e

$$\mu(A_1 \cup A_2 \cup \ldots) = \mu(A_1) + \mu(A_2) + \ldots$$

Proprietà 2. Se A e B sono misurabili e $A \subset B$ allora l'insieme $B - A$ è misurabile e, per la Proprietà 1, si ha $\mu(B - A) = \mu(B) - \mu(A)$.
Proprietà 3. Un certo insieme E ha misura 1: $\mu(E) = 1$.
Proprietà 4. Se due insiemi misurabili sono congruenti (ad esempio sovrapponibili con rotazioni e/o traslazioni) hanno la stessa misura.

M. Kac sintetizzò l'approccio di Kolmogorov con lo slogan *la teoria della probabilità è la teoria della misura più un'anima*. L'anima è la nozione di dipendenza statistica e lo strumento matematico che quantifica questa nozione è la probabilità condizionata.

L'additività numerabile è un'assunzione delicata. Come esplicitamente ammette Kolmogorov è difficilmente possibile spiegare il suo significato empirico in quanto nella descrizione di ogni processo aleatorio sperimentalmente osservabile possiamo ottenere solo degli spazi di probabilità finiti. Con l'assioma **V** (che in teoria della misura corrisponde alla proprietà di σ- additività, o additività numerabile) di fatto decidiamo di limitare (arbitrariamente) la teoria ad una sottoclasse di modelli[10].

1.3 Probabilità e mondo reale

Aldilà degli aspetti tecnici è naturale chiedersi perché un fisico dovrebbe occuparsi di probabilità. In fondo lanciare dadi o monete su pavimenti piastrellati non sono cose propriamente eccitanti anche se magari non banali.

Ci sono almeno tre situazioni interessanti in fisica in cui il ricorso al calcolo delle probabilità sembra inevitabile[11]:

- Il numero dei gradi di libertà coinvolti nel problema è elevato e non si è interessati ai dettagli del sistema ma solo al comportamento collettivo di poche variabili. Questo è il caso della meccanica statistica (vedi Capitoli 7 e 9).

- Non si ha un controllo completo delle condizioni iniziali del sistema che, pur deterministico, ha un comportamento "irregolare" (instabile), questo è il caso dei sistemi con caos deterministico che può manifestarsi indipendentemente dal numero dei gradi di libertà (vedi Capitolo 7).

- In un fenomeno "complesso"[12] non si ha il controllo delle "tante cause in gioco", l'esempio paradigmatico è il moto Browniano in cui una particella colloidale (molto più grande delle molecole del fluido in cui è immersa) si muove in modo irregolare. In presenza di una netta separazione di scala tra il tempo caratteristico delle molecole e quello della particella colloidale, è possibile descrivere il fenomeno con un processo stocastico (equazione di Langevin, vedi i Capitoli 4 e 6).

I casi sopraelencati hanno un elemento comune: per qualche motivo non si ha una conoscenza completa del fenomeno e ci si "accontenta" di una descrizione non dettagliata, cioè non dello stato completo del sistema ma di una sua proiezione o di descrizione a "grana grossa"[13]. Questo modo di concepire la probabilità in fisica

---

[10] L'importanza di assumere, o meno, l'assioma **V** è nota nell'ambito della teoria della misura. Per esempio G. Vitali nel 1905 fornì un esempio di sottoinsieme della retta reale che non è misurabile rispetto a nessuna misura che sia positiva, invariante per traslazioni e σ-additiva (in particolare la misura di Lebesgue). Per la costruzione dell'insieme di Vitali è indispensabile l'assioma della scelta (di Zermelo), un aspetto delicato e controverso della teoria degli insiemi. Ad esempio per Lebesgue l'esistenza dell'insieme non misurabile trovato da Vitali non è accettabile per gli "empiristi" che rigettano l'assioma della scelta.

[11] In tutto il libro non tratteremo fenomeni quantistici che sono descritti da un formalismo in cui la probabilità gioca un ruolo fondamentale, anche più che in ambito classico.

[12] La terminologia è volutamente vaga.

[13] In inglese si usa il termine *coarse graining*.

è molto antica e la si ritrova anche in Laplace che sosteneva che la probabilità è relativa alla nostra ignoranza.

Usando la terminologia della filosofia della scienza si può dire che si è di fronte ad una concezione epistemica della probabilità, che è vista come qualcosa meramente legato alla "nostra ignoranza" e non alla natura intrinseca dei sistemi classici (che sono deterministici)[14].

Non è questa la sede per una dettagliata analisi epistemologica. Per quei lettori che si preoccupassero del significato apparentemente "negativo" di epistemico (in quanto non legato alla vera natura del sistema, ma solo alla limitate capacità umane) facciamo notare che epistemico non è affatto sinonimo di soggettivo, inoltre spesso il livello ontico e quello epistemico si possono incrociare in modo sottile. Come esempio possiamo citare il caso dei sistemi dinamici deterministici caotici, la cui natura deterministica è sicuramente una proprietà ontica in quanto intrinseca al sistema ed indipendente dalla bravura dello scienziato che studia il sistema. Al contrario la limitata predicibilità, e più in generale l'essere caotico, è da considerarsi una proprietà epistemica, infatti nel calcolo degli esponenti di Lyapunov e dell'entropia di Kolmogorov-Sinai si fà ricorso ad una descrizione non arbitrariamente accurata dello stato iniziale (ad esempio per l'entropia di Kolmogorov-Sinai si introduce una partizione dello spazio delle fasi in celle di grandezza finita). Ma non per questo il caos è un fenomeno non oggettivo[15].

Spesso i termini "probabilità", "risultato statistico" e simili sono intesi come qualcosa di vago ed impreciso, opposti alla certezza. La speranza delle certezze assolute (in scienze diverse dalla matematica), se mai c'è veramente stata (a parte in qualche vulgata semplicistica) è tramontata da tempo. Scriveva J.C. Maxwell nel 1873:

> Il fatto che dagli stessi antecedenti seguano le stesse conseguenze è una dottrina metafisica. Nessuno può negarlo. Ma non è molto utile nel mondo in cui viviamo, ove non si verificano mai gli stessi antecedenti e nulla accade identico a se stesso due volte. Infatti, per quanto possiamo saperne, uno degli antecedenti potrebbe essere la data precisa e la località dell'evento, in questo caso la nostra esperienza sarebbe del tutto inutile. [...] L'assioma della fisica che ha, in un certo senso, la stessa natura è "che da antecedenti simili seguono consequenze simili". Ma qui siamo passati da uguaglianza a somiglianza, dall'accuratezza assoluta ad una piú o meno rozza approssimazione.

Il ricorso ad un approccio probabilistico sembra quindi inevitabile: l'austero Maxwell divenne il paladino della teoria delle probabilità una scienza che, nata per motivi *futili ed immorali* (nelle parole dello stesso Maxwell), è diventata la guida necessaria per l'interpretazione del mondo.

---

[14] Al contrario, almeno nell'interpretazione ortodossa della scuola di Copenhagen, in meccanica quantistica la probabilità ha un carattere ontico, cioè intrinseco al fenomeno e non dipendente dalla mancanza di informazione dell'osservatore.

[15] Indicando con ε la taglia delle celle della partizione, l'entropia di Kolmogorov-Sinai, che misura il grado di impredicibilità del sistema, diventa indipendente da ε nel limite di piccoli ε (vedi Capitolo 9).

Si potrebbe osservare che abbiamo parlato di probabilità ma senza una definizione inattaccabile ed esplicita. La definizione classica e quella geometrica hanno i loro problemi, anche il punto di vista in termini di frequenze di serie molto lunghe non sembra immune da critiche. Nell'approccio assiomatico di Kolmogorov semplicemente la probabilità non è definita, ma vengono solo enunciate le proprietà che le probabilità devono avere.

Per quanto riguarda la possibile definizione, consideriamo le seguenti domande in linguaggio comune che contengono un riferimento al concetto di probabilità:

a) qual è la probabilità che la Roma vinca lo scudetto nel prossimo campionato di calcio?
b) qual è la probabilità che il governo cada la prossima settimana?
c) qual è la probabilità di avere sempre testa in 50 lanci di una moneta?
d) qual è la probabilità che una molecola di elio in un gas a temperatura 400 Kelvin e pressione di un'atmosfera abbia una velocità superiore a $100\,m/s$?

Non c'è un unanime consenso sul fatto che le quattro domande siano ben poste. In a) e b) si hanno eventi singoli (non ripetibili) e quindi si deve escludere l'interpretazione di probabilità in termini di frequenze e cercare di definire la probabilità come "grado di fiducia" che un individuo nutre. Nell'approccio soggettivista, sviluppato soprattutto da B. de Finetti, è proposta una definizione di probabilità applicabile ad esperimenti casuali i cui eventi elementari non siano ritenuti ugualmente possibili e che non siano necessariamente ripetibili un numero arbitrario di volte sotto le stesse condizioni. La probabilità di un evento viene definita come il prezzo che un individuo razionale ritiene giusto pagare per ricevere 1 se l'evento si verifica, 0 se l'evento non si verifica. Per rendere concretamente applicabile la definizione, si aggiunge un criterio di coerenza: le probabilità devono essere attribuite in modo tale che non sia possibile ottenere una vincita o una perdita certa. Nell'ambito dell'approccio soggettivista tutte le affermazioni a), b), c) e d) hanno senso.

Al contrario Kolmogorov è molto netto nel sostenere che non per tutti gli eventi si può definire una probabilità:

L'assunzione che una definita probabilità esiste per un dato evento sotto certe condizioni è un'ipotesi che deve essere verificata e giustificata in ciascun caso individuale.

Una volta che si è deciso che ha senso parlare di probabilità dell'evento X, rimane il problema di rispondere alla domanda *quanto vale la probabilità che accada l'evento X ?* Caso per caso si deve cercare una risposta. Nell'esempio paradigmatico della moneta non truccata l'ipotesi che la probabiltà che esca testa è $1/2$ segue da ovvie considerazioni di simmetria, che, ovviamente, non sempre sono possibili[16].

Noi adottiamo il punto di vista per cui solo domande del tipo c) e d) siano scientificamente rilevanti, assumendo (almeno come ipotesi di lavoro) la validità dell'interpretazione frequentistica. Pur con tutti i suoi limiti questo modo di intendere la

---

[16] Come determinare la probabilità che esca testa se la moneta è truccata? È possibile farlo evitando il ricorso al metodo "empirico" in cui si ricorre a tanti lanci?

probabilità ha un grande vantaggio fisico: le frequenze contengono un'informazione obiettiva, e sperimentalmente verificabile, che non ha niente a che fare con le nostre credenze o conoscenze riguardo la natura.

Riportiamo ancora due citazioni, che condividiamo in pieno:

> Uno dei compiti più importanti della teoria delle probabilità è di identificare quegli eventi la cui probabilità è vicino a zero od a uno (A.A. Markov).

> Tutto il valore epistemologico della teoria delle probabilità è basato su questo: i fenomeni aleatori, considerati nella loro azione collettiva a grande scala, generano una regolarità non aleatoria (B.V. Gnedenko e A.N. Kolmogorov).

Un aspetto molto importante per la fisica è la stretta relazione tra il punto di vista frequentistico ed i fondamenti della meccanica statistica (in particolare il problema ergodico). Per L. Boltzmann (ed anche A. Einstein) la probabilità di un evento non è altro che la percentuale di tempo nella quale si ha l'evento, idea questa che permette di definire in modo non ambiguo la probabilità anche in un singolo sistema, senza invocare gli insiemi statistici.

Concludiamo il capitolo con una brevissima discussione sul fatto che le asserzioni probabilistiche non sarebbero falsificabili. Su questo Popper è molto netto:

> Le stime probabilistiche **non** sono falsificabili. E, naturalmente non sono neppure verificabili... i risultati sperimentali, per quanto numerosi e favorevoli, non potranno mai stabilire in modo definitivo che la frequenza relativa "testa" è $1/2$ e sarà sempre $1/2$.

Alla lettera queste affermazioni sono ovviamente vere anche se viene spontaneo domandarsi:

a) veramente si fà ricerca per falsificare le teorie?
b) qualcuno può sostenere, in buona fede, che la distribuzione di Maxwell- Boltzmann per le velocità delle molecole di un gas (un'asserzione probabilistica), non sia stata "verificata" (direttamente od indirettamente) oltre ogni ragionevole dubbio?
c) è vero che non sapremo mai il valore "esatto" della probabilità di un certo evento, ma questo è un fatto che non sconvolge più di tanto. Come si può essere sicuri che la lunghezza di un oggetto sia proprio 22.33 centimetri?
d) i problemi sollevati da Popper sulla probabilità non sono comuni a tutte le scienze? non siamo di fronte al vecchio problema (irrisolubile) della giustificazione dell'induzione?

Stiamo inesorabilmente scivolando verso la questione troppo generale della connessione tra le teorie da noi costruite, l'interpretazione delle osservazioni empiriche e la realtà fisica. In accordo con Reichenbach a noi sembra accettabile che, se crediamo che le asserzioni sul mondo fisico abbiano significato, in modo altrettanto sicuro possiamo credere nel significato del concetto di probabilità. Per ora non troviamo scappatoia migliore che una citazione di A. Einstein:

> Quando le leggi della Natura si riferiscono alla realtà non sono certe. Quando sono certe non si riferiscono alla realtà.

Esercizi

1.1. Dimostrare che:

$$P(A \cup B) = P(A) + P(B) - P(A \cap B) \qquad (E.1)$$

$$P(A \cup B \cup C) = \qquad (E.2)$$
$$= P(A) + P(B) + P(C) - P(A \cap B) - P(A \cap C) - P(C \cap B) + P(A \cap B \cap C) \,.$$

1.2. Dati due eventi A e B tali che $P(A) = 3/4$ e $P(B) = 1/3$ mostrare che $P(A \cap B) > 1/12$.

1.3. Mostrare che non possono esistere due insiemi A e B tali che $P(A) = 4/10$, $P(B) = 3/10$ e $P((\Omega - A) \cap (\Omega - B)) = 2/10$.

1.4. Trovare le probabilità di vincita al lotto per il singolo estratto, l'ambo, il terno etc. Si ricordi che nel gioco del lotto si estraggono 5 numeri da un contenitore che ne contiene 90.

Letture consigliate

Per la storia del moderno calcolo delle probabilità:

J. von Plato, *Creating Modern Probability* (Cambridge University Press, 1994).

Per una breve discussione su probabilità e teoria della misura:

M. Kac, S. Ulam, *Mathematics and Logic* (Dover Publications, 1992).

Lettura obbligata per approfondire gli aspetti concettuali:

A.N. Kolmogorov, *Grundbegriffe der Wahrscheinlichkeitsrechnung* (1933); traduzione inglese *Foundations of the Theory of Probability* (Chelsea Publ. Comp. 1956), consultabile su: http://www.kolmogorov.com/Foundations.html

Per un'introduzione alle varie interpretazioni della probabilità:

A. Hájek, "Interpretations of Probability", in *Stanford Encyclopedia of Phylosophy*, consultabile su:
http://www.seop.leeds.ac.uk/entries/probability-interpret

2

Qualche risultato con un po' di formalismo

2.1 Probabilità condizionata

Uno dei concetti più importanti di tutto il calcolo delle probabilità è sicuramente quello di probabilità condizionata. Saperlo utilizzare correttamente permette di non cadere in insidiosi tranelli (spesso presentati come paradossi). Possiamo dire che il primo livello di comprensione del calcolo delle probabilità è raggiunto se si è in grado di utilizzare correttamente la probabilità condizionata.

Se $P(B) > 0$ allora la probabilità di A condizionata a B è:

$$P(A|B) = \frac{P(A \cap B)}{P(B)} .$$ (2.1)

Si può capire la motivazione della formula precedente facendo ricorso all'interpretazione classica della probabilità: sia N il numero dei possibili risultati ed indichiamo con N_A, N_B e N_{AB} il numero di volte che si ha l'evento A, B e $A \cap B$ rispettivamente, allora

$$P(A|B) = \frac{N_{AB}}{N_B} = \frac{N_{AB}}{N} \frac{N}{N_B}$$

poiché $P(B) = N_B/N$ e $P(A \cap B) = N_{AB}/N$ si ha la (2.1).

Come esempio consideriamo il lancio di un dado non truccato: sia B l'insieme dei numeri dispari $B = \{1, 3, 5\}$ ed A il numero 1, la probabilità di avere 1 sapendo che il risultato è dispari è

$$P(A|B) = P(1|B) = \frac{1/6}{1/2} = \frac{1}{3} ,$$

se invece A è il numero 2 si ha

$$P(A|B) = P(2|B) = 0 ,$$

in accordo con l'intuizione.

Boffetta G., Vulpiani A.: Probabilità in Fisica. Un'introduzione.
DOI 10.1007/978-88-470-2430-4_2, © Springer-Verlag Italia 2012

Notare che se A e B sono indipendenti allora $P(A|B) = P(A)$ (vale anche il viceversa), in questo caso sapere che è avvenuto l'evento B non cambia le informazioni su A e quindi dalla (2.1) $P(A \cap B) = P(A)P(B)$.

Scrivendo nella (2.1) $P(A \cap B) = P(B \cap A) = P(B|A)P(A)$ è immediato ottenere:

$$P(B|A) = P(A|B)\frac{P(B)}{P(A)}\,,\tag{2.2}$$

relazione detta **formula di Bayes**.

Ricaviamo un paio di utili risultati in cui la probabilità condizionata gioca un ruolo rilevante

Teorema della probabilità completa

Sia $\{B_i\}_{i=1}^N$ una partizione di Ω, cioè $B_i \cap B_j = \emptyset$ se $i \neq j$ e $\cup_{i=1}^N B_i = \Omega$ allora

$$P(A) = \sum_{i=1}^N P(A|B_i)P(B_i)\,.\tag{2.3}$$

Teorema di moltiplicazione

$$P(A_1 \cap A_2 \cap ... \cap A_N) = P(A_1)P(A_2|A_1)P(A_3|A_2 \cap A_1) \times$$
$$P(A_4|A_3 \cap A_2 \cap A_1).....P(A_N|A_{N-1} \cap A_{N-2} \cap ... \cap A_2 \cap A_1).\tag{2.4}$$

Per dimostrare la (2.3) basta osservare che gli eventi $C_i = A \cap B_i$ sono indipendenti quindi $P(\cup_i C_i) = \Sigma_i P(C_i)$, inoltre poiché $\cup_i B_i = \Omega$ si ha $\cup_i C_i = A$, quindi $P(A) = \Sigma_i P(C_i)$ a questo punto dall'identità $P(C_i) = P(A \cap B_i) = P(B_i)P(A|B_i)$ segue (2.3).

La (2.4) si ottiene utilizzando ripetutamente la definizione di probabilità condizionata:

$$P(A_1 \cap A_2 \cap ... \cap A_N) = P(A_N|A_{N-1} \cap A_{N-2} \cap ... \cap A_2 \cap A_1) \times$$
$$P(A_{N-1} \cap A_{N-2} \cap ... \cap A_2 \cap A_1) = P(A_N|A_{N-1} \cap A_{N-2} \cap ... \cap A_2 \cap A_1) \times$$
$$P(A_{N-1}|A_{N-2} \cap ... \cap A_2 \cap A_1)P(A_{N-2} \cap ... \cap A_2 \cap A_1)$$

e così via.

Il problema dei compleanni è un divertente esercizio che si risolve facilmente con l'aiuto della (2.4). Date N persone ($N < 365$) determinare la probabilità che almeno 2 siano nate lo stesso giorno (ignoriamo gli anni bisestili ed assumiamo che le nascite siano uniformemente distribuite nell'arco dell'anno). Indichiamo con A l'evento *almeno 2 persone sono nate lo stesso giorno*, e con $\overline{A}$ l'evento complementare *non esistono coppie di persone nate lo stesso giorno*, allora

$$P(A) = 1 - P(\overline{A})\,,$$

indichiamo con A_1 l'evento *la seconda persona non è nata nello stesso giorno della prima*, con A_2 l'evento *la terza persona non è nata nello stesso giorno della prima e della seconda* e così via, dal teorema di moltiplicazione abbiamo

$$P(\overline{A}) = P(A_1)P(A_2|A_1)....P(A_{N-1}|A_1 \cap ... \cap A_{N-2})$$

un momento di riflessione convince che

$$P(A_1) = \left(1 - \frac{1}{365}\right), \, P(A_2|A_1) = \left(1 - \frac{2}{365}\right),$$

$$P(A_3|A_1 \cap A_2) = \left(1 - \frac{3}{365}\right) ...$$

$$P(A_{N-1}|A_1 \cap ... \cap A_{N-2}) = \left(1 - \frac{N-1}{365}\right).$$

Quindi

$$P(A) = 1 - \prod_{j=1}^{N-1} \left(1 - \frac{j}{365}\right). \tag{2.5}$$

Una formula approssimata si può ottenere notando che

$$\prod_{j=1}^{N-1} \left(1 - \frac{j}{365}\right) = exp \sum_{j=1}^{N-1} \ln\left(1 - \frac{j}{365}\right) \simeq$$

$$\simeq exp\left(-\sum_{j=1}^{N-1} \frac{j}{365}\right) = exp\left(-\frac{N(N-1)}{730}\right). \tag{2.6}$$

Dalla (2.5) per $N = 5$ si ha $P = 0.027$, per $N = 10$, $P = 0.117$; $N = 20$, $P = 0.411$; $N = 22$, $P = 0.476$; $N = 23$, $P = 0.507$; $N = 60$, $P = 0.994$; $N = 64$, $P = 0.997$. Quindi già con 23 persone si ha una probabilità maggiore di $1/2$ che almeno due persone abbiano lo stesso compleanno, con 60 si ha la "quasi certezza", un risultato non intuitivo.

2.1.1 Finti paradossi: basta saper usare la probabilità condizionata

Molti di quelli che vengono spesso presentati come paradossi del calcolo delle probabilità nascono dalla mancata comprensione del concetto di probabilità condizionata. L'esempio più banale (ma con conseguenze spesso drammatiche) è quello dei numeri ritardatari al gioco del lotto. Sui giornali (anche quelli considerati seri) e reti televisive (comprese quelle pubbliche, che non dovrebbero propagare idee manifestamente errate) è spesso data grande rilevanza al fatto che un certo numero (diciamo il 21) non esce su una data ruota da un grande numero di estrazioni (diciamo 150). La conclusione (errata) è che alla prossima estrazione l'uscita del 21 dovrebbe essere "quasi sicura" in quanto (questo è l'argomento errato) "è difficile che un numero non esca per 151 volte di seguito". Le cose ovviamente non stanno così, e molti giocatori poco avveduti si sono rovinati seguendo queste follie[1].

La soluzione è elementare: non bisogna confondere:

a) $P =$ la probabilità di non avere l'uscita del 21 per 151 volte di seguito;

b) $\tilde{P} =$ la probabilità che non esca 21 dopo che non è uscito 150 volte.

Poiché la probabilità del singolo estratto è $1/18$, e le estrazioni sono indipendenti, nel primo caso si ha

$$P = \left(1 - \frac{1}{18}\right)^{151} = \left(\frac{17}{18}\right)^{151} \simeq 0.000178 \, .$$

Nel secondo caso sapere che il 21 non è uscito 150 volte è irrilevante (in quanto le estrazioni sono indipendenti), quindi $\tilde{P} = 1 - 1/18 = 17/18 \simeq 0.9444$, un risultato ben diverso!

La formula di Bayes in medicina

Negli anni '90 J. Tooby e L. Cosmides (due influenti ricercatori di psicologia) discussero un interessante esperimento in cui veniva proposta ad un gruppo di medici e studenti di medicina dell'università di Harvard la seguente domanda:

> Una malattia ha un tasso di incidenza di $1/1000$. Esiste un test che permette di individuarne la presenza. Questo test ha un tasso di falsi positivi del 5%. Un individuo si sottopone al test. L'esito è positivo. Qual è la probabilità che l'individuo sia effettivamente malato?

La risposta esatta, che si ottiene facilmente dalla formula di Bayes, è circa 2%. Solo il 18% dei partecipanti al test diedero la risposta esatta e ben il 58% rispose che la probabilità era del 95%. Il fatto che la maggioranza abbia dato come risposta (errata) $P(M|p) = 95\%$ è "comprensibile": l'argomento (sbagliato) seguito sarebbe il seguente[2].

---

[1] A proposito delle conseguenze sociali del gioco d'azzardo ricordiamo che già Laplace, all'inizio del XIX secolo, cercò inutilmente di convincere il parlamento francese dell'immoralità del gioco del lotto (gestito dallo Stato). Si potrebbe suggerire che il banco (in ultima istanza lo Stato) si comporti come con la vendita delle sigarette (sui pacchetti delle quali sono riportate frasi del tipo *Il fumo provoca tumori ai polmoni*, cosa vera ma alquanto vaga). Nel caso del gioco del lotto sarebbe ancora più facile ed oggettivo: basterebbe scrivere che le probabilità della vincita puntando sul singolo estratto, ambo, terna, quaterna e cinquina sono rispettivamente $1/18; 1/400.5; 1/11748; 1/511038$ e $1/43949268$ mentre il banco paga rispettivamente $11.23; 250; 4500; 120000$ e 6000000, così il giocatore avrebbe tutti i dati oggettivi e può decidere se giocare o meno. Per un'approfondimento sulle conseguenze sociali del gioco d'azzardo segnaliamo l'interessante sito www.fateilnostrogioco.it

[2] Questo argomento è stato discusso dal sociologo R. Boudon e "giustificherebbe" l'errore in termini psicologici. Il risultato disastroso dell'esperimento con i medici ha ispirato a Tooby e Cosmides l'idea che l'evoluzione avrebbe cablato il cervello umano in modo "difettoso" riguardo l'intuizione statistica.

In una popolazione di 100000 individui ci sono circa 100 positivi, ma c'è un errore del 5% quindi il numero dei malati veri risultati positivi è circa 95, e quindi la probabilità cercata è circa 95%.

Ecco invece la soluzione. Indichiamo con $P(M) = 0.001$ la probabilità di essere malato, con $P(S) = 1 - P(M) = 0.999$ la probabilità di essere sano, $P(p|S) = P_e = 0.05$ è la probabilità di un falso positivo cioè di risultare positivo essendo sano, e $P(n|M)$ la probabilità di un falso negativo cioè di risultare negativo essendo malato, solo per semplicità assumiamo[3] $P(n|M) = P(p|S) = P_e$. La probabilità cercata è $P(M|p)$, usando la formula di Bayes:

$$P(M|p) = P(p|M)\frac{P(M)}{P(p)} \, ,$$

poiché $P(p|M) = 1 - P(n|M) = 1 - P_e$ e, per il teorema della probabilità completa, $P(p) = P(p|S)P(S) + P(p|M)P(M) = P_e(1 - P(M)) + (1 - P_e)P(M)$ otteniamo

$$P(M|p) = \frac{(1 - P_e)P(M)}{P_e(1 - P(M)) + (1 - P_e)P(M)} \, ,$$

la formula può essere semplificata nel caso che (come accade) sia $P(M)$ che P_e siano piccole rispetto ad 1:

$$P(M|p) \simeq \frac{1}{1 + P_e/P(M)}. \tag{2.7}$$

Con i valori numerici del problema si ha che la probabilità cercata è circa il 2%.

Dalla (2.7) risulta chiaro che per un test di laboratorio la cosa importante non è tanto la probabilità di errore del test P_e quanto il rapporto $P_e/P(M)$: tanto più una malattia è rara tanto più il test deve essere accurato, altrimenti il risultato non è significativo.

Non è difficile arrivare alla risposta giusta anche senza scomodare il formalismo. Su 100000 soggetti circa 100 sono malati e 99900 sani. Poiché il test sbaglia nel 5% dei casi si avranno circa 4995 soggetti sani che risultano positivi e circa 95 malati che risultano positivi. Quindi la probabilità di essere malati risultando positivi è circa $95/(95 + 4995) \simeq 2\%$.

Problema dei tre prigionieri

Tre uomini A, B e C sono in prigione. Il prigioniero A ha saputo che due di loro saranno giustiziati ed uno liberato, ma non sa chi. Il giudice ha deciso "a caso" il graziato, quindi la probabilità che A sia liberato è $1/3$. Al secondino, che conosce il nome del graziato, A dice *poiché due di noi saranno giustiziati, certamente almeno uno sarà B o C. Tu non mi dirai nulla sulla mia sorte, ma mi dirai chi tra B e C*

---

[3] Il lettore può verificare che anche se $P(n|M) \neq P_e$ ma comunque $P(n|M) \ll 1$, il risultato finale non cambia.

sarà giustiziato. Il secondino accetta e dice che *B sarà giustiziato*. Il prigioniero *A* si sente un po' più sollevato pensando che sarà giustiziato *C* oppure lui e conclude che la sua probabilità di essere liberato è salita da 1/3 ad 1/2. Ha ragione ad essere ottimista?

Indichiamo con $P(A)$ la probabilità che *A* sarà liberato e $P(b)$ la probabilità che il secondino dica che *B* sarà giustiziato. Dalla formula di Bayes la probabilità $P(A|b)$ che *A* sarà liberato, sapendo che *B* sarà giustiziato è data da

$$P(A|b) = \frac{P(A \cap b)}{P(b)} = P(b|A)\frac{P(A)}{P(b)} \,,$$

ove $P(b|A)$ è la probabilità che *B* sarà giustiziato sapendo che *A* sarà liberato e, per il teorema della probabilità completa $P(b) = P(b|A)P(A) + P(b|B)P(B) + P(b|C)P(C)$. Ovviamente $P(A) = P(B) = P(C) = 1/3$ mentre $P(b|A) = 1/2$ (infatti se *A* sarà liberato il secondino dirà *B* o *C* con uguale probabilità), ed inoltre (non hanno bisogno di commento) $P(b|B) = 0$ e $P(b|C) = 1$, si ottiene

$$P(b) = \frac{1}{2} \times \frac{1}{3} + 0 \times \frac{1}{3} + 1 \times \frac{1}{3} = \frac{1}{2}$$

e quindi

$$P(A|b) = \frac{\frac{1}{2} \times \frac{1}{3}}{\frac{1}{2}} = \frac{1}{3} \,.$$

Capre ed automobili

Il problema di Monty Hall nasce dal gioco a premi televisivo *Let's Make a Deal*. Al giocatore vengono mostrate tre porte chiuse che nascondono la vincita: al di là di una c'è un'automobile e dietro le altre due una capra.

Dopo che il giocatore ha scelto una porta, ma non l'ha aperta, il conduttore dello show (che conosce cosa c'è dietro ogni porta) apre un'altra porta, rivelando una delle due capre, e offre al giocatore la possibilità di cambiare la propria scelta iniziale, passando all'unica porta restante. Passare all'altra porta migliora le chance del giocatore di vincere l'automobile? La risposta è si: le probabilità di vittoria passano da 1/3 a 2/3.

Si consideri, senza perdita di generalità, il caso in cui la porta scelta è la 3, ma non è stata ancora aperta alcuna porta.

La probabilità che l'automobile si trovi dietro la porta 2, che indichiamo con $P(A_2)$, è ovviamente 1/3. La probabilità che il conduttore dello show apra la porta 1, $P(C_1)$, è 1/2, infatti l'auto ha la stessa probabilità di trovarsi dietro la porta 1 (il che costringerebbe il conduttore ad aprire la porta 2) come dietro la porta 2 (il che costringerebbe il conduttore ad aprire la porta 1); se poi l'auto non si trova dietro nessuna delle due porte (1 oppure 2), si può ipotizzare che il conduttore ne apra una a caso, con uguale probabilità. Notare che se l'auto si trova dietro la porta 2, in base a queste ipotesi il conduttore aprirà sicuramente la porta 1 cioè $P(C_1|A_2) = 1$.

Utilizzando la formula di Bayes si ha:

$$P(A_2|C_1) = \frac{P(C_1|A_2)P(A_2)}{P(C_1)} = \frac{1 \times \frac{1}{3}}{\frac{1}{2}} = \frac{2}{3}$$

quindi conviene cambiare porta.

2.2 Funzioni generatrici: come contare senza sbagliare

Molti dei problemi di probabilità con variabili intere sono riconducibili a calcoli combinatori. Consideriamo ad esempio il lancio di 3 dadi truccati in modo tale che per il primo dado il risultato $1, 2, ..., 6$ avvenga con probabilità $p_1, p_2, ..., p_6$, per il secondo dado con probabilità $q_1, q_2, ..., q_6$, per il terzo dado con probabilità $t_1, t_2, ..., t_6$ (ovviamente con i vincoli $\sum_i p_i = \sum_i q_i = \sum_i t_i = 1$) e ci si chiede la probabilità che la somma faccia 12 oppure 8. Un calcolo esplicito basato solo sulle definizioni elementari è chiaramente possibile, ovviamente le cose si complicano al crescere del numero dei dadi.

Per fortuna esiste una tecnica semplice e potente che permette, diciamo così, di *contare senza l'esplicita enumerazione di tutti i casi possibili*: la **funzione generatrice**.

Si consideri una variabile aleatoria x che prende valori interi $0, 1, ..., k, ..$ con probabilità $P_0, P_1, ..., P_k, ...$, la funzione generatrice $G(s)$ è definita come:

$$G(s) = \sum_{k=0}^{\infty} s^k P_k = P_0 + s P_1 + s^2 P_2 + ... = E(s^x) . \tag{2.8}$$

Le seguenti proprietà sono evidenti:

$$G(1) = 1 , \ G(0) = P_0 , \ G'(0) = P_1 , \ ..., \ \frac{1}{n!} \frac{d^n G(s)}{ds^n}\Big|_{s=0} = P_n . \tag{2.9}$$

Se $x_1, ..., x_N$ sono variabili indipendenti con funzioni generatrici $G_1(s), ..., G_N(s)$, allora la funzione generatrice $G_z(s)$ della variabile somma $z = x_1 + x_2 + ... + x_N$ vale:

$$G_z(s) = \prod_{i=1}^{N} G_i(s) , \tag{2.10}$$

la dimostrazione è immediata: segue dalla definizione (2.8) e dall'indipendenza delle variabili $x_1, ..., x_N$. La formula (2.10) permette di risolvere senza intralci il problema dei 3 dadi truccati:

$$G_z(s) = (s p_1 + s^2 p_2 + ... + s^6 p_6)(s q_1 + s^2 q_2 + ... + s^6 q_6)(s t_1 + s^2 t_2 + ... + s^6 t_6)$$

la probabilità che il risultato sia k (con $k = 3, 4, ..., 18$) è semplicemente il coefficiente davanti a s^k nella $G_z(s)$, calcolo che non presenta nessuna difficoltà.

Se le funzioni generatrici fossero utili solo per problemi di dadi truccati, o cose simili, la cosa non sarebbe poi tanto interessante. L'idea di fondo della funzione generatrice, comune ad altre situazioni della matematica, è una sorta di "cambiamento di base" (molto simile infatti alle trasformate di Fourier). La conoscenza della $G(z)$ è del tutto equivalente[4] alla conoscenza delle $\{P_k\}$, a volte è più facile, e quindi preferibile, lavorare con le funzioni generatrici e poi tornare alle $\{P_k\}$.

Un risultato facile da ottenersi, ma interessante, è il seguente: se $x_1, ..., x_N$ sono variabili Poissoniane indipendenti con parametri $\lambda_1, ..., \lambda_N$, cioè con probabilità

$$P(x_i = k) = \frac{\lambda_i^k}{k!} e^{-\lambda_i} \quad k = 0, 1, ...$$

allora la variabile $z = x_1 + x_2 + ... + x_N$ è Poissoniana con parametro $\Lambda = \sum_{i=1}^{N} \lambda_i$. Basta infatti calcolare la $G_i(s)$:

$$G_i(s) = \sum_k s^k P_k = \sum_k s^k \frac{\lambda_i^k}{k!} e^{-\lambda_i} = e^{-\lambda_i(1-s)}$$

usando la (2.10) si ha

$$G_z(s) = \prod_{i=1}^{N} e^{-\lambda_i(1-s)} = e^{-\Lambda(1-s)}$$

cioè la funzione generatrice della Poissoniana con parametro $\Lambda = \sum_{i=1}^{N} \lambda_i$.

2.2.1 Funzioni generatrici e processi di ramificazione

Discutiamo brevemente l'utilizzo delle funzioni generatrici per i processi di ramificazione. In questi processi, che sono molto comuni in fisica e biologia, un individuo dopo un certo tempo (per comodità unitario) genera k individui con probabilità P_k con $k = 0, 1, ...$ I processi di ramificazione sono la formalizzazione probabilistica delle reazioni a catena. Si pensi ad esempio ad un neutrone che induce una fissione che libera altri neutroni, che a loro volta producono altre fissioni; oppure ad organismi che si moltiplicano in un certo numero di individui che a loro volta possono moltiplicarsi.

Una domanda piuttosto naturale è: se al tempo $t = 0$ si ha un individuo (e le $\{P_k\}$ sono note), quanto vale la probabilità di avere m individui dopo n generazioni? Se n è piccolo (diciamo 2 o 3) non è difficile risolvere il problema in modo (non elegante) semplicemente contando con attenzione; non appena n cresce il metodo di forza bruta diventa piuttosto scomodo.

---

[4] Se k prende solo valori finiti l'equivalenza $\{P_k\} \leftrightarrow G(s)$ è ovvia. Nel caso $k = 0, 1, ..., \infty$ la dimostrazione è lasciata al lettore. Suggerimento: notare che $G(s)$ è la parte reale di una funzione analitica, sul segmento reale $0 \leq s \leq 1$.

Fortunatamente esiste un metodo per calcolare $G_2(s)$, cioè la funzione generatrice dopo 2 generazioni, e poi $G_3(s)$, $G_4(s)$ e così via: la probabilità di avere m individui dopo n generazioni non è altro che il coefficiente davanti a s^m nella $G_n(s)$.

Per fare ciò dobbiamo prima dimostrare un risultato molto utile: Siano $x_1, x_2, x_3, ...$ variabili indipendenti identicamente distribuite con funzioni generatrici $G(s)$ ed N una variabile, indipendente dalle $\{x_i\}$, con funzione generatrice $F(s)$. La funzione generatrice $G_z(s)$ della variabile $z = x_1 + x_2 + ... + x_N$ vale:

$$G_z(s) = F(G(s)) . \qquad (2.11)$$

La dimostrazione è semplice e segue dalle (2.8) e (2.9)

$$G_z(s) = E(s^z) = E(s^{x_1 + ... + x_N}) = E_N(E_x(s^x)^N) = E_N(G(s)^N) = F(G(s)) ,$$

ove $E_x()$ e $E_N()$ indicano il valore medio rispetto alla variabile x ed N rispettivamente. Con il risultato precedente possiamo ora calcolare $G_n(s)$ del problema del processo di ramificazione. Sia N_{n-1} il numero di individui all'$(n-1)$-ma generazione, indichiamo con x_1 il numero di individui generati dal primo individuo, x_2 il numero di individui generati dal secondo e così via. All'n-ma generazione, avremo:

$$N_n = x_1 + x_2 + ... + x_{N_{n-1}} .$$

A questo punto usando la (2.11) si ha

$$G_n(s) = G_{n-1}(G(s)) , \qquad (2.12)$$

ove $G_2(s) = G(G(s)), G_3(s) = G_2(G(s)) = G(G(G(s))), ...$

In genere il calcolo della $G_n()$, pur matematicamente banale, può portare ad espressioni scomode da maneggiare. Non è sempre così. Citiamo un esempio interessante: intorno al 1920 A. Lotka, con l'utilizzo di dati demografici, ha mostrato che negli Stati Uniti all'inizio del XX secolo un maschio generava k maschi con probabilità date da:

$$P_0 = \frac{1 - (\alpha + \beta)}{1 - \beta} , \; P_k = \alpha \beta^{k-1} , \; k = 1, 2, ...$$

con $\alpha \simeq 0.2126$ e $\beta \simeq 0.5892$. La funzione generatrice è facilmente calcolabile

$$G(s) = P_0 + \alpha \sum_{k=1}^{\infty} \frac{(s\beta)^k}{\beta} = P_0 + \frac{\alpha s}{1 - \beta s} = \frac{0.4825 - 0.0717s}{1 - 0.5892s} ,$$

cioè un'iperbole. Un semplice calcolo mostra che

$$G_n(s) = \frac{A_n - B_n s}{C_n - D_n s} ,$$

cioè $G_n(s)$ è sempre un'iperbole ed i coefficienti A_n, B_n, C_n e D_n si ottengono con una facile formula ricorsiva da $A_{n-1}, B_{n-1}, C_{n-1}$ e D_{n-1}.

Probabilità di estinzione

L'uso delle funzioni generatrici permette di rispondere alla domanda sulla probabilità di estinzione, cioè che dopo molte generazioni non ci sia più nessun discendente del progenitore originario. Il calcolo è ricondotto al calcolo di $G_n(0)$ per grandi n, la cosa interessante è che non è necessario determinare esplicitamente la $G_n(s)$. Introduciamo la probabiltà di estinzione dopo n generazioni $e_n = G_n(0)$, allora

$$e_1 = G_1(0) = G(0) \,, \ e_2 = G_2(0) = G(G(0)) = G(e_1) \ ...$$

$$e_n = G_n(0) = G(G_{n-1}(0)) = G(e_{n-1}) \,,$$

abbiamo quindi una regola iterativa.

Notiamo che $G(1) = 1$, $G'(s) \geq 0$, $G''(s) > 0$ ed inoltre $G'(1) = E(x)$, quindi $G(s)$ è una funzione concava, monotona non decrescente. Consideriamo i due possibili casi:

$$a) \ G'(1) \leq 1 \ \ b) \ G'(1) > 1 \,.$$

Nel caso a), vedi Fig. 2.1, un'iterazione grafica della regola $e_{n+1} = G(e_n)$ mostra che e_n tende ad 1, cioè l'estinzione è certa. Nel secondo caso, vedi Fig. 2.2, essendo G concava necessariamente $G(s)$ interseca la bisettrice in un punto s^* determinato dall'equazione

$$s^* = G(s^*) \,.$$

Nel linguaggio dei sistemi dinamici s^* è il punto fisso della mappa $e_{n+1} = G(e_n)$ ed è facile convincersi che e_n tende ad s^*. Ovviamente se $G(0) > 0$ allora $s^* > 0$ mentre se $G(0) = 0$ allora $s^* = 0$: se non ci si vuole estinguere bisogna fare almeno un figlio!

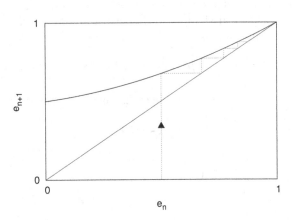

Fig. 2.1 Rappresentazione grafica dell'iterazione della regola $e_{n+1} = G(e_n)$ nel caso in cui $G'(1) < 1$ e e_n tende ad 1

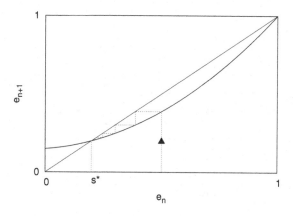

Fig. 2.2 Rappresentazione
grafica dell'iterazione della
regola $e_{n+1} = G(e_n)$ nel
caso in cui $G'(1) > 1$ e e_n
tende ad un punto fisso s^*
soluzione di $s^* = G(s^*)$

2.3 Qualche risultato facile ma utile

In questa sezione discutiamo alcuni risultati piuttosto semplici ma utili, particolarmente in meccanica statistica.

2.3.1 Come cambiare variabile

Consideriamo il caso in cui conosciamo la densità di probabilità $p_x(x)$ della variabile
x (vedi Capitolo 1 oppure Appendice), ci domandiamo la densità di probabilità,
$p_y(y)$ della variabile $y = f(x)$. Per semplicità cominciamo con il caso in cui $f(x)$ sia
invertibile, cioè $f' \neq 0$. Dalla Fig. 2.3 è evidente che, se $y_1 = f(x_1)$ e $y_2 = f(x_2)$

$$P(y \in [y_1, y_2]) = P(x \in [x_1, x_2]) ,$$

se $x_2 = x_1 + \Delta x$ con Δx piccolo, allora $y_2 = y_1 + \Delta y$ con $\Delta y = f'(x_1)\Delta x$, poiché

$$p_x(x)\Delta x = p_y(y)|f'(x)|\Delta x,$$

(il modulo è stato introdotto per tener conto dei casi con $f' < 0$) si ottiene

$$p_y(y) = \frac{p_x(x^*)}{|f'(x^*)|} , \text{ con } x^* = f^{-1}(y) . \tag{2.13}$$

Il caso con f non monotona è lasciato come (facile) esercizio, si ha:

$$p_y(y) = \sum_{x^{(k)}:f(x^{(k)})=y} \frac{p_x(x^{(k)})}{|f'(x^{(k)})|} , \tag{2.14}$$

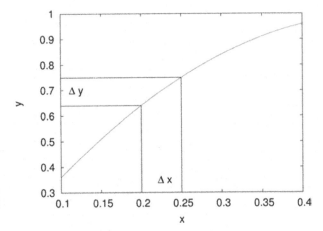

Fig. 2.3 Rappresentazione grafica del cambiamento di variabili

la (2.13) e la (2.14) possono essere scritte in forma compatta (e facile da ricordare):

$$p_y(y) = \int p_x(x)\delta(y - f(x))dx \,.$$

Nel caso di più variabili, cioè $y_j = f_j(x_1,...,x_N)$, con $j = 1,..,N$ si procede in modo analogo

$$p_{y_1,...,y_N}(\mathbf{y}) = \sum_{\mathbf{x}^{(k)}:\mathbf{f}(\mathbf{x}^{(k)})=\mathbf{y}} \frac{p_{x_1,..,x_N}(\mathbf{x}^{(k)})}{|det\,\mathscr{A}(\mathbf{x}^{(k)})|}$$

ove $\mathscr{A}$ è la matrice con elementi $\partial f_i/\partial x_j$.

I risultati precedenti, pur semplici, sono concettualmente interessanti, ed esiste una connessione con il paradosso di Bertrand discusso nel Capitolo 1. Un facile calcolo mostra che la distribuzione uniforme della variabile x in $[0,1]$ ($p_x(x) = 1$ se $x \in [0,1]$) è la distribuzione di probabilità che massimizza l'entropia $-\int p_x(x)\ln[p_x(x)]dx$ con il vincolo $p_x(x) = 0$ se x è fuori dell'intervallo $[0,1]$, e quindi può essere vista come la distribuzione di probabilità che descrive il "massimo dell'incertezza". Dalla (2.13) si ha che questa distribuzione corrisponde ad una funzione esponenziale per la variabile $y = -\ln x$, $p_y(y) = e^{-y}$ se $y \geq 0$ e $p_y(y) = 0$ per $y < 0$, e quindi "l'incertezza" sembra ridursi. Questo dipende dal fatto che l'entropia definita come $h = -\int p_x(x)\ln[p_x(x)]dx$ non è una quantità intrinseca, cioè dipende dall'aver usato la variabile x; è quindi più appropriato usare la notazione $h_x = -\int p_x(x)\ln[p_x(x)]dx$. Calcoliamo ora $h_y = -\int p_y(y)\ln[p_y(y)]dy$, ove $y = f(x)$, dalla (2.13) si ha

$$h_y = -\int p_x(x)[\ln[p_x(x)] - \ln|f'(x)|]dx = h_x + E_x(\ln|f'(x)|) \,.$$

Richiedere che h_x sia massima (con certi vincoli) porta ad un'espressione di $p_x(x)$, se ora calcoliamo $p_y(y)$ dalla (2.13) otteniamo un'espressione diversa da quella che si avrebbe massimizzando h_y, con gli stessi vincoli corrispondenti. Ad esempio massimizzando h_x con il vincolo

$$E(x^2) = C^2$$

si ottiene la Gaussiana:

$$p_x(x) = \frac{1}{\sqrt{2\pi C^2}} e^{-\frac{x^2}{2C^2}} .$$

Consideriamo ora la variabile $y = x^3$, dalla (2.13) si ha

$$p_y(y) = \frac{1}{3|y|^{2/3}\sqrt{2\pi C^2}} e^{-\frac{|y|^{2/3}}{2C^2}} .$$

Invece massimizzando la h_y con il vincolo

$$E(|y|^{2/3}) = C^2$$

si ottiene una funzione completamente diversa:

$$p_y(y) = ae^{-b|y|^{2/3}}$$

ove i valori di a e b dipendono da C.

Nel Capitolo 9 ritorneremo sul principio di massima entropia.

2.3.2 Cosa fare se alcune variabili non interessano

Conosciamo la densità di probabilità congiunta $p_{x_1,...,x_N}(x_1,...,x_N)$ e non siamo interessati a tutte le variabili $x_1,...,x_N$ ma solo ad alcune di esse, oppure ad una funzione $y = f(x_1,...,x_N)$. Vedremo che queste sono situazioni piuttosto comuni in meccanica statistica. Come procedere?

Cominciamo, per semplicità di notazione, con il caso di 2 variabili: data $p_{x_1,x_2}(x_1,x_2)$ come determinare $p_{x_1}(x_1)$? La risposta è facile[5]:

$$p_{x_1}(x_1) = \int p_{x_1,x_2}(x_1,x_2)dx_2 , \tag{2.15}$$

la $p_{x_1}(x_1)$ è chiamata densità di probabilità marginale. Nel caso di 3 variabili si può essere interessati ad una sola variabile (ad esempio x_1) oppure due (ad esempio

---

[5] Basta notare che

$$P(X_1 \in [x_1, x_1 + \Delta x_1]) = \int_{x_1}^{x_1+\Delta x_1} \int_{-\infty}^{\infty} p_{x_1,x_2}(x_1,x_2)dx_1 dx_2 = \Delta x_1 \int_{-\infty}^{\infty} p_{x_1,x_2}(x_1,x_2)dx_2 .$$

(x_1, x_2)), in questo caso abbiamo due tipi di densità di probabilità marginale:

$$p_{x_1}(x_1) = \int p_{x_1,x_2,x_3}(x_1,x_2,x_3)dx_2 dx_3 \ ,$$

$$p_{x_1,x_2}(x_1,x_2) = \int p_{x_1,x_2,x_3}(x_1,x_2,x_3)dx_3$$

con generalizzazione ovvia.

Discutiamo ora la densità di probabilità di una funzione delle variabili aleatorie: $y = f(x_1,..,x_n)$. Anche in questo caso la risposta è facile:

$$P(y \in [y_1,y_2]) = \int_{y_1 < f(x_1,..,x_n) < y_2} p_{x_1,..,x_n}(x_1,..,x_n)dx_1...dx_N$$

nel limite di y_1 molto vicino a y_2 si ha

$$p_y(y)dy = \int_{y < f(x_1,..,x_n) < y+dy} p_{x_1,..,x_n}(x_1,..,x_n)dx_1...dx_N \ . \qquad (2.16)$$

La formula precedente può essere scritta nella forma facile da ricordare

$$p_y(y) = \int p_{x_1,..,x_n}(x_1,..,x_n)\delta[y - f(x_1,..,x_n)]dx_1...dx_N \ .$$

2.4 Applicazioni in Meccanica Statistica

In meccanica statistica ci sono diversi situazioni interessanti in cui si utilizza un procedimento di proiezione (densità di probabilità marginali) cioè ci si disinteressa di una classe di variabili:

a) nel passaggio dall'ensemble microcanonico a quello canonico;
b) nel calcolo della distribuzione di probabilità dell'energia, o di altre quantità macroscopiche;
c) in teoria cinetica quando si introducono le distribuzioni ad una particella, a due, etc.; ed in teoria dei liquidi in cui la distribuzione a due particelle gioca un ruolo fondamentale.

2.4.1 Dall'insieme microcanonico a quello canonico

Indichiamo con $(\mathbf{X}_1, \mathbf{X}_2)$ le variabili che descrivono lo stato microscopico del sistema globale costituito da N particelle in un volume V, per il quale vale da distribuzione microcanonica $\rho_M(\mathbf{X}_1, \mathbf{X}_2)$, mentre $\mathbf{X}_1$ sono le variabili microscopiche del sottosistema (quello che in limiti opportuni è descritto dal canonico). Le variabili $\mathbf{X}_1$ determinano lo stato di N_1 particelle nel volume V_1, analogamente le $\mathbf{X}_2$ determinano lo stato delle rimanenti $N_2 = N - N_1$ particelle in un volume $V_2 = V - V_1$.

La densità di probabilità del canonico segue dalla (2.15):

$$\rho_C(\mathbf{X}_1) = \int \rho_M(\mathbf{X}_1, \mathbf{X}_2) d\mathbf{X}_2 \ .$$

Poiché nell'insieme microcanonico abbiamo

$$\rho_M(\mathbf{X}_1, \mathbf{X}_2) = \frac{1}{\omega(E,N,V)\Delta} \quad se \ H(\mathbf{X}_1, \mathbf{X}_2) \in [E, E+\Delta]$$

e $\rho_M(\mathbf{X}_1, \mathbf{X}_2) = 0$ se $H(\mathbf{X}_1, \mathbf{X}_2)$ è fuori dall'intervallo $[E, E+\Delta]$, con

$$\omega(E,N,V)\Delta = \int_{E<H<E+\Delta} d\mathbf{X}_1 d\mathbf{X}_2 \ .$$

Scrivendo $H(\mathbf{X}_1, \mathbf{X}_2) = H_1(\mathbf{X}_1) + H_2(\mathbf{X}_2) + H_{12}(\mathbf{X}_1, \mathbf{X}_2)$ e trascurando il contributo di interazione[6] H_{12} abbiamo

$$\rho_C(\mathbf{X}_1) = \frac{\omega(E - H_1(\mathbf{X}_1), N - N_1, V - V_1)}{\omega(E,N,V)} \ . \tag{2.17}$$

Ricordando che $\omega(E,N,V) = e^{S(E,N,V)/k_B}$ ove $S(E,N,V)$ è l'entropia microcanonica del sistema, k_B la costante di Boltzmann e $T = \partial E / \partial S$ è la temperatura. Nel limite $H_1 \ll E$, $N_1 \ll N$ e $V_1 \ll V$ con uno sviluppo di Taylor si ottiene la distribuzione canonica

$$\rho_C(\mathbf{X}_1) = \frac{e^{-\beta H_1((\mathbf{X}_1)}}{Z(T, V_1, N_1)} \ , \tag{2.18}$$

ove $Z(T, V_1, N_1) = \int e^{-\beta H_1((\mathbf{X}_1)} d\mathbf{X}_1$ è la funzione di partizione.

2.4.2 Densità di probabilità marginali meccanica statistica

Un esempio molto importante della formula (2.16) è il calcolo della densità di probabilità del modulo della velocità in meccanica statistica classica. Sappiamo che (distribuzione di Maxwell- Boltzmann)

$$p_{v_x, v_y, v_z}(v_x, v_y, v_z) = P_{MB}(\mathbf{v}) = Be^{-A(v_x^2 + v_y^2 + v_z^2)} \ , \tag{2.19}$$

---

[6] Questo è fisicamente sensato se il raggio di interazione tra le coppie di particelle è piccolo rispetto alla grandezza lineare del sistema descritto dalle variabili $\mathbf{X}_1$.

ove $A = m/(2k_BT)$ e $B = [m/(2\pi k_BT)]^{3/2}$; per il modulo $v = \sqrt{v_x^2 + v_y^2 + v_z^2}$ dalla (2.16) si ha

$$p_v(v) = 4\pi B v^2 e^{-Av^2} .$$

Nel caso in cui $f = E$ (energia) dalla (2.16) abbiamo

$$p_E(E)dE = cost. \int_{E<H<E+dE} e^{-\beta H(\mathbf{X})} d\mathbf{X} ,$$

ove $\mathbf{X}$ indica le variabili che descrivono il sistema con Hamiltoniana $H(\mathbf{X})$, possiamo riscrivere l'equazione precedente nella forma

$$p_E(E)dE = cost. e^{-\beta E} \int_{E<H<E+dE} d\mathbf{X} = cost. e^{-\beta E} \omega(E)dE ,$$

da cui, ricordando che $\omega(E) = e^{S(E)/k_B}$ si ottiene infine

$$p_E(E) = const. e^{-\beta[E-TS(E)]} .$$

È interessante discutere il risultato precedente nel limite $N \gg 1$ in cui è possibile assumere (e sotto opportune condizioni dimostrare esplicitamente):

$$E = eN + o(N) , \quad S(E) = s(e)N + o(N)$$

ove e ed $s(e)$ sono l'energia per particella e l'entropia per particella rispettivamente. Abbiamo quindi

$$p_e(e) = const. e^{-\beta[e-Ts(e)]N} .$$

Nel capitolo successivo vedremo che questo tipo di densità di probabilità è una generalizzazione del teorema del limite centrale (grandi deviazioni).

Dal microcanonico alla distribuzione di Maxwell- Boltzmann

È istruttivo ricavare la distribuzione di Maxwell- Boltzmann utilizzando la (2.15). Consideriamo un sistema costituito da N particelle non interagenti con Hamiltoniana

$$H = \sum_{n=1}^{N} \frac{\mathbf{p}_n^2}{2m} ,$$

in modo analogo alla procedura usata per determinare la (2.18), per la densità di probabilità dell'impulso di una particella si ha:

$$p_{\mathbf{p}}(\mathbf{p}) = \frac{\omega(E - \frac{\mathbf{p}^2}{2m}, N-1)}{\omega(E, N)} .$$

Poiché

$$\omega(E, N) = 3NmC_N(2mE)^{3N/2-1} ,$$

ove $C_N = \pi^{3N/2}/\Gamma(3N/2+1)$, nel limite $N \gg 1$

$$p_{\mathbf{p}}(\mathbf{p}) \simeq \frac{C_{N-1}}{C_N}\frac{1}{(2mE)^{3/2}}\left(1 - \frac{\mathbf{p}^2}{2mE}\right)^{3N/2} ,$$

che è valida per $|\mathbf{p}| \le \sqrt{2mE}$. Utilizzando l'approssimazione di Stirling $\Gamma(n+1) \simeq n^n e^{-n}\sqrt{2\pi n}$ si ha $C_{N-1}/C_N \simeq (3N/2\pi)^{3/2}$, e ricordando che $E = \frac{3}{2}Nk_BT$ otteniamo

$$p_{\mathbf{p}}(\mathbf{p}) \simeq \frac{1}{\sqrt{(2\pi mk_BT)^3}}\, e^{-\frac{\mathbf{p}^2}{2mk_BT}} , \qquad (2.20)$$

che non è altro che la (2.19) scritta per l'impulso invece che per la velocità.

Densità di probabilità ridotte in teoria cinetica

Consideriamo un sistema di N particelle di massa m ed indichiamo con $\mathbf{x}_j$ il vettore (a 6 dimensioni) che determina posizione ed impulso della $j-$ma particella, cioè $\mathbf{x}_j = (\mathbf{q}_j, \mathbf{p}_j)$. L'informazione "completa" delle proprietà statistiche al tempo t è data dalla densità di probabilità $\rho_N(\mathbf{x}_1,...,\mathbf{x}_n,t)$ la cui evoluzione è determinata dall'equazione di Liouville

$$\frac{\partial \rho_N}{\partial t} + \sum_{j=1}^{N}\frac{\partial \rho_N}{\partial \mathbf{q}_j}\frac{\partial H}{\partial \mathbf{p}_j} - \sum_{j=1}^{N}\frac{\partial \rho_N}{\partial \mathbf{p}_j}\frac{\partial H}{\partial \mathbf{q}_j} = 0 ,$$

ove H è l'Hamiltoniana del sistema. In molte circostanze è sufficiente la conoscenza delle densità di probabilità ridotte:

$$\rho_1(\mathbf{x}_1,t) = \int \rho_N(\mathbf{x}_1,...,\mathbf{x}_N,t)d\mathbf{x}_2 d\mathbf{x}_2...d\mathbf{x}_N ,$$

$$\rho_2(\mathbf{x}_1,\mathbf{x}_2,t) = \int \rho_N(\mathbf{x}_1,...,\mathbf{x}_n,t)d\mathbf{x}_3 d\mathbf{x}_4...d\mathbf{x}_N ,$$

ad esempio nell'equazione di Boltzmann, che sotto opportune ipotesi descrive in modo accurato le proprietà statistiche di gas diluiti, compare solo la ρ_1.

Densità di probabilità ridotte in fisica dei liquidi

Se le particelle interagiscono con un potenziale centrale a due corpi (cioè dipendente solo dalla distanza) allora la densità ridotta a due particelle è sufficiente per determinare le proprietà termodinamiche del sistema. In presenza di equilibrio termodinamico la ρ_2 non dipende dal tempo ed ha la forma

$$\rho_2(\mathbf{x}_1,\mathbf{x}_2) = P_{MB}(\mathbf{p}_1)P_{MB}(\mathbf{p}_2)F_2(\mathbf{q}_1,\mathbf{q}_2)$$

ove P_{MB} indica la densità di probabilità di Maxwell- Boltzmann (2.20) ed $F_2(\mathbf{q}_1, \mathbf{q}_2))$ è la parte spaziale che, per la simmetria radiale del problema, sarà della forma $4\pi r^2 g_2(r)/V$ ove $g_2(r)$ è la funzione di distribuzione radiale definita come segue: $4\pi r^2 \rho_0 g_2(r)dr$ è la probabilità di trovare una particella tra r ed $r + dr$ da una particella data, e $\rho_0 = N/V$ è la densità di particelle del sistema. La conoscenza di $g_2(r)$ è sufficiente a determinare l'energia libera:

$$\frac{U}{N} = \frac{3}{2}k_B T + \frac{\rho_0}{2} \int_0^\infty 4\pi r^2 V_I(r)g_2(r)dr \,, \qquad (2.21)$$

ove V_I è il potenziale di interazione.

In modo analogo, dall'equazione del viriale per la pressione P si può scrivere l'equazione di stato:

$$P = \rho_0 k_B T - \frac{2\pi \rho_0^2}{3} \int_0^\infty r^3 V_I'(r)g_2(r)dr \,. \qquad (2.22)$$

Le equazioni (2.21) e (2.22) sono formalmente esatte, anche se non è semplice calcolare la $g_2(r)$. Tuttavia è interessante il fatto che $g_2(r)$ è misurabile con esperimenti di scattering di neutroni (o di luce), inoltre nel limite di gas diluiti si possono ottenere approssimazioni analitiche per la $g_2(r)$.

Esercizi

2.1. Un dado non truccato è lanciato 2 volte, calcolare la probabilità:

a) di avere un solo 6;
b) che entrambi i numeri siano pari;
c) che la somma dei numeri sia 4;
d) che la somma dei numeri sia un multiplo di 3.

2.2. Una moneta non truccata è lanciata N volte, calcolare la probabilità che:

a) il risultato sia testa per la prima volta all'N- mo lancio;
b) testa e croce appaiano lo stesso numero di volte (ovviamente N deve essere pari);
c) venga testa esattamente 2 volte;
d) venga testa almeno 2 volte.

2.3. Le industrie I e II producono pezzi difettosi con probabilità $1/5$ e $1/50$ rispettivamente. Sapendo che la produzione dell'industria I è doppia di quella della II, calcolare:

a) la probabilità di trovare un pezzo difettoso;
b) la probabilità che un pezzo trovato difettoso provenga dall'industria I.

2.4. Date due variabili X ed Y indipendenti che valgono $k = 1, 2, \ldots$ con probabilità 2^{-k}, calcolare la probabilità che:

a) $X = Y$;
b) $X < Y$;
c) X sia il triplo di Y.

2.5. Si assuma che la probabilità della nascita di un maschio, indipendentemente dalle nascite precedenti, sia $P = 1/2$ e si adotti la seguente strategia di pianificazione familiare: si insiste a fare figli finché non nasce un maschio e poi ci si ferma. Mostrare che, nel limite di vita infinita, il numero medio di figli maschi è uguale a quelle delle femmine.

2.6. Siano $x_1, \ldots, x_N$ variabili i.i.d. con densità di probabilità $p_X(x)$, calcolare la densità di probabilità delle variabili

$$y_N = \max\{x_1, \ldots, x_N\} \ , \ z_N = \min\{x_1, \ldots, x_N\} \ .$$

2.7. Siano x_1 ed x_2 variabili i.i.d., con distribuzione gaussiana a media nulla e varianza unitaria, calcolare la densità di probabilità delle variabili

$$r = \sqrt{x_1^2 + x_2^2} \ , \ z = \frac{x_2}{x_1} \ .$$

2.8. Siano x_1 ed x_2 variabili i.i.d., con distribuzione gaussiana, mostrare che le variabili

$$z = x_1 + x_2 \ , \ q = x_1 - x_2$$

sono gaussiane ed indipendenti.

2.9. Siano x_1 ed x_2 variabili i.i.d. uniformamente distribuite in $[0, 1]$, si considerino le variabili

$$z_1 = r\cos\psi \ , \ z_2 = r\sin\psi$$

ove

$$r = \sqrt{-2\ln x_1} \ , \ \psi = 2\pi x_2 \ .$$

Si mostri che z_1 e z_2 sono variabili gaussiane indipendenti a media nulla e varianza unitaria.

2.10. Due amici si danno un appuntamento probabilistico: ci si vede al bar tra le 17 e le 18, si aspetta 5 minuti e poi si esce. Assumendo che i tempi di arrivo siano indipendenti ed uniformemente distribuiti tra le 17 e le 18, calcolare la probabilità di incontrarsi.

2.11. Una variabile aleatoria prende valori $k = 0, 1, \ldots$ con probabilità P_k. Mostrare che la conoscenza delle probabilità $\{P_k\}$ è sempre equivalente (anche nel caso k possa assumere un numero infinito di valori) alla funzione generatrice $G(s) = P_0 + sP_1 + s^2 P_2 + \ldots$, cioè da $G(s)$ si possono sempre determinare le probabilità $\{P_k\}$.

2.12. Siano X ed Y variabili Poissoniane indipendenti, con parametri rispettivamente λ_x e λ_y, calcolare $P(X = k | X + Y = n)$.

2.13. Si consideri un dado non truccato, calcolare un numero medio di lanci per avere per la prima volta 6.

2.14. Per incentivare le vendite un supermercato inserisce nelle scatole di biscotti un bollino numerato da 1 a 5. Dopo aver collezionato tutti i numeri si ha diritto ad una scatola gratis. Calcolare il numero medio di scatole da comprare per averne una gratis.

  Si generalizzi al caso con N bollini.

2.15. Siano X ed Y indipendenti con densità di probabilità $p_X(x)$ e $p_Y(y)$ rispettivamente, trovare la densità di probabilità delle variabili $Z = XY$ e $Q = X/Y$.

2.16. L'indipendenza implica la scorrelazione ma non è vero il viceversa. Si consideri il caso con

$$P(X = \pm 1, Y = 1) = P(X = \pm 1, Y = -1) = \frac{1}{6} \ ,$$

$$P(X = 0, Y = \pm 1) = P(X = \pm 1, Y = 0) = 0 \ , \ P(X = 0, Y = 0) = \frac{1}{3} \ .$$

Mostrare che

$$\langle XY \rangle = \langle X \rangle \langle Y \rangle$$
$$P(X = i, Y = j) \neq P(X = i)P(Y = j) \ .$$

Letture consigliate

Un libro utile per cominciare:

P. Contucci, S. Isola, *Probabilità elementare* (Zanichelli, 2008).

Per una discussione sulle motivazioni psicologiche degli errori in probabilità si veda il Capitolo 3 di:

R. Boudon, *Il relativismo* (Il Mulino, 2009).

Un'introduzione alla probabilità particolarmente adatta a studenti di fisica:

B.V. Gnedenko, *The theory of probability* (MIR Ed., 1976).

Due libri di meccanica statistica con una buona discussione sulla probabilità:

L.E. Reichl, *A Modern Course in Statistical Physics* (Wiley, 1998).
L. Peliti, *Appunti di Meccanica Statistica* (Bollati Boringhieri, 2003).

3

Teoremi Limite: il comportamento statistico di sistemi con tante variabili

In questo capitolo discuteremo i teoremi limite, cioè il comportamento della somma di un numero molto elevato di variabili indipendenti. Questi risultati sono di grande importanza sia a livello concettuale che pratico (per le applicazioni in fisica, biologia e finanza), infatti mostrano in modo chiaro come il calcolo delle probabilità non è affatto una scienza del vago, ma è in grado di dire che taluni eventi sono praticamente certi (o praticamente impossibili).

3.1 La legge dei grandi numeri

Storicamente, il primo esempio di teorema limite è stata la legge dei grandi numeri che, derivata per la prima volta da J. Bernoulli nel 1713, è alla base dell'interpretazione frequentistica della probabilità. Una semplice dimostrazione può essere ottenuta dalla **disuguaglianza di Chebyshev**[1]:

$$P(|x- <x>| > \varepsilon) \leq \frac{\sigma^2}{\varepsilon^2} \,. \tag{3.1}$$

La dimostrazione della formula precedente è facile:

$$P(|x- <x>| > \varepsilon) = \int_{-\infty}^{<x>-\varepsilon} p_X(x)dx + \int_{<x>+\varepsilon}^{\infty} p_X(x)dx$$

---

[1] Nel calcolo delle probabilità si incontrano frequentemente nomi russi; poiché non esiste una regola universalmente accettata per la trascrizione dall'alfabeto cirillico a quello latino è facile trovare lo stesso nome scritto in modi diversi, ad esempio Chebyshev a volte è scritto pure Tchebichev, analogamente Markov e Markoff sono la stessa persona, stessa cosa per Kolmogorov e Kolmogoroff, così come per Lyapunov, Ljapunov oppure Liapounoff. In questo libro seguiremo la trascrizione usata nella letteratura anglosassone, che comunque non è senza eccezioni.

Boffetta G., Vulpiani A.: Probabilità in Fisica. Un'introduzione.
DOI 10.1007/978-88-470-2430-4_3, © Springer-Verlag Italia 2012

notiamo che negli intervalli su cui si effettua l'integrale $|x- <x>| > \varepsilon$ quindi

$$P(|x- <x>| > \varepsilon) \leq \int_{-\infty}^{<x>-\varepsilon} \frac{(x- <x>)^2}{\varepsilon^2} p_X(x)dx +$$

$$+ \int_{<x>+\varepsilon}^{\infty} \frac{(x- <x>)^2}{\varepsilon^2} p_X(x)dx \leq \int_{-\infty}^{\infty} \frac{(x- <x>)^2}{\varepsilon^2} p_X(x)dx = \frac{\sigma^2}{\varepsilon^2} .$$

In modo analogo si ottiene la **disuguaglianza di Markov**: per ogni $k > 0$ si ha

$$P(|x- <x>| > \varepsilon) \leq \frac{E(|x- <x>|^k)}{\varepsilon^k} .$$

Consideriamo ora N variabili $x_1,....,x_N$ indipendenti e identicamente distribuite (i.i.d.), con valor medio $<x>$ e varianza $\sigma_x^2 < \infty$. La variabile $y_N = (x_1 + x_2 + ... + x_N)/N$ ha valore medio $<x>$ e varianza $\sigma_{y_N}^2 = \sigma_x^2/N$. Usiamo ora la disuguaglianza (3.1) per la y_N:

$$P\left(\left|\frac{1}{N} \sum_{n=1}^{N} x_n - <x>\right| > \varepsilon\right) \leq \frac{\sigma_{y_N}^2}{\varepsilon^2} = \frac{\sigma_x^2}{N\varepsilon^2} \qquad (3.2)$$

dalla quale si ottiene che per ogni $\varepsilon > 0$

$$\lim_{N \to \infty} P\left(\left|\frac{1}{N} \sum_{n=1}^{N} x_n - <x>\right| > \varepsilon\right) = 0 . \qquad (3.3)$$

Possiamo quindi dire che per $N \to \infty$ il valor medio "empirico" $\sum_{n=1}^{N} x_n/N$ "converge" al valore medio $<x>$.

Il risultato precedente vale anche per variabili non identicamente distribuite, purché siano indipendenti e con varianza limitata: $\sigma_j^2 < B < \infty$. Indicando con m_j il valor medio della variabile x_j si ottiene facilmente:

$$P\left(\left|\frac{1}{N} \sum_{n=1}^{N} (x_n - m_n)\right| > \varepsilon\right) \leq \frac{1}{N^2\varepsilon^2} \sum_{n=1}^{N} \sigma_n^2 \leq \frac{B}{N\varepsilon^2} .$$

3.1.1 Qualcosa meglio di Chebyshev: la disuguaglianza di Chernoff

La stima (3.2) è piuttosto "generosa", in realtà si possono ottenere risultati molto più accurati. Come esempio consideriamo il caso di variabili dicotomiche: x_n vale ± 1 con probabilità $1/2$, quindi $<x>= 0$ e $\sigma_x^2 = 1$. Vale la seguente disuguaglianza (di Chernoff)

$$P\left(\sum_{n=1}^{N} x_n > a\sqrt{N}\right) \leq e^{-a^2/2} , \qquad (3.4)$$

dalla quale segue

$$P\left(\left|\frac{1}{N} \sum_{n=1}^{N} x_n\right| > \frac{a}{\sqrt{N}}\right) \leq 2e^{-a^2/2} , \qquad (3.5)$$

che è molto più forte della (3.2) in cui si pone $\varepsilon = a/\sqrt{N}$:

$$P\left(\left|\frac{1}{N}\sum_{n=1}^{N}x_n\right| > \frac{a}{\sqrt{N}}\right) \leq \frac{1}{a^2} .$$

Dimostriamo la (3.4). È facile ottenere[2] la seguente disuguaglianza di Markov, che vale per ogni densità di probabilità $p_X(x)$ tale che $p_X(x) = 0$ se $x < 0$:

$$P(x \geq b) \leq \frac{<x>}{b} , \tag{3.6}$$

quindi per ogni variabile x non negativa con media m e varianza σ^2 si ha

$$P(x \geq m + a\sigma) = P(e^{\lambda x} \geq e^{\lambda(m+a\sigma)}) \leq E(e^{\lambda x})e^{-\lambda(m+a\sigma)} , \tag{3.7}$$

ove è stata usata la (3.6) per la variabile $e^{\lambda x}$ e λ è una costante arbitraria. Consideriamo ora la variabile $y_N = x_1 + ... + x_N$ ove le $\{x_j\}$ sono variabili dicotomiche:

$$E(e^{\lambda y_N}) = E(e^{\lambda x})^N = \left[\frac{e^{\lambda} + e^{-\lambda}}{2}\right]^N = (cosh\lambda)^N .$$

Usando la (3.7) per la variabile $y_N = x_1 + ... + x_N$, e ricordando che $<y_N> = 0$ e $\sigma_{y_N}^2 = N$ otteniamo:

$$P(y_N \geq a\sqrt{N}) \leq (cosh\lambda)^N e^{-\lambda a\sqrt{N}} ,$$

poiché[3] $cosh\lambda \leq e^{\lambda^2/2}$ si ha

$$P(y_N \geq a\sqrt{N}) \leq e^{-\lambda a\sqrt{N} + \lambda^2 N/2} .$$

La disuguaglianza precedente vale per ogni λ, quindi possiamo sceglierlo in modo da minimizzare $-\lambda a\sqrt{N} + \lambda^2 N/2$, il valore ottimale è $\lambda^* = a/\sqrt{N}$ che porta alla (3.4). Notare che la (3.5) vale per ogni a ed N non è necessariamente grande. Nella prossima sezione vedremo che un risultato simile (ma solo per $N \gg 1$) vale sotto ipotesi molto generali.

---

[2] Basta notare che

$$P(x \geq b) = \int_b^{\infty} p_X(x)dx \leq \int_b^{\infty} \frac{x}{b}p_X(x)dx \leq \int_0^{\infty} \frac{x}{b}p_X(x)dx = \frac{<x>}{b} .$$

[3] Confrontiamo lo sviluppo di Taylor di $cosh\lambda$ e $e^{\lambda^2/2}$:

$$cosh\lambda = \sum_{n=0}^{\infty} \frac{\lambda^{2n}}{(2n)!} \qquad e^{\lambda^2/2} = \sum_{n=0}^{\infty} \frac{\lambda^{2n}}{2^n n!}$$

poiché $(2n)! = (2n)(2n-1)...(n+1)n! \geq 2^n n!$ abbiamo $1/(2n)! \leq 1/(2^n n!)$ e quindi $cosh\lambda \leq e^{\lambda^2/2}$.

3.2 Teorema del limite centrale

Abbiamo visto che nel limite $N \to \infty$ la densità di probabilità di $y_n = (x_1 + x_2 + ... + x_N)/N$ diventa una delta di Dirac centrata intorno a $< x >$. Una domanda che segue in modo naturale è chiedersi la forma della densità di probabilità della variabili $x_1 + x_2 + ... + x_N$ nel limite $N \gg 1$ intorno a $N < x >$. Vedremo che questa ha una forma universale, cioè indipendente da $p(x)$ della singola variabile.

Rimaniamo nell'ambito di variabili indipendenti e chiediamoci come determinare la densità di probabilità della somma $z = x + y$ conoscendo $p_X(x)$ e $p_Y(y)$. Un momento di riflessione ci convince della formula

$$p_Z(z) = \int p_X(x) p_Y(y) \delta(z - (x+y)) dx dy = \int p_X(x) p_Y(z-x) dx \equiv (p_X \star p_Y)(z) ,$$

ove $\star$ indica la convoluzione. In generale date N variabili indipendenti $x_1, ..., x_n$ con densità di probabilità $p_1(x_1), ..., p_N(x_N)$ per la variabile somma $z = x_1 + ... + x_N$ si ha

$$p_Z(z) = (p_1 \star p_2 \star ... \star p_n)(z) . \tag{3.8}$$

A parte qualche eccezione la formula precedente non è però di uso facile.

Tra le eccezioni più importanti citiamo il caso di N variabili gaussiane con media $m_1, m_2, ..., m_N$ e varianza $\sigma_1^2, \sigma_2^2, ... \sigma_N^2$. Utilizzando infatti la ben nota formula

$$\int_{-\infty}^{\infty} e^{-ax^2 + bx} dx = \sqrt{\frac{\pi}{a}} e^{\frac{b^2}{4a}} ,$$

è facile mostrare che z è ancora una variabile gaussiana con media $m_1 + m_2 + ... + m_N$ e varianza $\sigma_1^2 + \sigma_2^2 + ... + \sigma_N^2$.

Analogamente se $n_1, n_2, ..., n_N$ sono variabili Poissoniane con parametri $\lambda_1, \lambda_2, ..., \lambda_N$:

$$P(n_j = k) = \frac{\lambda_j^k}{k!} e^{-\lambda_j} ,$$

allora $z = n_1 + .. + n_N$ è ancora una variabile Poissoniana:

$$P(z = k) = \frac{\Lambda^k}{k!} e^{-\Lambda}$$

con $\Lambda = \lambda_1 + \lambda_2 + ... + \lambda_N$; questo risultato era stato già ottenuto nella Sezione 2 del Capitolo 2, con le funzioni generatrici.

Abbiamo quindi bisogno di un metodo per affrontare il problema delle somme di variabili aleatorie indipendenti che ci consenta il controllo del comportamento della (3.8) nel limite $N \gg 1$. Lo strumento tecnico chiave è la funzione caratteristica:

$$\phi_x(t) = \int e^{itx} p_X(x) dx = E(e^{itx}) . \tag{3.9}$$

Notare che, a parte una costante moltiplicativa, la $\phi_x(t)$ non è altro che la trasformata di Fourier della $p_x(x)$. Sotto ipotesi abbastanza generali vale la relazione inversa rispetto alla (3.9)

$$p_x(x) = \frac{1}{2\pi} \int \phi_x(t) e^{-itx} dt \, ,$$

e quindi possiamo dire che $\phi_x(t)$ e $p_x(x)$ sono equivalenti.

Mostriamo un'importante proprietà della funzione caratteristica: se $x_1, x_2, ..., x_N$ sono variabili aleatorie indipendenti con funzioni caratteristiche $\phi_{x_1}(t), \phi_{x_2}(t), ..., \phi_{x_N}(t)$ allora per la somma $z = x_1 + x_2 + ... + x_N$ si ha

$$\phi_z(t) = \prod_{j=1}^{N} \phi_{x_j}(t) \, . \tag{3.10}$$

Questo risultato si ottiene notando che per variabili indipendenti si ha

$$\phi_z(t) = E(e^{it(x_1 + x_2 + ... + x_N)}) = \prod_{j=1}^{N} E(e^{itx_j}) \, .$$

Un'altra semplice (ma utile) proprietà della funzione caratteristica è la seguente: se la variabile x ha come funzione caratteristica $\phi_x(t)$ allora la funzione caratteristica della variabile $y = ax + b$ (ove a e b sono costanti reali) è

$$\phi_y(t) = e^{itb} \phi_x(at) \, . \tag{3.11}$$

Siamo ora pronti per il teorema del limite centrale (TLC)[4]: *asintoticamente la densità di probabilità della somma di tante variabili indipendenti è una gaussiana.* In forma un po' più precisa: per grandi N la densità di probabilità di

$$z_N = \frac{1}{\sigma\sqrt{N}} \sum_{n=1}^{N} (x_n - <x>)$$

ove $x_1, ..., x_N$ sono variabili i.i.d. con media $<x>$ e varianza σ^2, è la gaussiana a media nulla e varianza unitaria:

$$\frac{1}{\sqrt{2\pi}} e^{-z_N^2/2} \, .$$

Per dimostrare il TLC consideriamo la variabile $y_N = x_1' + ... + x_N'$ ove $x_j' = x_j - <x>$ ed indichiamo con $\phi_{x'}$ la funzione caratteristica di x'; dalla (3.10) si ha

$$\phi_{y_N}(t) = [\phi_{x'}(t)]^N \, ,$$

dalla (3.11) per la variabile $z_N = y_N/(\sigma\sqrt{N})$ si ha:

$$\phi_{z_N}(t) = \left[\phi_{x'}\left(\frac{t}{\sigma\sqrt{N}}\right)\right]^N \, .$$

---

[4] L'aggettivo *centrale* è da intendersi come importante, fondamentale e si riferisce a teorema e non a limite. Forse sarebbe meglio dire teorema centrale del limite.

Notiamo che per piccoli valori di t la funzione caratteristica può essere scritta nella forma

$$\phi_x(t) = 1 + it <x> - \frac{t^2}{2} <x^2> + O(t^3) \,,$$

nel caso della variabile x' che ha media nulla abbiamo

$$\phi_{x'}(t) = 1 - \frac{t^2}{2}\sigma^2 + O(t^3) \,,$$

quindi

$$\phi_{z_N}(t) = \left[1 - \frac{t^2}{2N} + O\left(\frac{t^3}{N^{3/2}}\right)\right]^N$$

che nel limite $N \to \infty$ diventa[5]

$$\lim_{N \to \infty} \phi_{z_N} = e^{-\frac{t^2}{2}} \,.$$

Mostriamo ora che $\phi(t) = e^{-\frac{t^2}{2}}$ è la funzione caratteristica della gaussiana a media nulla e varianza unitaria. Consideriamo la funzione di variabile complessa

$$f(z) = \frac{1}{\sqrt{2\pi}} e^{-\frac{z^2}{2}+itz}$$

ove $z = x + iy$ e t è una costante reale. Calcoliamo l'integrale di $f(z)$ sulla curva chiusa percorsa in senso antiorario costituita dal rettangolo con lati $J_1 : -L < x < L, y = 0$; $J_2 : 0 < y < h, x = L$; $J_3 : -L < x < L, y = h$ e $J_4 : 0 < y < h, x = -L$ (vedi Fig. 3.1). È facile vedere che nel limite $L \to \infty$ l'integrale su J_2 e J_4 è zero, mentre l'integrale su J_1 non è altro che $\phi(t)$ la funzione caratteristica della gaussiana

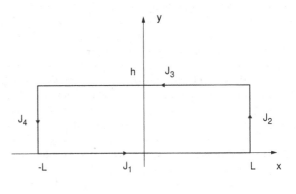

Fig. 3.1 Cammino per il calcolo dell'integrale di $f(z)$

---

[5] Stiamo assumendo che sia possibile trascurare i termini $O(t^3)$, ciò è corretto se la $p_x(x)$ decade abbastanza rapidamente per grandi $|x|$. Questo è un punto tecnico che sarà ripreso in seguito.

a media nulla e varianza unitaria, in modo analogo un facile calcolo mostra che l'integrale su J_3 è $-\phi(t-h)e^{\frac{h^2}{2}-th}$; poiché la $f(z)$ è analitica l'integrale sul circuito chiuso è zero quindi

$$\phi(t) = \phi(t-h)e^{\frac{h^2}{2}-th} ,$$

ricordando che $\phi(0) = 1$ e ponendo $h = t$ si ottiene il risultato

$$\phi(t) = e^{-\frac{t^2}{2}} .$$

Abbiamo quindi che nel limite $N \to \infty$

$$p_{Z_N}(z) \to \frac{1}{\sqrt{2\pi}}e^{-\frac{z^2}{2}} .$$

Notare che nel risultato finale i dettagli della $p_x(x)$, a parte $< x >$ e σ, sono scomparsi.

In forma matematicamente più precisa abbiamo:

$$\lim_{N\to\infty} P(a < z_N < b) = \frac{1}{\sqrt{2\pi}} \int_a^b e^{-x^2/2}dx . \tag{3.12}$$

La condizione che le variabili siano identicamente distribuite non è essenziale e può essere rimossa senza difficoltà, purchè esse siano indipendenti con varianza finita e non nulla: $0 < \sigma_j^2 < \infty$. Il calcolo si ripete in modo analogo per

$$z_N = \frac{1}{D_N} \sum_{n=1}^{N} (x_n - m_n) ,$$

ove m_j è il valor medio della x_j e

$$D_N^2 = \sum_{n=1}^{N} \sigma_n^2 .$$

Indichiamo con $y_N = (x_1 - m_1) + (x_2 - m_2) + ... + (x_N - m_N)$, abbiamo

$$\phi_{y_N}(t) = \prod_{j=1}^{N} \phi_{x'_j}(t) = \prod_{j=1}^{N} \left[1 - \sigma_j^2 \frac{t^2}{2} + O(t^3)\right] ,$$

quindi

$$\phi_{z_N}(t) = \phi_{y_N}\left(\frac{t}{D_N}\right) = \prod_{j=1}^{N} \left[1 - \frac{\sigma_j^2}{2}\frac{t^2}{D_N^2} + O(t^3)\right] =$$

$$= exp \sum_{n=1}^{N} \ln\left(1 - \frac{\sigma_n^2}{2}\frac{t^2}{D_N^2} + O(t^3)\right) ,$$

poiché $0 < \sigma_j^2 < \infty$ si ha che $D_N^2 \sim N$; quindi il coefficiente che moltiplica t^2 è piccolo e si può scrivere

$$\phi_{y_N}(t) \simeq exp\left[-\sum_{n=0}^{N} \frac{\sigma_n^2}{2} \frac{t^2}{D_N^2}\right] = e^{-\frac{t^2}{2}}.$$

L'ipotesi matematicamente precisa per il teorema del limite centrale per variabili indipendenti è la validità della condizione di Lindeberg: per ogni $\tau > 0$ si deve avere

$$\lim_{N \to \infty} \frac{1}{D_N^2} \sum_{n=1}^{N} \int_{|x-m_n|>\tau D_n} (x-m_n)^2 p_{x_n}(x)dx = 0,$$

che è equivalente a richiedere

$$\lim_{N \to \infty} \frac{1}{D_N^2} \sum_{n=1}^{N} \int_{|x-m_n|<\tau D_n} (x-m_n)^2 p_{x_n}(x)dx = 1.$$

In termini intuitivi la condizione di Lindeberg significa che la singola varianza σ_n^2 è piccola rispetto a D_n^2: per ogni τ per grandi n si ha $\sigma_n < \tau D_n$.

Il teorema del limite centrale spiega[6] il fatto che la distribuzione Gaussiana è presente in situazioni molto diverse ed apparentemente senza alcuna relazione: dalla fisica alla biologia, dall'economia alle scienze sociali. Infatti in molti casi il valore di una variabile è il risultato di tante cause indipendenti.

Notiamo che nella dimostrazione del teorema del limite centrale i due ingredienti fondamentali che permettono una dimostrazione semplice sono:

a) la varianza finita $\sigma_x^2 < \infty$;
b) l'indipendenza delle variabili $\{x_j\}$.

Non è difficile convincersi che se $\sigma_x^2 = \infty$ la somma di tante variabili indipendenti non si avvicina ad una gaussiana. Un esempio facile da trattare analiticamente è il caso di variabili indipendenti la cui distribuzione di probabilità è:

$$p_X(x) = \frac{1}{\pi(1+x^2)}.$$

Questa distribuzione è detta di Cauchy, con un semplice calcolo di analisi complessa si mostra che la sua funzione caratteristica è $\phi_x(t) = e^{-|t|}$. Consideriamo la variabile $y_N = x_1 + ... + x_N$, ove le $\{x_j\}$ sono indipendenti e distribuite con la funzione di Cauchy, allora $\phi_{y_N}(t) = e^{-N|t|}$ e quindi la media y_N/N è distribuita come la singola

---

[6] Diciamo spiega, e non dimostra, in quanto nelle scienze naturali non si ha mai una "vera dimostrazione"; infatti è praticamente impossibile avere il completo controllo delle ipotesi. Ad esempio non è facile avere la certezza empirica dell'indipendenza. Vedremo in seguito che c'è un'altra distribuzione (la lognormale) molto comune nei fenomeni naturali, questa distribuzione ha una stretta connessione con il teorema del limite centrale.

x indipendentemente da N. Abbiamo quindi che non vale la legge dei grandi numeri e neanche il TLC. Nel Cap. 8 torneremo sul problema generale della somma di variabili indipendenti con varianza infinita.

3.2.1 Cosa succede se le variabili non sono indipendenti?

Per quanto riguarda il problema delle variabili non indipendenti intuitivamente ci si aspetta che se le $\{x_j\}$ sono solo "debolmente dipendenti" allora il teorema del limite centrale valga e l'unica modifica è sostituire σ^2 con una varianza efficace σ^2_{eff} che tenga conto delle correlazioni. Questo problema sarà ripreso nel Cap. 8 quando tratteremo il problema della diffusione. Presentiamo ora un argomento euristico per definire il limite di "debolmente dipendenti".

Consideriamo le variabili a "blocco"[7]

$$Y_k^{(L)} = \frac{1}{\sqrt{L}} \sum_{n=(k-1)L+1}^{kL} x_n \, ,$$

solo per semplicità di notazione consideriamo il caso con $\langle x_j \rangle = 0$. Calcoliamo la varianza di $Y_k^{(L)}$: un facile calcolo mostra

$$\sigma^2_{Y^{(L)}} = E\left[(Y_k^{(L)})^2 \right] = \sigma^2 + \frac{2}{L} \sum_{n<m} E(x_n x_m) \, ,$$

ove gli indici n ed m variano tra $(k-1)L+1$ e kL. Assumiamo che la successione $x_1, x_2, \dots$ sia statisticamente stazionaria[8] ed introduciamo la funzione di correlazione $C(k) = E(x_0 x_k) = E(x_n x_{n+k})$. Ci sono due possibilità:

$$a) \ \sum_{k=1}^{\infty} C(k) < \infty \quad b) \ \sum_{k=1}^{\infty} C(k) = \infty \, . \tag{3.13}$$

Nel primo caso per $L \gg 1$ abbiamo

$$\sigma^2_{Y^{(L)}} = \sigma^2 + 2 \sum_{k=1}^{\infty} C(k) < \infty \, ,$$

nel secondo caso la varianza diverge per $L \to \infty$. Nel caso a) le variabili $Y_k^{(L)}$ nel limite $L \gg 1$ sono praticamente scorrelate (che non è proprio l'indipendenza ma

---

[7] Questo modo di raggruppare le variabili è comune nella trattazione dei fenomeni critici ed è stato introdotto da L. Kadanoff.

[8] In altre parole il "grado di dipendenza" tra x_k e x_l dipende solo da $k-l$.

comunque è nella direzione giusta) infatti è facile mostrare che

$$E\left(Y_k^{(L)}Y_{k+1}^{(L)}\right) = \frac{1}{L}\sum_{l=1}^{L} lC(l) \, .$$

Se $\sum_{k=1}^{\infty} C(k) < \infty$ allora la quantità precedente tende a zero[9] per grandi valori di L.

Abbiamo quindi che se $\sum_{k=1}^{\infty} C(k) < \infty$, per grandi L le variabili $Y_k^{(L)}$ sono scorrelate e ci aspettiamo che il teorema del limite centrale valga. Scrivendo $N = LM$ abbiamo

$$\frac{1}{\sqrt{N}}\sum_{n=1}^{N} x_n = \frac{1}{\sqrt{M}}\sum_{k=1}^{M} Y_k^{(L)}$$

quindi se le variabili $\{x_j\}$ sono debolmente correlate, cioè $\sum_{k=1}^{\infty} C(k) < \infty$, allora il teorema del limite centrale vale ancora con σ^2 rimpiazzata da

$$\sigma_{eff}^2 = \sigma^2 + 2\sum_{k=1}^{\infty} C(k) \, . \tag{3.14}$$

Il risultato precedente, che abbiamo argomentato in modo euristico, è stato dimostrato sotto ipotesi generali (sostanzialmente la condizione di Lindeberg e la validità della condizione a) nella (3.13)). È interessante il fatto che esiste una classe importante di processi stocastici (le catene di Markov ergodiche con numero finito di stati) le cui correlazioni decadono esponenzialmente e per i quali quindi vale il TLC.

3.3 Grandi Deviazioni

Nella precedente sezione abbiamo visto che il teorema del limite centrale, sotto opportune ipotesi, dimostra la (3.12). A volte il TLC viene enunciato dicendo che date N variabili indipendenti per la variabile $y_N = (x_1 + \ldots + x_N)/N$ quando $N \gg 1$ si ha

$$p_{y_N}(y_N) \simeq \frac{1}{\sqrt{2\pi\sigma^2/N}} e^{-(y_N - m)^2 N/(2\sigma^2)} \, , \tag{3.15}$$

questo è sostanzialmente giusto se si aggiunge che $y_N - m$ non deve essere troppo grande diciamo non più di $O(\sigma/\sqrt{N})$. È invece errato assumere la validità della (3.15) alla lettera, cioè su intervalli arbitrari. La cosa è evidente pensando al caso con $x_n = \pm 1$ con uguale probabilità; poiché $<x> = 0$ e $\sigma^2 = 1$, nel limite $N \gg 1$ la variabile $z_N = \sum_{n=1}^{N} x_n/\sqrt{N}$ ha come densità di probabilità $e^{-z_N^2/2}/\sqrt{2\pi}$. Notiamo

---

[9] Infatti se $C(l)$ asintoticamente decade esponenzialmente, oppure come $O(l^{-\alpha})$ con $\alpha > 2$ allora $\sum_{l=1}^{L} lC(l)$ è finita. Se $C(\ell) = O(l^{-\alpha})$ con $1 < \alpha \leq 2$ allora $\sum_{l=1}^{L} lC(l) \sim L^{2-\alpha}$ quindi $E\left(Y_k^{(L)}Y_{k+1}^{(L)}\right) = O(L^{1-\alpha})$ è trascurabile (in quanto $\alpha > 1$) per $L \gg 1$.

che per $|z_N| > N$ la vera densità di probabilità è ovviamente nulla mentre la gaussiana non si annulla mai. Inoltre la (3.15) non è in grado di descrivere alcuni importanti aspetti statistici quando $y_N - m$ non è piccolo rispetto a $\sigma/\sqrt{N}$, come risulta ben chiaro dal seguente esempio. Consideriamo $x_1, ..., x_N$ variabili i.i.d e limitate $a < x_j < b$. Ci domandiamo quale sia la densità di probabilità di

$$y_N = \prod_{n=1}^{N} x_n \,,$$

in seguito vedremo che questo problema è interessante in diversi contesti. Passando al logaritmo abbiamo

$$y_N = exp\left[\frac{1}{N}\sum_{n=1}^{N} \ln x_n\right] N \,,$$

essendo le $\{x_n\}$ indipendenti lo sono anche $\{\alpha_j = \ln x_j\}$ quindi per la variabile $A_N = \ln y_N = \alpha_1 + ... + \alpha_N$, invocando il TLC si conclude che

$$p_{A_N}(A_N) \simeq \frac{1}{\sqrt{2\pi C^2 N}} e^{-(A_N - <\alpha>N)^2/(2C^2N)} \,,$$

ove C^2 è la varianza di α. Utilizzando la regola per il cambio di variabili vista nel Capitolo 2, per la y_N si ha:

$$p_{Y_N}(y_N) \simeq p_{LN}(y_N) = \frac{1}{y_N\sqrt{2\pi C^2 N}} e^{-(\ln y_N - <\alpha>N)^2/(2C^2N)} \,, \tag{3.16}$$

ove $p_{LN}(\ )$ è detta distribuzione lognormale. Prendendo alla lettera il risultato precedente, cioè assumendo la validità della lognormale anche fuori dai confini di validità del TLC ($|\delta A_N| < O(C\sqrt{N})$) si ottengono risultati manifestamente inconsistenti. Calcoliamo ad esempio $E(y_N^q)$, dalla (3.16) si ha

$$E_{LN}(y_N^q) = e^{N(q<\alpha>+q^2C^2/2)} \,, \tag{3.17}$$

ove LN indica che il valore medio è calcolato con la distribuzione lognormale. Il risultato esatto è

$$E(y_N^q) = [E(x^q)]^N = e^{N\ln E(x^q)}$$

poiché $a < x_n < b$ si ha $E(x^q) < b^q$ e quindi

$$E(y_N^q) < e^{Nq\ln b}$$

in evidente contrasto con la (3.17) per q sufficientemente grandi. Questo è dovuto al fatto che la vera densità di probabilità di y_N è esattamente zero per $y_N > b^N$ mentre il contributo dominante per il calcolo di $E_{LN}(y_N^q)$ per grandi q proviene proprio da valori di $y_N > b^N$. In altre parole, indicando con $p_V(y_N)$ la distribuzione di probabilità esatta, è vero che

$$p_{LN}(y_N) \simeq p_V(y_N) \,,$$

però non è corretto affermare che

$$p_{LN}(y_N)y_N^q \simeq p_V(y_N)y_N^q \,,$$

per valori arbitrari di q. Invece per piccoli valori di q l'approssimazione lognormale (3.17) è corretta. Basta notare che per q vicino a zero si ha

$$\ln E(x^q) = \ln E(e^{q\ln x}) = \ln E\left(1 + q\ln x + \frac{q^2}{2}(\ln x)^2 + ...\right) \,,$$

ricordando che per piccoli ε vale lo sviluppo $\ln(1+\varepsilon) = \varepsilon - \varepsilon^2/2 + O(\varepsilon^3)$ abbiamo

$$\ln E(x^q) = q < \ln x > + \frac{q^2}{2} < (\ln x - <\ln x>)^2 > + O(q^3)$$

$$= q < \alpha > + C^2\frac{q^2}{2} + O(q^3) = \ln E_{LN}(x^q) + O(q^3) \,.$$

3.3.1 Oltre il limite centrale: la funzione di Cramer

Dall'esempio precedente è chiara la necessità di andare oltre il TLC, cioè controllare come si comportano le "grandi deviazioni". Questa teoria è stata introdotta negli anni 30 del XX secolo dal matematico svedese H. Cramer per descrivere la statistica di eventi rari nell'ambito dei rischi assicurativi. L'idea può essere spiegata con un semplice calcolo combinatorio.

Consideriamo una sequenza di lanci di una moneta truccata i cui possibili risultati sono testa ($+1$) o croce (-1) ed indichiamo il risultato dell'n-mo lancio con x_n, ove testa ha probabilità p e croce $1 - p$. Sia $y_N = (x_1 + ... + x_N)/N$ ovviamente $\langle y_N \rangle = 2p - 1$ e $\sigma_{y_N}^2 = 4p(1-p)/N$.

Il numero di modi con cui si possono avere k volte testa in N lanci è $N!/[k!(N-k)!]$ quindi dalla distribuzione binomiale abbiamo

$$P\left(y_N = \frac{2k}{N} - 1\right) = \frac{N!}{k!(N-k)!}p^k(1-p)^{N-k} \,. \tag{3.18}$$

Usando l'approssimazione di Stirling $n! \simeq n^n e^{-n}\sqrt{2\pi n}$ e scrivendo $k = fN$ e $N - k = (1-f)N$ ove $f = k/N$ è la frequenza dell'evento testa in N lanci, si ha

$$P(y = 2f - 1) \sim e^{-NI(p,f)} \,, \tag{3.19}$$

dove

$$I(p,f) = f\ln\frac{f}{p} + (1-f)\ln\frac{1-f}{1-p} \,. \tag{3.20}$$

La quantità $I(p,f)$ è chiamata "entropia relativa" (o divergenza di Kullback-Leibler), si ha che $I(p,f) = 0$ se $f = p$, mentre $I(p,f) > 0$ per $f \neq p$. È facile ripetere l'argomento nel caso multinomiale ove le $x_1,...,x_N$ possono prendere m possibili diversi valori $a_1, a_2, ..., a_m$ con probabilità $p_1, p_2, ..., p_m$. Nel limite $N \gg 1$, la probabilità di osservare le frequenze $f_1, f_2, ..., f_m$ è

$$P_N(\{f_j\}) \sim e^{-NI(\{p\}, \{f\})}$$

ove

$$I(\{p\}, \{f\}) = \sum_{j=1}^{m} f_j \ln \frac{f_j}{p_j} \ ,$$

è l'entropia relativa delle probabilità $\{f\}$, rispetto alle probabilità $\{p\}$. Questa quantità misura la "distanza"[10] tra $\{p\}$ e $\{f\}$ nel senso che $I(\{p\}, \{f\}) = 0$ se e solo se $\{p\} = \{f\}$, e $I(\{p\}, \{f\}) > 0$ se $\{p\} \neq \{f\}$.

Dal calcolo precedente si capisce come sia possibile andare oltre la teoria del limite centrale e controllare le proprietà statistiche degli eventi estremi (code della distribuzione di probabilità) per $N \gg 1$. Scrivendo $I(f, p)$ in termini di $y = 2f - 1$, l'equazione (3.19) diventa

$$p_{y_N}(y_N) \sim e^{-NC(y_N)} \ , \tag{3.21}$$

con

$$C(y) = \frac{1+y}{2} \ln \frac{1+y}{2p} + \frac{1-y}{2} \ln \frac{1-y}{2(1-p)} \ .$$

La $C(y)$ è detta funzione di Cramer. Per valori di f prossimi a p, cioè $y \simeq \langle y \rangle$, lo sviluppo di Taylor mostra che

$$C(y) \simeq \frac{(y - \langle y \rangle)^2}{2\sigma^2} \ ,$$

con $\sigma^2 = 4p(1-p)$, in accordo con quanto ci si aspetta dal teorema del limite centrale.

L'equazione (3.21) ha una validità generale (nell'ambito di variabili i.i.d.) e può essere ottenuta con un diverso approccio che permette di esprimere la $C(y)$, ove $y_N = (x_1 + ... + x_N)/N$, in termini dei momenti della variabile x. In particolare è possibile mostrare che la funzione di Cramer $C(y)$ può essere scritta con una trasformate di Legendre:

$$C(y) = \sup_q \left[qy - L(q) \right] \ , \tag{3.22}$$

---

[10] In effetti non è una vera distanza in senso tecnico. Dati due vettori $\mathbf{x}$ e $\mathbf{y}$ una funzione $d(\mathbf{x}, \mathbf{y})$ è una distanza se:
a) $d(\mathbf{x}, \mathbf{y})$ è positiva a parte il caso $\mathbf{x} = \mathbf{y}$ in cui è zero;
b) $d(\mathbf{x}, \mathbf{y}) = d(\mathbf{y}, \mathbf{x})$;
c) $d(\mathbf{x}, \mathbf{z}) \leq d(\mathbf{x}, \mathbf{y}) + d(\mathbf{y}, \mathbf{z})$;
l'ultima disuguaglianza (detta triangolare) non vale per l'entropia relativa. Non vale neanche la b) ma questo non è un problema grave basta simmetrizzare le cose e considerare

$$\frac{1}{2} [I(\{p\}, \{f\}) + I(\{f\}, \{p\})] \ .$$

ove $L(q)$ è la " funzione generatrice dei cumulanti":

$$L(q) = \ln E(e^{qx}) \,.$$ (3.23)

Accenniamo all'argomento. Consideriamo i momenti $E(e^{qNy_N})$ che possono essere scritti in due diversi modi:

$$E(e^{qNy_N}) = E(e^{qx})^N = e^{NL(q)}$$

$$E(e^{qNy_N}) = \int e^{qNy_N} p_{y_N}(y_N) dy_N \sim \int e^{[qy - C(y)]N} dy \,,$$ (3.24)

nel limite di grandi N, usando il metodo di Laplace si ottiene

$$L(q) = \sup_y \left[qy - C(y) \right] \,,$$ (3.25)

che è l'inverso della (3.22). Ora, poichè è possibile mostrare che $C(y)$ è una funzione concava ($d^2C/dy^2 \geq 0$) le equazioni (3.22) e (3.23) sono equivalenti.

Notiamo che la funzione di Cramer deve obbedire ad alcuni vincoli:

a) $C(y) > 0$ per $y \neq \langle y \rangle$;
b) $C(y) = 0$ per $y = \langle y \rangle$;
c) se y è vicino a $\langle y \rangle$ si ha $C(y) \simeq (y - \langle y \rangle)^2/(2\sigma^2)$, ove $\sigma^2 = \langle (x - \langle x \rangle)^2 \rangle$;
d) $C(y)$ è una funzione concava ($d^2C/dy^2 \geq 0$).

Ovviamente a) e b) sono conseguenze della legge dei grandi numeri e la c) non è altro che il teorema del limite centrale. La d) è meno intuitiva, in seguito vedremo il suo significato in meccanica statistica.

Nel caso più generale, ed interessante, di variabili dipendenti, $L(q)$ è definito da

$$L(q) = \lim_{N \to \infty} \frac{1}{N} \ln E \left(e^{q \sum_{n=1}^{N} x_n} \right) \,,$$

e la (3.22) è esatta se $C(y)$ è concava, altrimenti essa fornisce l'inviluppo concavo della $C(y)$.

3.4 Grandi e piccole fluttuazioni in meccanica statistica

Come accennato alla fine del Capitolo 2 in meccanica statistica le grandi deviazioni appaiono in modo naturale nel problema delle fluttuazioni di energia per particella di un sistema con N particelle a temperatura T:

$$p(e) \simeq \frac{1}{\mathscr{C}_N} exp\{-N\beta[e - Ts(e)]\} \,,$$ (3.26)

ove $s(e)$ è la densità di entropia microcanonica. Poichè $\int p(e)de = 1$ la costante $\mathscr{C}_N$ (funzione di partizione) si può esprimere come:

$$\mathscr{C}_N \sim exp\{-N\beta f(T)\} \,,$$

ove $f(T)$ è l'energia libera per particella

$$f(T) = \min_e \{e - Ts(e)\} \,.$$

Il valore e^*, per il quale la funzione $e - Ts(e)$ è minima, è determinato dall'equazione

$$\frac{1}{T} = \frac{\partial s(e)}{\partial e} \,, \qquad (3.27)$$

cioè il valore dell'energia tale che il corrispondente ensemble microcanonico ha la temperatura T. È evidente la funzione di Cramer ed il suo significato fisico:

$$C(e) = \beta[e - Ts(e) - f(T)] \,.$$

Notare che il valore di e per il quale $C(e)$ è minimo (zero) è proprio $e^* = <e>$ determinato dalla (3.27). L'approssimazione gaussiana intorno a e^* è

$$C(e) \simeq \frac{1}{2}C''(e^*)(e - e^*)^2 \,,$$

quindi $<(e - e^*)^2> = 1/[NC''(e^*)]$ equivalente a

$$<(e - e^*)^2> = \frac{k_B}{N}T^2 c_V \,, \qquad (3.28)$$

ove $c_V = \partial <e> /\partial T$ è il calore specifico per particella. La concavità della $C(e)$ ha un chiaro corrispondente fisico: $c_V(T)$ deve essere positivo in modo tale che $<(e - e^*)^2>$ sia positivo.

3.4.1 Teoria di Einstein delle fluttuazioni

La (3.26) può essere generalizzata al caso di fluttuazioni di altre quantità (oltre l'energia) di interesse termodinamico. Assumiamo che lo stato macroscopico sia descritto da n variabili (che includono anche l'energia), $\alpha_1, ..., \alpha_n$, che sono funzioni dello stato microscopico $\mathbf{X}$: $\alpha_j = g_j(\mathbf{X})$, $j = 1, ..., n$. Indichiamo con $\mathscr{P}$ il vettore dei parametri che determinano la densità di probabilità dello stato microscopico $\mathbf{X}$, ad esempio nell'ensemble canonico $\mathscr{P} = (T, N, V)$, nel grancanonico $\mathscr{P} = (T, \mu, V)$, nell'ensemble isobarico a temperatura fissata $\mathscr{P} = (T, N, P)$. La densità di probabilità delle $\{\alpha_j\}$ è

$$p(\alpha_1,...,\alpha_n) = \int \rho(\mathbf{X}, \mathscr{P}) \prod_{j=1}^{n} \delta(\alpha_j - g_j(\mathbf{X})) d\mathbf{X}$$

ove $\rho(\mathbf{X}, \mathscr{P})$ è la densità di probabilità della stato $\mathbf{X}$ nell'ensemble caratterizzato dai parametri termodinamici $\mathscr{P}$. Procedendo in modo analogo a quanto fatto per la densità di probabilità dell'energia (vedi Sezione 2.4) otteniamo:

$$p(\alpha_1,...,\alpha_n) \sim exp - \beta \left[F(\alpha_1,...,\alpha_n|\mathscr{P}) - F(\mathscr{P}) \right] , \qquad (3.29)$$

ove $F(\mathscr{P})$ è l'energia libera del sistema con parametri $\mathscr{P}$ mentre $F(\alpha_1,...,\alpha_n|\mathscr{P})$ è l'energia libera del sistema in cui sono fissati i parametri $\mathscr{P}$ e le variabili macroscopiche $\alpha_1,...,\alpha_n$. Ad esempio nell'ensemble canonico ove $\mathscr{P} = (T,N,V)$ si ha

$$F(\alpha_1, \alpha_2, ..., \alpha_n|\mathscr{P}) = -k_B T \ln \int \prod_{j=1}^{n} \delta(\alpha_j - g_j(\mathbf{X})) e^{-\beta H(\mathbf{X})} d\mathbf{X} .$$

Possiamo identificare la quantità

$$\delta S(\alpha_1,...,\alpha_n) = \frac{1}{T} \left[F(\alpha_1,...,\alpha_n|\mathscr{P}) - F(\mathscr{P}) \right] , \qquad (3.30)$$

con la differenza di entropia tra lo stato con parametri $(\alpha_1,...,\alpha_n, \mathscr{P})$ e quello con $\mathscr{P}$. Dalla (3.29) e (3.30) abbiamo:

$$p(\alpha_1,...,\alpha_n) \sim exp \frac{\delta S(\alpha_1,...,\alpha_n)}{k_B} ,$$

questa relazione viene chiamata principio di Boltzmann–Einstein.

Nel caso sia possibile mostrare che $F(\alpha_1,...,\alpha_n|\mathscr{P})$ e $F(\mathscr{P})$ sono quantità estensive, cioè che per grandi N si ha

$$F(\alpha_1,...,\alpha_n|\mathscr{P}) \simeq N f\left(\frac{\alpha_1}{N}, ..., \frac{\alpha_n}{N}|\mathscr{P} \right) ,$$

si può descrivere il problema in termini di grandi deviazioni.

Nei sistemi macroscopici ci si aspetta, e calcoli analitici lo confermano, che le fluttuazioni rispetto allo stato di equilibrio termodinamico sono (per le variabili estensive) percentualmente piccole. È quindi giustificato sviluppare la $\delta S(\alpha_1, \alpha_2, ..., \alpha_n)$ in serie di Taylor intorno ai valori medi di $\{\alpha_j\}$, che sono proprio i valori all'equilibrio termodinamico $\{\alpha_j^*\}$, :

$$\delta S(\alpha_1,...,\alpha_n) \simeq -\frac{1}{2} \sum_{i,j} \delta\alpha_i A_{ij} \delta\alpha_j \qquad (3.31)$$

ove

$$\delta\alpha_j = \alpha_j - \alpha_j^* \ , \ A_{ij} = -\frac{\partial S}{\partial\alpha_j\partial\alpha_i}\Big|_{\alpha^*} \ .$$

Abbiamo quindi che le piccole fluttuazioni intorno ai valori di equilibrio termodinamico sono descritti da una distribuzione gaussiana multivariata:

$$p(\alpha_1,...,\alpha_n) \simeq \sqrt{\frac{det\mathbf{A}}{(2\pi k_B)^N}} \, exp - \frac{1}{2k_B}\sum_{i,j}\delta\alpha_i A_{ij}\delta\alpha_j \ ,$$

da cui

$$\langle\delta\alpha_i\delta\alpha_j\rangle = k_B\left[\mathbf{A}^{-1}\right]_{ij} \ . \tag{3.32}$$

Le relazioni precedenti sono la base della cosidetta teoria delle fluttuazioni di Einstein. Notare che gli elementi di matrice A_{ij} sono calcolati all'equilibrio termodinamico. La matrice $\mathbf{A}$ deve essere definita positiva (cioè con autovalori strettamente positivi); questa proprietà ha un preciso significato fisico: la differenza di entropia (rispetto all'equilibrio termodinamico) deve essere negativa.

La (3.28) è un caso particolare della (3.32); un altro esempio importante sono le fluttuazioni della magnetizzazione per particella:

$$\langle(\delta m)^2\rangle = \frac{k_B}{N}T\chi \tag{3.33}$$

ove χ è la suscettività magnetica per particella. È interessante il fatto che la varianza della fluttuazione di una data quantità è proporzionale ad un'opportuna funzione di risposta. Nella (3.29) appare il calore specifico $c_V = \partial\langle e\rangle/\partial T$ che misura come cambia l'energia media al variare della temperatura, nella (3.33) interviene la suscettività $\chi = \partial\langle m\rangle/\partial B$ che determina come cambia la magnetizzazione media con il campo magnetico. Questo è un risultato generale: il *teorema di fluttuazione-dissipazione*.

Notiamo, vedi (2.27) e (2.32), che le fluttuazioni percentuali sono piccole per $N \gg 1$. Questo potrebbe far pensare che nei sistemi macroscopici le fluttuazioni sono irrilevanti e non misurabili. Al contrario sono concettualmente molto importanti: come notato da Einstein: *se fosse possibile misurare le fluttuazioni di energia del sistema, si avrebbe una determinazione esatta della costante fondamentale k_B e* quindi del numero di Avogadro; questo aspetto verrà discusso in dettaglio quando tratteremo il moto Browniano. Il teorema fluttuazione-risposta, di cui (2.27) e (2.32) sono casi particolari, implica che le fluttuazioni sono (indirettamente) misurabili in quanto connesse a funzioni di risposta (come il calore specifico e la suscettività).

3.5 Qualche applicazione dei teoremi limite oltre la fisica

Concludiamo il capitolo sui teoremi limite con una breve discussione sulle loro applicazioni in ambito non fisico. Una digressione che può essere vista sia come un divertimento, che come un'introduzione ad altri campi.

3.5.1 Legge dei grandi numeri e finanza

Discutiamo brevemente l'uso della legge dei grandi numeri nella strategia di investimento in un mercato che include banche ed azioni in borsa. L'idea originale sembra risalire a D. Bernoulli (inizio del XVIII secolo) ed è stata sviluppata a partire dagli anni 50 del XX secolo, in particolare per la sua connessione con la teoria dell'informazione. Cominciamo con il caso di un mercato molto semplice in cui ci sono solo due possibilità:

a) mettere i soldi in banca;
b) investirli in borsa, che è costituita da un unico titolo.

Consideriamo il tempo al quale si possono fare le operazioni finanziarie come discreto (diciamo in giorni). In banca non ci sono sorprese: 1 Euro oggi rimane 1 Euro domani (solo per semplicità consideriamo il caso di interesse nullo). In borsa invece il titolo varia in modo aleatorio, indichiamo con p_t il prezzo dell'azione al tempo t, investendo 1 Euro al tempo t, si avranno $u_t = p_{t+1}/p_t$ Euro al tempo $t+1$. Assumiamo che le $\{u_t\}$ siano variabili aleatorie indipendenti[11] con densità di probabilità $p_u(u)$ nota.

Ovviamente possiamo decidere di investire in borsa una frazione ℓ del capitale e la parte rimanente in banca. Indicando con S_t il capitale al tempo t abbiamo

$$S_{t+1} = (1-\ell)S_t + u_t \ell S_t = X_t(\ell)S_t \,, \qquad (3.34)$$

ove abbiamo introdotto la variabile aleatoria $X_t(\ell) = [1 + (u_t - 1)\ell]$. Ci si domanda come determinare ℓ in modo da massimizzare il guadagno a lungo termine. Dalla (3.34) abbiamo

$$\frac{S_T}{S_0} = \prod_{t=1}^{T} X_t(\ell) = exp\left[\frac{1}{T}\sum_{t=1}^{T}\ln X_t(\ell)\right]T \,;$$

per la legge dei grandi numeri la quantità

$$\frac{1}{T}\sum_{t=1}^{T}\ln X_t(\ell)$$

nel limite $T \to \infty$ è "vicina" a $\langle \ln X(\ell)\rangle = \int \ln[1 + (u-1)\ell]p_u(u)du$, con probabilità prossima ad uno (vedi (3.2)).

---

[11] La generalizzazione al caso markoviano non presenta particolari difficoltà.

A questo punto la strategia sembra chiara, almeno se non si ha fretta e si è interessati a tempi lunghi[12]: bisogna fissare ℓ in modo da massimizzare $< \ln X(\ell) >$. Consideriamo il caso in cui u assume solo valori discreti $u^{(1)}, u^{(2)}, ..., u^{(M)}$ con probabilità $p_1, p_2, ..., p_M$ quindi

$$< \ln X(\ell) > = \sum_j p_j \ln[1 + (u^{(j)} - 1)\ell] \, ,$$

ed il valore ottimale ℓ_* è dato dalla soluzione dell'equazione

$$\sum_j p_j \frac{(u^{(j)} - 1)}{1 + (u^{(j)} - 1)\ell_*} = 0 \, .$$

Introducendo le quantità $q_j(\ell_*) = p_j/[1 + (u^{(j)} - 1)\ell_*]$ abbiamo

$$\langle \ln X(\ell_*) \rangle = \sum_j p_j \ln \frac{p_j}{q_j(\ell_*)} \, .$$

La strategia ottimale di investimento corrisponde quindi a massimizzare la quantità $< \ln(S_T/S_0) >$; notare che si ha un risultato molto diverso massimizzando $< S_T/S_0 >$, cioè cercando il massimo di $< X(\ell) > = < 1 + (u-1)\ell >$.

Per far capire la grande differenza tra le due strategie consideriamo il caso con $M = 2, u^{(1)} = 2$ e $u^{(2)} = 0$ con probabilità rispettivamente $p_1 = p$ e $p_2 = 1 - p$, in questo tipo di mercato comprare un'azione è equivalente a giocare ad una lotteria in cui se si vince si ottiene il doppio del prezzo del biglietto. Poiché $< 1 + (u - 1)\ell > = \ell(2p - 1)$, se $p > 1/2$ nella strategia in cui si massimizza $< S_T/S_0 >$ il valore ottimale di ℓ è 1. Questa è manifestamente una strategia suicida: basta un'uscita di $u_t = u^{(2)} = 0$ (che alla lunga avviene con certezza) per azzerare il capitale. Con la strategia logaritmica, in cui si massimizza $< \ln X(\ell) >$, se $p > 1/2$ si ottiene $\ell_* = 2p - 1$ (qualcosa si lascia in banca) e

$$\langle \ln X(\ell_*) \rangle = \ln 2 + p \ln p + (1 - p) \ln(1 - p) \, ,$$

notare che $h_p = -p \ln p - (1 - p) \ln(1 - p)$ è l'entropia di Shannon del processo $\{u_t\}$ (vedi Capitolo 9) e $\max_p h_p = \ln 2$. È chiara, come notato per la prima volta da Kelly, la connessione tra l'entropia ed il tasso di crescita, si ha infatti

$$\langle \ln X(\ell_*) \rangle = \max_p h_p - h_p \, .$$

Non è difficile ripete i calcoli nel caso di N diverse possibili azioni: bisogna ottimizzare le frazioni $\ell_1, \ell_2, ..., \ell_N$ ove ℓ_k è la frazione di capitale investita nella k-ma

---

[12] Si potrebbe (a ragione) far notare che su tempi lunghi le $\{u_t\}$ non sono stazionarie in quanto il mercato cambia qualitativamente.

azione. La (3.34) si generalizza facilmente:

$$S_{t+1} = \left[(1 - \ell_0) + \sum_{k=1}^{N} \ell_k u_{k,t} \right] S_t \, ,$$

ove $1 - \ell_0 = 1 - (\ell_1 + \ell_2 + ... + \ell_N)$ è la frazione del capitale lasciata in banca e $u_{k,t} = p_{k,t+1}/p_{k,t}$ è il rapporto tra il prezzo della k-ma azione al tempo $t+1$ e quello al tempo t. Bisogna quindi determinare le $\ell_1^*, \ell_2^*, ..., \ell_N^*$ che massimizzano la quantità

$$\left\langle \ln \left[(1 - \ell_0) + \sum_{k=1}^{N} \ell_k u_k \right] \right\rangle .$$

Anche in questo caso si ottiene un'espressione per $< \ln[(1 - \ell_0^*) + \sum_{k=1}^{N} \ell_k^* u_k] >$ in termini dell'entropia di Shannon associata al prezzo delle azioni.

Non tutti gli esperti di finanza concordano con la strategia precedente. Secondo la cosidetta teoria dell'utilità non esiste una strategia "oggettiva", cioè indipendente dalle convinzioni e necessità della singola persona: ogni investitore può decidere (in modo razionale) di massimizzare il valor medio della sua "funzione di utilità". Nel caso considerato (borsa più mercato azionario) si deve massimizzare il lavoro medio della funzione di utilità $< F(X(\ell)) >$ ove $F(X)$ è convessa (la convessità, cioè $F'' < 0$, riflette la razionalità dell'investitore, in poche parole a parità di condizioni è preferibile guadagnare di più che meno). La strategia basata sulla legge dei grandi numeri consiste nell'assumere come funzione di utilità $F(X) = \ln X$; poichè $\ln X$ è una funzione convessa, nell'ambito della teoria dell'utilità questa è una scelta legittima, ma senza alcuno status particolare. Per una discussione dettagliata rimandiamo il lettore interessato alla letteratura specialistica. Notiamo comunque che la scelta $F(X) = \ln X$ massimizza il guadagno ed è una strategia oggettiva, almeno a tempi lunghi.

3.5.2 Non sempre tante cause indipendenti portano alla gaussiana: la distribuzione lognormale

Consideriamo il seguente processo moltiplicativo:

$$m_n = x_n m_{n-1} = \left[\prod_{j=1}^{n} x_j \right] m_0 \qquad (3.35)$$

ove x_j sono variabili aleatorie i.i.d., positive e limitate. Utilizzando il risultato della Sezione 3.3 abbiamo che in prima approssimazione la quantità $y_N = m_N/m_0$ per $N \gg 1$ ha una distribuzione di probabilità lognormale:

$$p_{Y_N}(y_N) \simeq p_{LN}(y_N) = \frac{1}{y_N \sqrt{2\pi C^2 N}} e^{-(\ln y_N - <\alpha> N)^2/(2C^2 N)}$$

ove $< \alpha >=< \ln x >$ e C^2 è la varianza di $\alpha = \ln x$. Ovviamente valgono le considerazioni precedentemente fatte per le grandi deviazioni, quindi per valori estremi di $\ln y_N/N- < \alpha >$ è necessaria una trattazione più dettagliata in termini della funzione di Cramer che dipende della densità di probabilità della x.

È interessante il fatto che la distribuzione lognormale è presente in molte situazioni: dalla geologia alla biologia e la finanza. Ad esempio descrive in modo ragionevolmente accurato:

a) il prezzo delle assicurazioni contro incendi ed incidenti industriali;
b) il giorno di malattia dei lavoratori di un'azienda in un dato periodo;
c) il numero di batteri in una colonia;
d) la grandezza di particelle di terriccio;
e) la massa dei pezzi di carbone (ed altri minerali) estratti nelle miniere;
f) la densità di energia dissipata in turbolenza sviluppata.

Non esiste un spiegazione universalmente accettata per questa diffusa presenza della distribuzione lognormale. Comunque è possibile dare un argomento di plausibilità basato sui processi moltiplicativi (3.35) che sono piuttosto comuni. Come esempio possiamo pensare a m_n come massa di un sasso in montagna. Si può assumere che i sassi presenti in superficie siano il risultato di frammentazioni che accadono con frequenza annuale: l'acqua si infiltra nelle fenditure e durante l'inverno gelando il masso si può rompere, ad esempio rimane intatto con probabilità p oppure dividersi in due pezzi uguali con probabilità $1 - p$, abbiamo quindi $x = 1$ con probabilità p e $x = 1/2$ con probabilità $1 - p$. Pensando a questo processo ripetuto su tanti anni la (3.35) è un modello di formazione dei sassi in montagna o dei granelli di sabbia, la cui massa segue, con buona approssimazione, la distribuzione lognormale.

Possiamo formalizzare la plausibilità del processo moltiplicativo (3.35) con il seguente modello probabilistico. Indichiamo con $N_k(x)$ il numero di particelle (sassi) di massa minore di x dopo k eventi di frammentazione. Sia $M_k(x) = E(N_k(x))$ e $B_k(x|y)$ il numero medio di particelle di massa minore di x generate nella $k-$ma frammentazione da particelle di massa y, abbiamo

$$M_k(y) = \int_0^\infty B_k(y|x)dM_{k-1}(x) . \tag{3.36}$$

Assumendo che il processo di frammentazione sia indipendente dalla scala[13] cioè che $B_k(x|y)$ dipende solo dal rapporto y/x:

$$B_k(x|y) = C_k\left(\frac{y}{x}\right) ,$$

abbiamo

$$M_k(y) = \int_0^\infty C_k\left(\frac{y}{x}\right)dM_{k-1}(x) .$$

---

[13] Questa assunzione non è sempre realistica: in molti casi le particelle più piccole si rompono più difficilmente. La validità di questa ipotesi in genere è ristretta a valori del rapporto y/x in un opportuno intervallo.

Derivando rispetto ad y l'equazione precedente e notando che $dM_k(x) = cost.p_k(x)dx$ ove $p_k(x)$ è la densità di probabilità della x dopo k fragmentazioni abbiamo

$$p_k(y) = \int_0^\infty g_k\left(\frac{y}{x}\right) p_{k-1}(x)\frac{1}{x}dx \,, \tag{3.37}$$

ove g_k è la derivata di C_k.

Non è difficile mostrare che il precedente processo di fragmentazione non è altro che un processo moltiplicativo. Consideriamo due variabili indipendenti x_1 e x_2 con distribuzione di probabilità p_1 e p_2 rispettivamente. La distribuzione di probabilità per la variabile $z = x_1 x_2$ è data da

$$p_Z(z) = \int \int p_1(x_1)p_2(x_2)\delta(z - x_1 x_2)dx_1 dx_2 \,,$$

utilizzando le note proprietà della delta di Dirac si ha

$$p_Z(z) = \int p_1(x_1)p_2\left(\frac{z}{x_1}\right)\frac{1}{x_1}dx_1 \,.$$

La (3.37) non è altro che la formula precedente per la distribuzione di probabilità del prodotto di due variabili indipendenti, e quindi il processo moltiplicativo (3.31) è giustificato sotto l'ipotesi di invarianza di scala, cioè $B_k(x|y) = C_k(y/x)$.

Esercizi

3.1. Si consideri l'esperimento dell'ago di Buffon discusso nel Capitolo 2. Dare una stima nel numero di prove necessarie per avere probabilità minore di 10^{-3} che l'errore percentuale non superi 10^{-3}.

Per la soluzione numerica è necessario consultare una tabella per l'integrale

$$\frac{1}{\sqrt{2\pi}}\int_0^x e^{-z^2/2}dz \,,$$

queste tabelle si possono trovare su molti libri di probabilità, per esempio quello di Gnedenko.

3.2. Siano x_1, x_2 e x_3 indipendenti uniformemente distribuite in $[-1,1]$; mostrare che la densità di probabilità di $z = x_1 + x_2$ e $q = x_1 + x_2 + x_3$ sono rispettivamente

$$p_Z(z) = \begin{cases} (2 - |z|)/4 \ se \ |z| < 2 \\ 0 \ se \ |z| > 2 \end{cases}$$

$$p_Q(q) = \begin{cases} 0 & se \ |q| > 3 \\ (3 - |q|)^2/16 & se \ 1 \le |q| \le 3 \\ (3 - q^2)/8 & se \ 0 \le |q| \le 1. \end{cases}$$

3.3. Siano $a_1, ..., a_N$ variabili i.i.d. che prendono valore 0 oppure 1 con uguale probabilità $1/2$. Mostrare che nel limite $N \to \infty$ la variabile

$$x_N = \sum_{j=1}^{N} a_j 2^{-j}$$

è distribuita uniformemente in $[0, 1]$.

Ripetere il problema nel caso le a_j prendano valori $0, 1, ..., M - 1$ con uguale probabilità $1/M$ e

$$x_N = \sum_{j=1}^{N} a_j M^{-j} .$$

3.4. Date $x_1, ..., x_N$ variabili gaussiane indipendenti tali che x_k ha media m_k e varianza σ_k^2, utilizzando le funzioni caratteristiche mostrare che la variabile

$$y = \sum_{j=1}^{N} x_j$$

è gaussiana con media $\sum_k m_k$ e varianza $\sum_k \sigma_k^2$.

3.5. Date $x_1, ..., x_N$ variabili gaussiane non indipendenti tali che $< x_k >= 0$, $\sigma_k^2 = 1$ e $< x_k x_{k+n} >= g(n)$ mostrare che la variabile

$$y = \sum_{j=1}^{N} x_j$$

è gaussiana con media nulla e varianza

$$N + 2 \sum_{n=1}^{N-1} (N - n) g(n) .$$

3.6. Nell'ambito dell'insieme canonico a temperatura T si consideri un gas di N particelle di massa m che si muovono su un quadrato di lato L. Si calcoli la densità di probabilità $p(E)$ dell'energia E, trovare il valore E^* per il quale si ha il massimo e mostrare che

$$\lim_{N \to \infty} \frac{E^*}{< E >} = 1 ,$$

ed inoltre per ogni $n > 0$

$$\lim_{N \to \infty} \frac{< E^n >}{< E >^n} = 1 .$$

3.7. Nell'ambito dell'insieme canonico a temperatura T si consideri un sistema unidimensionale di N oscillatori con Hamiltoniana

$$H = \sum_{n=1}^{N} \frac{p_n^2}{2m} + \sum_{n=1}^{N} \sum_{j=1}^{N} A_{n,j} x_j x_n$$

ove la matrice $\{A_{n,j}\}$ è simmetrica ed i sui autovalori sono positivi. Si calcoli la densità di probabilità dell'energia E, si confronti il risultato con quello dell'esercizio precedente.

3.8. Nell'ambito dell'insieme canonico a temperatura T si consideri un sistema uni-dimensionale costituito da N particelle di massa m (indicate come leggere) ed una particella (pesante) di massa M. Le particelle leggere si possono attraversare e si muovono tra $x = 0$ e la posizione X della particella pesante che è soggetta ad un potenziale FX, l'Hamiltoniana del sistema è

$$H = \sum_{n=1}^{N} \frac{p_n^2}{2m} + \frac{P_0^2}{2M} + FX \ ,$$

ove P_0 è l'impulso della particella pesante.

a) calcolare la densità di probabilità della posizione della particella pesante;
b) si segua il sistema nel tempo e si campioni la X ogni volta che una delle particelle leggere tocca il bordo $x = 0$, calcolare la nuova densità di probabilità.

Nota: questo sistema è un modello di termometro, per effettuare una simulazione dinamica è necessario un algoritmo che tenga conto del "bagno termico" in $x = 0$, vedi *ES9.2*, il problema della determinazione della temperatura dai dati empirici e la sua incertezza è discussa in M. Falcioni, D. Villamaina, A. Vulpiani, A. Puglisi, A. Sarracino, "Estimate of temperature and its uncertainty in small systems", Am. J. Phys. **79**, 777 (2011).

3.9. Siano $x_1, ..., x_N$ variabili di Cauchy i.i.d. con densità

$$p_X(x) = \frac{1}{\pi(1 + x^2)} \ .$$

Si calcoli la densità di probabilità della variabile

$$y = \frac{1}{N} \sum_{j=1}^{N} x_j \ .$$

Discutere perchè nel limite $N \gg 1$ non si applica la legge dei grandi numeri.

3.10. Avendo a disposizione un algoritmo che genera numeri aleatori indipenden-ti uniformemente distribuiti in $[0, 1]$, discutere come utilizzare l'idea dell'ago di

Buffon per calcolare numericamente un integrale del tipo

$$\int_0^1 f(x)dx$$

ove $f(x)$ nell'intervallo $[0,1]$ è compresa tra 0 ed 1.

3.11. Ricordando che la distribuzione di una somma di N variabili Poissoniane è ancora Poissoniana, utilizzando il TLC mostrare che

$$\lim_{N \to \infty} e^{-N}\left(1 + N + \frac{N^2}{2!} + \frac{N^3}{3!} + \ldots + \frac{N^N}{N!}\right) = \frac{1}{2},$$

ed inoltre

$$\lim_{N \to \infty} e^{-N} \sum_{k=[N+x_1\sqrt{N}]}^{[N+x_2\sqrt{N}]} \frac{N^k}{k!} = \frac{1}{\sqrt{2\pi}} \int_{x_1}^{x_2} e^{-x^2/2}dx,$$

ove $[\,]$ indica la parte intera.

Letture consigliate

Una trattazione chiara dei teoremi limiti si può trovare nel libro di Gnedenko (vedi Capitolo 2) oppure in:

A. Renyi, *Probability Theory* (Dover Publications, 2007); in francese *Calcul des probabilités* (Jacques Gabay Ed., 2000).

Per i teoremi limite per variabili non indipendenti:

I.A. Ibragimov, Yu.V. Linnik, *Independent and stationary sequences of random variables* (Wolters-Noordhoff, 1971).

Per una discussione introduttiva sulle grandi deviazioni:

H. Touchette, "The large deviation approach to statistical mechanics", Physics Reports **478**, 1 (2009).

Per un'introduzione alla teoria delle fluttuazioni in meccanica statistica i libri di Reichl e Peliti citati nel Capitolo 2.

Un libro classico sull'importanza dei teoremi limite per la meccanica statistica:

A.I. Khinchin, *Mathematical Foundations of Statistical Mechanics* (Dover Publications, 1960).

Per le strategie di investimento in finanza e teoremi limiti:

T.M. Cover, J.A. Thomas, *Elements of information theory* (Wiley, 1991).

Per una discussione sulla lognormale:

E.A. Bender, *An introduction to mathematical modeling* (Wiley, 1978).

4

Il moto Browniano: primo incontro con i processi stocastici

Il moto Browniano è il primo e più studiato esempio di *processo stocastico*. Con questo termine si intende l'evoluzione temporale di un sistema che non obbedisce a leggi puramente deterministiche. La caratteristica principale di un processo stocastico, a differenza dei sistemi deterministici, è che la traiettoria del sistema non è determinata solamente dalle condizioni iniziali[1]. Nel caso dei processi stocastici dalla stessa condizione iniziale evolvono diverse traiettorie caratterizzate da una distribuzione di probabilità.

4.1 Le osservazioni

Lo studio del moto Browniano inizia con le osservazioni del botanico scozzese Robert Brown del 1827. Brown ha dato contributi fondamentali alla biologia, tra i quali la scoperta del nucleo cellulare, ma paradossalmente il suo nome è divenuto famoso per il riconoscimento dell'origine prettamente fisica del fenomeno che porta il suo nome.

Durante l'estate del 1827, Brown studiando il ruolo del polline nel processo di fecondazione delle piante, osserva che i grani di polline (di pochi micron di diametro) visti al microscopio mostrano un moto irregolare e incessante. Sicuramente Brown non è stato il primo ad osservare questo fenomeno ma è stato il primo a porsi seriamente la domanda sulla sua origine.

Nel 1828 Brown pubblica un libretto dal titolo "A brief account of microscopical observations made in the months of June, July and August, 1827, on the particles contained in the pollen of plants; and on the general existence of active molecules in organic and inorganic bodies" sulle sue osservazioni dell'estate precedente, nel quale mostra che l'origine del moto non "è dovuta a correnti nel fluido o alla

---

[1] Vero è che anche un sistema deterministico, per esempio certe equazioni differenziali ordinarie possono avere una soluzione non unica data la condizione iniziale. Ad esempio l'equazione differenziale $dx/dt = x^{1/3}$ con la condizione iniziale $x(0) = 0$ ha due soluzioni: $x(t) = 0$ e $x(t) = (2t/3)^{3/2}$. La non unicità è dovuta alla non validità della condizione di Lipschitz in $x = 0$.

Boffetta G., Vulpiani A.: Probabilità in Fisica. Un'introduzione.
DOI 10.1007/978-88-470-2430-4_4, © Springer-Verlag Italia 2012

sua evaporazione, ma è proprio delle particelle stesse". Brown considera quindi altre particelle, sia di polline che altre di origine organica e quindi anche di origine inorganica (ad esempio polvere ottenuta dal vetro) e per tutte trova lo stesso tipo di comportamento. Il grande merito di Brown è infatti non tanto quello di aver osservato il moto browniano, ma quello di averlo fatto uscire dall'ambito puramente biologico e di inquadrarlo correttamente come fenomeno fisico.

Il lavoro di Brown suscitò interesse ed una serie di possibili ipotesi sull'origine del moto osservato, in parte generate dall'uso della terminologia ambigua "active molecules" nel suo libretto. Per rispondere a queste ipotesi e per chiarire l'origine non biologica del fenomeno, Brown scrive una seconda memoria l'anno successivo. Passato l'interesse iniziale, il lavoro di Brown fu a lungo trascurato, anche se suscità comunque l'interesse di M. Faraday che ripetè l'esperimento confermando le osservazioni di Brown. Nella seconda metà del XIX secolo si iniziò a pensare correttamente che all'origine del moto Browniano vi fossero gli urti con le molecole del fluido. In particolare il padovano Giovanni Cantoni suggeriva nelle conclusioni di un suo articolo che:

> ...il moto browniano ci fornisce una delle più belle e dirette dimostrazioni sperimentali dei fondamentali principi della teoria meccanica del calore, manifestando quell'assiduo stato vibratorio che esser deve e nei liquidi e nei solidi ancor quando non si muta in essi la temperatura.

Verso la fine del secolo il fisico francese Louis-Georges Gouy fece una serie di esperimenti molto precisi e sistematici sul moto browniano, variando temperatura e viscosità del fluido e le dimensioni dei grani. Da questi esperimenti ricavò, tra l'altro, che il moto è più attivo a temperature maggiori, viscosità minori e per particelle più piccole, mentre la natura chimica delle particelle non ha importanza. Gouy si rende anche conto che il moto browniano è in apparente contraddizione col secondo principio della termodinamica secondo il quale non si può estrarre lavoro da una sola sorgente di calore. Il moto del grano di polline mostra infatti che le molecole del fluido possono compiere del lavoro, anche se solo in modo erratico. Queste difficoltà vengono anche riconosciute da Poincaré, il quale nel 1904 commenta che il moto browniano:

> ...è l'opposto del principio di Carnot: per vedere il mondo andare all'indietro non è necessaria la vista estremamente fine del diavoletto di Maxwell, ma è sufficiente un microscopio.

4.2 La teoria: Einstein e Smoluchowski

La svolta fondamentale nello studio del moto browniano avviene all'inizio del XX secolo con i contributi teorici di Einstein e di Smoluchowski e con la riformulazione seguente di Langevin. Questi lavori segnano la nascita della teoria dei processi stocastici.

Nell'*annus mirabilis* 1905 il 26-enne Einstein, ancora dipendente del famoso ufficio brevetti di Berna, pubblica 5 lavori tutti di fondamentale importanza per lo sviluppo della fisica. Due articoli segnano la nascita della relatività ristretta; l'articolo sull'effetto fotoelettrico, per il quale Einstein otterrà il premio Nobel nel 1921, pone le basi della meccanica quantistica; un articolo riguarda le dimensioni delle molecole e infine il primo articolo sul moto browniano.

Al confronto dei pilastri della fisica moderna della relatività e meccanica quantistica, gli articoli sulle dimensioni molecolari e sul moto browniano possono sembrare minori. In realtà l'interesse di Einstein in questo campo era altrettanto nobile e fondamentale, in quanto motivato dalla volontà di dimostrare l'esistenza degli atomi. Bisogna infatti ricordare che all'inizio del XX secolo la realtà degli atomi non è ancora completamente accettata e trova ancora molti oppositori. Tra i più famosi ricordiamo Mach ed il premio Nobel della chimica Ostwald (che paradossalmente ha introdotto il termine di mole accreditandosi tra i fondatori della chimica fisica moderna). Come scrive nella sua autobiografia scientifica, Einstein voleva *trovare fatti che potessero garantire il più possibile l'esistenza degli atomi*. Lo scopo del suo lavoro è enunciato chiaramente all'inizio dell'articolo del 1905:

> In questo articolo sarà mostrato che, in accordo con la teorica cinetica molecolare del calore, corpi di dimensioni visibili al microscopio sospesi in un liquido sono dotati di movimenti di tale ampiezza da poter essere facilmente osservati.

In altre parole, il moto browniano diventa per Einstein un "microscopio naturale" per osservare direttamente il mondo atomico.

Il risultato fondamentale del lavoro di Einstein del 1905 è l'espressione, nota come relazione di Einstein-Smoluchowski, del coefficiente di diffusione del grano di polline in termini di quantità del mondo microscopico, in particolare il numero di Avogadro N_A. Abbiamo quindi, come detto, una relazione matematica che lega il mondo macroscopico (il grano di polline) al mondo microscopico non osservabile (le molecole). Negli anni successivi Einstein pubblica ancora un paio di lavori sul moto browniano in cui richiama esplicitamente l'attenzione del lettore sulle quantità giuste da misurare. In particolare Einstein osserva che la velocità media del grano in un intervallo di tempo τ non è una buona osservabile in quanto il valore è inversamente proporzionale a $\sqrt{\tau}$ e ciò spiega le difficoltà sperimentali di ottenere una stima della velocità del grano da confrontare con la teoria. L'osservabile "giusta" da misurare, suggerisce Einstein, è lo spostamento quadratico medio della particella che risulta proporzionale al tempo tramite il coefficiente di diffusione.

Smoluchowski pubblica il suo primo lavoro sul moto browniano nel 1906, citando il lavoro di Einstein che è:

> ... in perfetto accordo con quanto ho ottenuto qualche anno fa con un ragionamento completamente diverso, più semplice, diretto e forse più convincente di quello di Einstein.

Il ragionamento di Smoluchowski è basato su un approccio al problema in termini di teoria cinetica (opportunamente semplificata) in cui il processo microscopico di urto del grano con le molecole viene spogliato dai dettagli fisici e viene rimpiazzato con un processo random semplice. L'urto viene cioè considerato un evento casuale, simile al lancio di una moneta. In questo modo Smoluchowski ottiene un'espressione del coefficiente di diffusione identica a quella di Einstein (a parte una piccola imprecisione nel fattore numerico).

Concludiamo questa breve introduzione storica ricordando che la legge di Einstein-Smoluchowski era stata anche ricavata dal fisico australiano William Sutherland che pubblicò un lavoro sempre nel 1905, qualche mese prima di Einstein. Il motivo per il quale il contributo di Sutherland è tuttora poco noto non è completamente chiaro, ma probabilmente tra le cause gioca un ruolo non trascurabile il fatto che all'inizio del '900 la fisica teorica era essenzialmente tedesca mentre il mondo anglosassone, cui Sutherland apparteneva, era più avanzato nella fisica sperimentale. Sicuramente va anche tenuto conto che, tra gli altri possibili fattori, non deve essere stato facile per un bravo fisico "qualsiasi" competere per una scoperta simultanea con un gigante della scienza quale Einstein.

4.3 La derivazione di Langevin ed il Nobel a Perrin

Nel 1908 Paul Langevin propone una derivazione indipendente del risultato di Einstein e Smoluchowski con un metodo che fornisce il primo esempio di *equazione differenziale stocastica*. La derivazione di Langevin è semplice ed illuminante pertanto la riportiamo qui di seguito.

Il ragionamento di Langevin parte da un modello dinamico in cui le forze che agiscono sul grano di polline sono di due tipi: una forza macroscopica e sistematica (deterministica) dovuta all'attrito col fluido e una forza stocastica microscopica dovuta all'urto con le molecole. La legge di Newton per il grano si scrive quindi (per semplicità scriviamo qui solo la componente in una direzione)

$$m\frac{dv}{dt} = -6\pi a\mu v + \xi \tag{4.1}$$

dove m ed a sono la massa ed il raggio del grano (assunto di forma sferica), $v = dx/dt$ la sua velocità istantanea e μ è la viscosità del fluido. Il primo termine a destra nella (4.1) è la forza (detta di Stokes) di attrito di un corpo sferico che si muove in un fluido, mentre ξ rappresenta la forza dovuta agli urti delle molecole.

Se trascuriamo ξ possiamo integrare la (4.1) e otteniamo che la velocità tende a zero, a causa dell'attrito, con un tempo caratteristico di rilassamento che vale $\tau = m/(6\pi\mu a)$. Per un grano di un micron posto in acqua a temperatura ambiente questo tempo di Stokes è molto breve, $\tau = O(10^{-7})$ secondi, ma è comunque molto grande rispetto ai tempi tipici di urti con le molecole che sono $O(10^{-11})$ secondi. Pertanto possiamo assumere che sui tempi caratteristici del grano la forza ξ sia un rumore scorrelato nel tempo ed indipendente dalla posizione del grano. Moltiplicando la

(4.1) per x e mediando su molti urti si ottiene

$$\frac{1}{2}\frac{d^2}{dt^2}\langle x^2\rangle - \langle v^2\rangle = -\frac{1}{2\tau}\frac{d}{dt}\langle x^2\rangle + \frac{1}{m}\langle x\xi\rangle. \tag{4.2}$$

L'ultimo termine rappresenta la correlazione tra la posizione del grano x e la forza dovuta all'impatto delle molecole. Per i motivi spiegati in precedenza, possiamo ragionevolmente supporre che gli urti delle molecole non dipendano dalla posizione del grano e quindi, siccome abbiamo urti in tutte le direzioni, in media avremo $\langle x\xi\rangle = 0$.

A questo punto, il passo cruciale della derivazione è di supporre che il grano sia in equilibrio termodinamico con le molecole. Notiamo che questa è una assunzione molto forte, vista la grande differenza di dimensioni tra il grano e le molecole, ma è proprio grazie a questa ipotesi ardita di Einstein che si riesce a risolvere il problema. Formalmente, questa ipotesi implica che possiamo applicare il principio di equipartizione dell'energia al grano e e scrivere $\langle v^2\rangle = k_B T/m$. In questo modo l'equazione (4.2) diventa un'equazione differenziale elementare per la variabile $\langle x^2\rangle$ che integrata dà (assumendo che la posizione iniziale sia $x(0) = 0$):

$$\langle x^2(t)\rangle = \frac{2k_B T}{m}\tau^2\left[\frac{t}{\tau} - (1 - e^{-t/\tau})\right]. \tag{4.3}$$

Nel limite di tempi lunghi rispetto al tempo di rilassamento, $t \gg \tau$, nella soluzione (4.3) sopravvive solo il primo termine e si ottiene

$$\langle x^2(t)\rangle = \frac{2k_B T}{m}\tau t = 2Dt. \tag{4.4}$$

Questa è la *legge diffusiva* per il moto browniano: la particella in media non si sposta, $\langle x\rangle = 0$, perché riceve tanti urti da destra come da sinistra. Viceversa lo spostamento *quadratico* medio (che essendo un quadrato non risente del segno) non è nullo e cresce linearmente col tempo[2].

La costante di proporzionalità D in (4.4) si chiama il *coefficiente di diffusione* ed è espresso dalla relazione di Einstein-Smoluchowski come

$$D = \frac{k_B T}{6\pi a\mu}. \tag{4.5}$$

L'importanza della relazione (4.5) è che collega la quantità macroscopica D, determinabile da osservabili sperimentali come spiegato sopra, con quantità microscopiche quali la costante di Boltzmann k_B ed il numero di Avogadro $N_A = R/k_B$ (R è la costante dei gas). In altre parole la (4.5) lega in modo non ambiguo il mondo microscopico (le molecole) col mondo macroscopico (il grano) e permette di deter-

---

[2] Un modo semplice di comprendere la fenomenologia del moto browniano è quello di versare una goccia di colorante in un bicchiere d'acqua. Facendo attenzione a non agitare l'acqua ed aspettando abbastanza a lungo osserveremo che la posizione del centro della macchia non cambia (cioè $\langle x\rangle = 0$) ma l'area della macchia cresce nel tempo. Se la misurassimo scopriremmo che l'area cresce in modo proporzionale a t, come previsto dalla (4.4).

minare una quantità del primo (il numero di Avogadro) con una misura del secondo (il coefficiente di diffusione). Il punto cruciale della derivazione è che al granello di polline viene chiesto di obbedire, simultaneamente, sia all'idrodinamica macroscopica (legge di Stokes) che alla teoria cinetica (equipartizione) e pertanto fornisce un ponte con il mondo delle molecole. Da questa apparente contraddizione, ardita e geniale idea di Einstein e Smoluchowski, nasce la certezza definitiva della correttezza dell'ipotesi atomica.

Nel 1908 il fisica francese Jean Baptiste Perrin realizzò una serie di esperimenti quantitativi sul moto browniano allo scopo di verificare l'esattezza delle ipotesi molecolari della derivazione di Einstein e misurare il valore del numero di Avogadro. Per i suoi esperimenti Perrin utilizza delle emulsioni di gommagutta trattata con alcool e centrifugata per ottenere dei granuli di diametro noto. Questi vengono osservati per mezzo di un microscopio ad immersione che aumenta la risoluzione e permette un migliore controllo della temperatura. Utilizzando grani di diametro molto diverso, come indicato nella Tabella 4.1 e anche di altri materiali, Perrin ottiene una serie di valori per il numero di Avogadro vicini tra loro e compatibili con il valore determinato con altri metodi. Conclude Perrin che:

> Questa notevole concordanza prova l'accuratezza rigorosa della formula di Einstein e conferma in modo clamoroso la teoria molecolare.

La verifica sperimentale della teoria di Einstein convinse anche gli ultimi scettici sulla realtà degli atomi. Per le sue ricerche sulla natura molecolare della materia Perrin riceve il premio Nobel per la fisica nel 1926. La storia delle sue ricerche sul moto Browniano è raccontata nel libro *Gli Atomi* la cui lettura è fonte preziosa di idee e conoscenze per ogni studente di fisica.

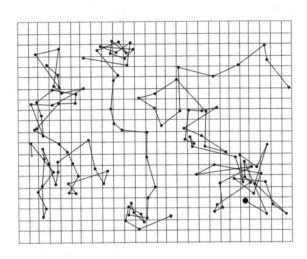

Fig. 4.1 Tracce di tre particelle colloidali di raggio 0.52 μm come viste al microscopio da Perrin. La spaziatura della griglia vale 3.2 μm e le posizioni sono mostrate ogni 30 secondi

Tab. 4.1 Lista della determinazione del numero di Avogadro N_A da parte di Perrin a partire da esperimenti di moto browniano con diverse classi di grani

Natura dell'emulsione	raggio dei grani (μm)	massa dei grani ($g/10^{15}$)	$N_A/10^{22}$
gommagutta	0.212	48	69.5
gommagutta	0.367	246	68.8
gommagutta	0.50	600	80
mastice	0.52	650	72.5
mastice	5.50	750000	78

4.4 Un semplice modello stocastico per il moto browniano

La derivazione di Langevin ha il pregio della semplicità e spiega l'origine fisica della legge diffusiva (4.4). Questa può essere ottenuta in modo formale usando la teoria dei processi stocastici a tempo continuo. È possibile farsi un'idea dell'approccio con la teoria dei processi stocastici per mezzo di un semplice modello a tempi discreti.

Consideriamo un modello in una dimensione in cui il grano di polline può muoversi lungo l'asse x. Ad ogni tempo discreto $t = n\Delta t$, la posizione e la velocità del grano saranno date dalle quantità x_n e v_n che evolvono secondo le regole stocastiche

$$x_{n+1} = x_n + v_n\Delta t \tag{4.6}$$

$$v_{n+1} = av_n + bw_n \tag{4.7}$$

dove a e b sono costanti che verranno determinate in modo consistente. La (4.7) è la versione discreta della (4.1) in cui il primo termine rappresenta l'evoluzione deterministica e il secondo la forza stocastica dovuta alle molecole. Le variabili casuali w_n vengono assunte indipendenti ad ogni passo e distribuite secondo una gaussiana normalizzata, $N(0, 1)$ usando la notazione del Capitolo 3.

Assumiamo che la velocità iniziale sia distribuita normalmente, cioè la sua densità di probabilità è gaussiana con media $\langle v_0 \rangle$ e varianza σ_0^2 e indichiamo questa distribuzione con $N(\langle v_0 \rangle, \sigma_0)$, avremo che dopo un passo v_1 sarà ancora distribuita normalmente (la combinazione lineare di variabili gaussiane è infatti gaussiana) con $N(\langle v_1 \rangle, \sigma_1)$. Usando la (4.7) abbiamo

$$\langle v_1 \rangle = a\langle v_0 \rangle$$

mentre

$$\langle v_1^2 \rangle = a^2\langle v_0^2 \rangle + b^2\langle w_0^2 \rangle + 2ab\langle v_0 w_0 \rangle = a^2\langle v_0^2 \rangle + b^2.$$

Ripetendo il calcolo ad n generico otteniamo

$$\langle v_n \rangle = a^n\langle v_0 \rangle \tag{4.8}$$

mentre per $\sigma_n^2 = \langle v_n^2 \rangle - \langle v_n \rangle^2$ abbiamo

$$\sigma_{n+1}^2 = a^2 \sigma_n^2 + b^2. \tag{4.9}$$

Assumiamo ora che $0 < a < 1$ pertanto per $n \to \infty$ abbiamo $\langle v_n \rangle \to 0$ mentre dalla (4.9) si ottiene

$$\lim_{n \to \infty} \sigma_n^2 = \frac{b^2}{1 - a^2} \equiv \langle v^2 \rangle. \tag{4.10}$$

Pertanto la velocità v_n del grano al tempo n è distribuita gaussianamente e tende velocemente alla distribuzione asintotica $N(0, \langle v^2 \rangle)$. Infatti possiamo riscrivere la (4.9) per la distanza dal valore asintotico $\delta_n = \sigma_n^2 - b^2/(1 - a^2)$ come $\delta_{n+1} = a^2 \delta_n$.

In termini fisici, il valore di a definisce un tempo caratteristico oltre il quale la distribuzione della velocità diventa praticamente stazionaria. Pertanto, essendo interessati al moto del grano su tempi "lunghi", è ragionevole assumere la distribuzione di velocità data da quella asintotica $N(0, \langle v^2 \rangle)$ e studiare solo il cammino casuale, o *random walk*, descritto dalla (4.6). Dopo n passi lo spostamento del grano sarà dato da

$$\Delta_n = x_n - x_0 = \Delta t \sum_{j=0}^{n-1} v_j$$

con ovviamente $\langle \Delta_n \rangle = 0$ mentre per lo spostamento quadratico

$$\langle \Delta_n^2 \rangle = (\Delta t)^2 \sum_{j=0}^{n-1} \langle v_j^2 \rangle + 2(\Delta t)^2 \sum_{j=0}^{n-1} \sum_{k=1}^{n-j-1} \langle v_j v_{j+k} \rangle.$$

Per il secondo termine, osserviamo che vale $\langle v_j v_{j+k} \rangle = a^k \langle v^2 \rangle$ (infatti moltiplicando la (4.7) per v_n e mediando si ha $\langle v_n v_{n+1} \rangle = a \langle v^2 \rangle$; moltiplicando invece per v_{n-1} mediando e usando il risultato precedente si ottiene invece $\langle v_{n-1} v_{n+1} \rangle = a^2 \langle v^2 \rangle$ e così via). Ricordando che vale $\sum_{k=1}^{N} a^k = a(1 - a^N)/(1 - a)$, otteniamo

$$\langle \Delta_n^2 \rangle = (\Delta t)^2 n \langle v^2 \rangle + 2(\Delta t)^2 \langle v^2 \rangle \frac{a}{1-a} \left[n - \frac{1 - a^n}{1 - a} \right].$$

Ora fissiamo i valori dei coefficienti a e b in base a considerazioni di consistenza. Per $b = 0$, la (4.7) deve essere la versione discreta della (4.1) con $f = 0$, cioè $dv/dt = -v/\tau$. Al primo ordine in Δt deve essere quindi $v(t + \Delta t) - v(t) = -v(t)\Delta t/\tau = v_{n+1} - v_n = av_n$ e pertanto

$$a = 1 - \frac{\Delta t}{\tau}$$

mentre dalla (4.10) avremo

$$b = \sqrt{\frac{2\Delta t \langle v^2 \rangle}{\tau}}.$$

Possiamo ora calcolare il coefficiente di diffusione definito dalla (4.4). Nel nostro caso si ottiene

$$D = \lim_{n \to \infty} \frac{\langle \Delta_n^2 \rangle}{2n\Delta t} = \tau \langle v^2 \rangle . \tag{4.11}$$

Il tempo caratteristico τ è dato dalla formula di Stokes $\tau = m/(6\pi\mu R)$ (R è il raggio della particella e μ la viscosità del fluido), mentre il valore di $\langle v^2 \rangle$ è determinato dall'equipartizione dell'energia $\langle v^2 \rangle = k_B T/m$, come descritto nel capitolo precedente. Sostituendo nella (4.11) ritroviamo la formula di Einstein-Smoluchowski

$$D = \frac{k_B T}{6\pi\mu R} . \tag{4.12}$$

Questa derivazione, seppure molto semplificata, mantiene comunque le importanti proprietà del moto diffusivo e permette di comprendere alcuni aspetti fondamentali. In particolare impariamo che siccome la distribuzione delle velocità v_n converge rapidamente alla distribuzione asintotica, possiamo riottenere lo stesso risultato (4.12) considerando direttamente solo l'equazione per il random walk (4.6) con una distribuzione delle velocità v_n data (Gaussiana).

Alcuni dettagli del modello usato (ad esempio la gaussianità della w_n) sono inessenziali. Il lettore può controllare con facili calcoli (vedi gli Esercizi) che assumendo la (4.6) ove v_n abbia una distribuzione di probabilità $p_n(v)$ e correlazioni che decadono velocemente, allora

$$\frac{\langle (x_n - x_0)^2 \rangle}{2n} \to_{n \to \infty} \frac{\langle v^2 \rangle}{2} \Delta t^2 + \sum_{j=1}^{\infty} \langle v_j v_0 \rangle \Delta t^2 .$$

Inoltre, assumendo la (4.7) con $\{w_n\}$ variabili indipendenti distribuite secondo una distribuzione di probabilità $g(w)$, le (4.8) ed (4.9) sono ancora valide e per $n \to \infty$, $p_n(v) \to p(v)$, non gaussiana, soluzione dell'equazione

$$p(v) = \int p(v')g(w)\delta(v - av' - bw)dv'dw .$$

4.5 Un modello ancora più semplice: il random walk

Come detto in precedenza, nel modello (4.6-4.7) le velocità raggiungono velocemente la distribuzione asintotica ed il problema si *disaccoppia*, nel senso che si può considerare l'evoluzione della posizione (4.6) in una distribuzione di velocità assegnata.

Per illustrare meglio questo concetto, consideriamo una versione ulteriormente semplificata nel quale la velocità può assumere solo 2 valori discreti: $v_n = +v$ e $v_n = -v$. Chiaramente la posizione del grano x_n che evolve secondo la (4.6) si muoverà su una serie discreta di punti distanziati da $\Delta x = v\Delta t$. Se prendiamo come origine il punto di partenza del grano (cioè $X(0) = 0$), la sua posizione dopo un tempo $t = n\Delta t$

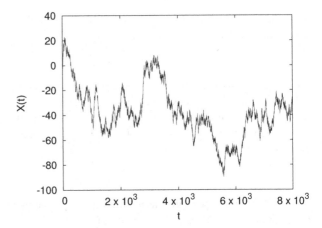

Fig. 4.2 Una realizzazione di $n = 8000$ passi di un random walk con $\Delta x = \Delta t = 1$ con $X(0) = 0$

sarà

$$X(t) = \Delta t \sum_{i=1}^{n} V_i.$$

La probabilità $p_t(X = x)$ di trovare il grano nella posizione $x = k\Delta X$ al tempo $t = n\Delta t$ sarà data dalla probabilità $p_n(k)$ di fare $(n+k)/2$ salti con $V_i = +v$ e $(n-k)/2$ salti con $V_i = -v$ sul totale di n salti. Ovviamente l'ordine con cui vengono fatti i salti positivi e negativi non importa e quindi abbiamo

$$p_t(x) = \frac{1}{2^n} \binom{n}{\frac{n+k}{2}}.$$

Per grandi valori di n e k, cioè dopo un gran numero di passi possiamo utilizzare l'approssimazione di Stirling $\log n! \simeq n\log(n) - n$ ed ottenere, ritornando alle variabili fisiche:

$$p_t(x) = \frac{1}{\sqrt{4\pi Dt}} e^{-\frac{x^2}{4Dt}} \tag{4.13}$$

pertanto la posizione del grano avrà una distribuzione Gaussiana con valor medio nullo e varianza data $\langle x^2(t) \rangle = 2Dt$ con

$$D = \frac{1}{2} v^2 \Delta t.$$

Il coefficiente di diffusione D è ancora nella forma (4.11) cioè il prodotto della varianza della velocità per un tempo di decorrelazione (che in questo caso vale $\Delta t/2$).

Osserviamo ancora che i risultati di questo capitolo confermano quanto discusso nel Capitolo 3 a proposito del TLC per cui la distribuzione Gaussiana (4.13) appare in modo molto generale.

Esercizi

4.1. Consideriamo una variante del modello di moto Browniano a tempo discreto discusso nella Sezione 4.4

$$v_{n+1} = av_n + z_n \ , \ x_{n+1} = x_n + v_n$$

ove $|a| < 1$ e le $\{z_n\}$ sono i.i.d. a media nulla con densità di probabilità $p_Z(z)$ nota e non gaussiana:

a) assumendo che per $n \to \infty$ la densità di probabilità di v_n non cambi, mostrare che v_n non è gaussiana;

b) mostrare che nel limite $n \gg 1$ la densità di probabilità di x_n è gaussiana e $< x_n^2 > \simeq 2Dn$, calcolare D.

4.2. Si consideri il processo stocastico a tempo discreto

$$x_{n+1} = ax_n + z_n$$

ove $|a| < 1$ e le $\{z_j\}$ sono i.i.d. con densità di probabilità $p_Z(z)$ nota, che per $|z| \to \infty$ decada a zero rapidamente in modo tale che esistano tutti i momenti.

Mostrare che nel limite $n \to \infty$ la densità di probabilità di x_n tende ad una funzione limite, discutere il rate di convergenza.

Suggerimento: utilizzare le funzioni caratteristiche ed i cumulanti.

Letture consigliate

I lavori di Einstein sul moto browniano sono stati tradotti in inglese e raccolti nel volume:

A. Einstein, *Investigation on the Theory of the Brownian Motion* (Dover Publications, 1956).

Un classico sul moto browniano (e non solo) purtroppo quasi introvabile in italiano:

J. Perrin, *Les Atomes* (Alcan, 1913); traduzione italiana *Gli Atomi* (Editori Riuniti, 1981).

L'articolo originale di Langevin:

P. Langevin, "Sur la theorie du mouvement brownien", C. R. Acad. Sci. (Paris) **146**, 530 (1908); tradotto in inglese su Am. J. Phys. **65**, 1079 (1997).

Per una rassegna, in parte anche storica, sul moto browniano con una dettagliata analisi dei lavori di Einstein, Smoluchowski e Perrin si veda:

S. Chandrasekhar, "Stochastic problems in physics and astronomy", Rev. Mod. Phys. **15**, 1 (1943).

5

Processi stocastici discreti: le catene di Markov

Storicamente, uno dei primi studi relativi ai **processi stocastici** è dovuto a al matematico Bachelier che nel 1900 ha usato il modello del random walk per l'analisi dei mercati finanziari. L'idea è poi stata sviluppata pochi anni dopo, con i lavori di Einstein, Smoluchowski e Langevin e le applicazioni allo studio del moto Browniano, come discusso nel capitolo precedente.

Un processo stocastico è definito da un insieme di variabili aleatorie $X_t \in \Omega$ funzioni di un parametro t, che rappresenta generalmente il tempo. Ovvero, un processo stocastico è dato dall'evoluzione nel tempo di una variabile aleatoria. Nel caso di un sistema deterministico, l'evoluzione è data da un regola (equazione differenziale o mappa discreta) che determina in modo univoco il valore della variabile ad un tempo successivo, dato lo stato al tempo attuale t. Viceversa, nel caso dei processi stocastici, viene specificata l'evoluzione della probabilità. Ovvero, dato lo stato attuale, il sistema ad un tempo successivo potrà trovarsi in un insieme di diversi stati, e questo in base a delle regole probabilistiche[1]. Chiaramente queste regole in generale potranno dipendere sia dallo stato in cui si trova il sistema che dalla sua storia passata. Nel caso in cui dipenda solo dallo stato del sistema al tempo t (e non dalla storia precedente) si parlerà di **processi di Markov**[2]. Possiamo dire che un processo markoviano è, in ambito probabilistico, per certi aspetti simile ad un sistema deterministico in quanto il futuro del sistema è determinato (in senso statistico) solo dallo stato presente. Molti processi di interesse fisico sono con buona approssimazione *markoviani*, e ciò è un bene in quanto lo studio dei processi non markoviani è molto complicato. In questo libro ci occuperemo quindi esclusivamente di processi markoviani.

Il caso più semplice, che verrà trattato in questo capitolo, è quello delle **catene di Markov** in cui sia la variabile aleatoria che il tempo assumono valori discreti. Le catene di Markov con numero finito di stati vennero introdotte da Markov nel 1906

---

[1] Osserviamo che, quasi sempre, il carattere probabilistico dell'evoluzione nei processi stocastici riflette la nostra ignoranza rispetto ad alcune cause in gioco che, sebbene deterministiche, vengono modellate per mezzo di variabili aleatorie.

[2] In onore del matematico russo Andrei Andreievich Markov (1856-1922).

Boffetta G., Vulpiani A.: Probabilità in Fisica. Un'introduzione.
DOI 10.1007/978-88-470-2430-4_5, © Springer-Verlag Italia 2012

e vennero poi generalizzate al caso di un numero infinito di stati da Kolmogorov nel 1936.

Nel caso invece in cui gli stati siano discreti ma tempo sia continuo, $t \in \mathbb{R}$, l'evoluzione della probabilità è data dalla cosiddetta **master equation** introdotta da Pauli nel 1928 (nello studio del rilassamento all'equilibrio nei sistemi quantistici) e poi utilizzata anche da Uhlenbeck per lo studio delle fluttuazioni nei raggi cosmici. Caratteristica fondamentale di un processo descritto da un master equation è che, data la natura discreta degli stati, per un intervallo di tempo piccolo ($\delta t \to 0$), la probabilità di non cambiare stato è $1 - O(\delta t)$, molto maggiore della probabilità di cambiarlo, che è $O(\delta t)$. Una delle applicazioni naturali di questo approccio è nello studio delle dinamiche di popolazioni dove il carattere discreto della variabile aleatoria è chiaramente legato alla presenza di individui.

Nel caso infine in cui sia gli stati che il tempo siano continui siamo nel reame dell'**equazione di Fokker-Planck**: in questo caso lo stato cambia per qualsiasi intervallo δt ma il cambiamento è piccolo se lo è δt, in un senso che definiremo meglio. L'equazione di Fokker-Planck fu introdotta già da Einstein e Smoluchowski nel 1906 e successivamente da Fokker nel 1914. Nel 1917 Planck ricava l'equazione in una forma generale mentre la teoria viene poi formalizzata da Kolmogorov nel 1931. L'equazione di Fokker-Planck, essendo una equazione differenziale alle derivate parziali, è generalmente più trattabile da un punto di vista matematico delle corrispettive equazioni discrete (catene di Markov o master equation). Per questo motivo in molti casi l'equazione di Fokker-Planck viene utilizzata come descrizione approssimata, "a grana grossa", anche quando il processo sia intrinsecamente discreto.

Tutti questi approcci, discreti o continui, hanno in comune il fatto di descrivere l'evoluzione temporale (discreta o continua) deterministica della probabilità di trovare il sistema in un certo stato ad un certo tempo. Una descrizione alternativa si basa sulla evoluzione temporale di una singola realizzazione della variabile stocastica X_t, descritta, nel caso continuo dove viene generalmente usata, da una **equazione differenziale stocastica**, cioè una equazione che contiene esplicitamente dei termini stocastici. Il resto di questo capitolo è dedicato allo studio delle catene di Markov (e, in minore misura, alla master equation), mentre lo studio dell'equazione di Fokker-Planck verrà affrontato nel capitolo successivo, assieme ad alcuni concetti base relativi alle equazioni differenziali stocastiche.

5.1 Le catene di Markov

Consideriamo il caso di una variabile aleatoria con valori discreti, ad esempio che assume valori in $\Omega = \mathbb{Z}$, funzione di una variabile "tempo" anch'essa discreta, $t \in \mathbb{Z}$. Come abbiamo visto nello studio relativo al moto Browniano, la quantità fondamentale da determinare è la probabilità di trovare la variabile aleatoria X nel generico stato i al tempo t

$$p_i(t) = P(X_t = i).$$

In generale possiamo pensare che gli stati successivi della variabile aleatoria X_t siano correlati e pertanto la probabilità di trovarsi nello stato j al tempo $t+1$ dipende dagli s stati precedenti, ovvero è dato dalla probabilità condizionata $P(X_{t+1} = j|(X_t = i) \cap (X_{t-1} = i_1) \cap ... \cap (X_{t-s+1} = i_{s-1}))$. Il grado di "memoria" s determina il tipo di processo stocastico.

Nel caso più semplice in cui non vi siano correlazioni avremo che lo stato X_{t+1} non dipende dagli stati precedenti e quindi semplicemente

$$P(X_{t+1} = j|(X_t = i) \cap (X_{t-1} = i_1) \cap ... \cap (X_{t-s+1} = i_{s-1}))$$
$$= P(X_{t+1} = i) = p_j(t+1).$$

Questo è il caso dei processi indipendenti (come ad esempio il caso di estrazioni ripetute) in cui la $p_j(t)$ determina completamente il processo.

Il caso successivo è quello di particolare importanza dei processi (o catene, trattandosi di processi discreti) di Markov in cui lo stato del sistema dipende solo dallo stato precedente:

$$P(X_{t+1} = j|(X_t = i) \cap (X_{t-1} = i_1) \cap ... \cap (X_{t-s+1} = i_{s-1}))$$
$$= P(X_{t+1} = j|X_t = i) \equiv W_{ij}(t),$$

dove $W_{ij}(t)$ rappresenta la probabilità di passare dallo stato i al tempo t allo stato j al tempo successivo e, per un processo markoviano, non dipende dal cammino che ha portato la variabile X_t in i. Se il processo è **stazionario**, cioè invariante rispetto alla scelta dell'origine del tempo, questa probabilità diviene indipendente da t. Nel seguito, se non diversamente indicato, considereremo il caso di processi stazionari.

Un processo markoviano è quindi per definizione senza memoria (o con memoria finita), nel senso che dipende solo dal suo stato presente e non da quelli passati: questa proprietà permette, come vedremo in seguito, di semplificare notevolmente la trattazione dei problemi. Ricordiamo anche che i processi markoviani trovano molte applicazioni in campi che vanno dalla meccanica statistica, alle studio di reazioni chimiche e di processi biologici (ad esempio nella teoria delle popolazioni) allo studio matematico dei processi economici-finanziari fino alle applicazioni informatiche (ad esempio, la tecnica di classificazione delle pagine web adottata da Google è basata su una catena di Markov) ed ai sistemi automatici di generatori di testi e musica.

Osserviamo che la richiesta importante per i processi markoviani è che l'evoluzione abbia una memoria finita. Infatti se supponiamo che lo stato futuro dipenda dagli ultimi r stati X_k (l'attuale X_t più gli $r-1$ precedenti $X_{t-1}, X_{t-2}, ..., X_{t-r+1}$), basterà ridefinire una nuova catena con stato Y_t costruito a partire dagli r stati ordinati di X, $Y_t = (X_t, X_{t-1}, X_{t-2}, ..., X_{t-r+1}) \in \Omega^r$ per avere un processo di Markov in senso usuale in uno spazio allargato. Pertanto non sarà necessario discutere il caso di probabilità condizionate con grado di memoria maggiore.

La probabilità di transizione W_{ij} può essere pensata come una **matrice stocastica**, detta **matrice di transizione**, che cioè assume valori non negativi, $W_{ij} \geq 0$ e soddisfa la condizione di normalizzazione

$$\sum_j W_{ij} = 1 \qquad \forall i \in \Omega \tag{5.1}$$

mentre dalla definizione di probabilità condizionata abbiamo

$$p_j(t+1) = \sum_i W_{ij} p_i(t) \tag{5.2}$$

che possiamo anche scrivere in forma compatta vettoriale come $p(t+1) = p(t) \cdot W$. Iterando la (5.2) otteniamo

$$p_j(t) = \sum_i W_{ij}^t p_i(0) \tag{5.3}$$

dove W^t è la matrice definita dalla relazione $W_{ij}^t = \sum_k W_{ik}^{t-1} W_{kj}$ con ovviamente $W_{ij}^1 = W_{ij}$. Si vede facilmente che W^2 è ancora una matrice stocastica e pertanto lo è anche la generica W^t (esercizio lasciato al lettore).

Generalizzando la relazione precedente abbiamo l'equazione di **Chapman-Kolmogorov**

$$W_{ij}^{t+s} = \sum_k W_{ik}^t W_{kj}^s \tag{5.4}$$

che ha un ruolo centrale nello studio dei processi di Markov sia nel caso discreto che, con opportuna generalizzazione, nel caso continuo. Le due equazioni (5.2) e (5.4) sono le equazioni alla base dello studio delle catene di Markov.

5.1.1 La distribuzione di probabilità stazionaria

Una domanda naturale ed importante è come si comporta la $p_i(t)$ a tempi lunghi, ovvero se esista (e quale sia) una **distribuzione stazionaria** asintotica $\pi_i = \lim_{t \to \infty} p_i(t)$ che sia soluzione della (5.2), cioè con $\pi = \pi \cdot W^3$. I principali risultati della teoria dei processi di Markov riguardano proprio l'esistenza ed unicità della distribuzione stazionaria e la sua determinazione.

5.1.1.1 Primo esempio: un processo a due stati

Come primo esempio discutiamo il caso con soli due stati $\Omega = \{0,1\}$ in cui X_t cambia stato con probabilità p e rimane nello stesso stato con probabilità $1-p$

---

[3] Notare che esiste sicuramente una soluzione dell'equazione $\pi = \pi \cdot W$, tuttavia ci sono casi (vedi dopo) in cui esistono più soluzioni stazionarie.

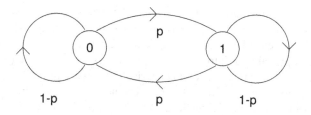

Fig. 5.1 Catena di Markov a due stati $X = 0, 1$ con probabilità di transizione $W_{01} = W_{10} = p$ e $W_{00} = W_{11} = 1 - p$

(Fig. 5.1). Indichiamo con $\varphi(t) = p_0(t)$ la probabilità che $X_t = 0$ al tempo t e quindi $p_1(t) = 1 - \varphi(t)$. Dalla (5.2) abbiamo

$$1 - \varphi(t+1) = p\varphi(t) + (1-p)(1-\varphi(t)) = (1-p) + (2p-1)\varphi(t)$$

che ha soluzione (con la condizione iniziale $\varphi(0) = \varphi_0$)

$$\varphi(t) = \frac{1}{2} + (1-2p)^t \left(\varphi_0 - \frac{1}{2} \right). \tag{5.5}$$

Dalla (5.5) vediamo quindi che per $t \to \infty$, $\varphi(t) \to \pi_0 = 1/2$, indipendente dal valore di φ_0 e di p. Notiamo che la convergenza è esponenzialmente veloce con un tempo caratteristico $\tau = -1/\ln|2p-1|$.

5.1.1.2 Secondo esempio: random walk asimmetrico su un n-ciclo

Consideriamo ora un esempio leggermente più complicato in cui la variabile aleatoria può assumere n valori interi $X_t = j$ in $\mathbb{Z}_n = 0, 1, ..., n-1$. Possiamo pensare il processo come ad un random walk sul cerchio in cui il punto X_t ad ogni passo salta di un angolo $\pm 2\pi/n$ rispettivamente con probabilità p e $1 - p$. (vedi Fig. 5.2). La matrice di transizione sarà quindi $W_{i,i+1} = p$, $W_{i,i-1} = 1 - p$ e $W_{ij} = 0$ altrimenti (per il caso $n > 2$, ovviamente). Questo esempio è solo un caso particolare di una classe importante di catene di Markov date da un *random walk su un grafo* (cioè in cui il grano può saltare, con probabilità differenti, su un numero di siti variabile).

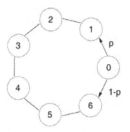

Fig. 5.2 Random walk asimmetrico su $\mathbb{Z}_7$. La probabilità di andare in senso antiorario vale p, in senso orario $1 - p$

È un esercizio elementare verificare che la distribuzione uniforme $\pi_j = 1/n$ è soluzione stazionaria della (5.2). Infatti abbiamo $\sum_i W_{ij}\pi_i = p\pi_{i-1} + (1-p)\pi_{i+1} = 1/n$, indipendentemente dal valore di p. Questo risultato è abbastanza intuitivo: dopo molti salti la probabilità di trovare il grano è la stessa su ogni sito (e quindi non dipende più dal sito di partenza). Al di la del risultato, questo problema illustra bene che un aspetto importante nello studio delle catene di Markov, oltre a determinare la distribuzione asintotica, è quello di stimare dopo quanto tempo il sistema si "dimentica" della condizione iniziale.

A questo riguardo è interessante considerare il caso di n pari. Come esempio prendiamo $n = 4$ e $p = 1/2$ e la condizione iniziale $\mathbf{P}(0) = (1,0,0,0)$ (cioè $X_0 = 0$ con certezza). Al tempo $t = 1$ avremo che le probabilità di trovare X su uno degli n siti sarà $\mathbf{P}(1) = (0,1/2,0,1/2)$ e analogamente avremo $\mathbf{P}(2) = (1/2,0,1/2,0)$. È facile convincersi che avremo sempre $\mathbf{P}(2k+1) = (0,1/2,0,1/2)$ e $\mathbf{P}(2k) = (1/2,0,1/2,0)$ e quindi per $t \to \infty$ $\mathbf{P}(t)$ non può convergere ad una distribuzione invariante. Questo risultato vale in generale per n pari, mentre nel caso di n dispari la distribuzione di probabilità dimentica la sua condizione iniziale e converge a $\pi_j = 1/n$.

5.1.2 Il ruolo delle barriere: il giocatore in rovina

Introduciamo ora, per mezzo di un esempio famoso, l'importante concetto di barriera in un processo di Markov.

Supponiamo di giocare alla roulette al Casinò scommettendo un dollaro per volta sull'uscita di rosso o nero. Se vinciamo (con probabilità p) guadagniamo un altro dollaro, altrimenti perdiamo la puntata. Possiamo descrivere questo processo con una catena di Markov in cui lo stato iniziale $X_0 \in \mathbb{N}$ è il capitale iniziale e ad ogni step possiamo saltare di un singolo dollaro in alto o in basso, esattamente con nell'esempio del random walk.

Sfortunatamente, il random walk non tiene conto del fatto che possiamo finire i soldi, ovvero X_t non può assumere valori negativi e se ad un certo istante abbiamo $X_t = 0$ gli stati successivi saranno sempre $X = 0$. La catena di Markov corrispondente a questa situazione si chiama random walk con una **barriera assorbente** in 0 ed è formalizzata da una matrice di transizione che abbia $W_{00} = 1$ e $W_{0i} = 0$ per $i > 0$.

Analogamente possiamo assumere che se invece guadagniamo molto saremo abbastanza furbi da lasciare il Casinò. Diciamo che sia C il capitale al quale smettiamo di giocare (o ci impongono di smettere, se C è sufficientemente alto). In questo caso il numero di stati possibili è finito (e vale $C + 1$) e in $X = C$ avremo una seconda barriera assorbente, cioè $W_{CC} = 1$.

Nelle catene di Markov sono possibili altri tipi di barriere. Per esempio, supponiamo che se perdiamo tutti i soldi ($X = 0$) qualcuno ci presta un dollaro in modo che possiamo continuare a giocare. In questo caso abbiamo una barriera **riflettente** con $W_{01} = 1$. Altri tipi più complessi di barriere sono possibili, ad esempio una barriera *elastica* quando il random walk riflette solo con una certa probabilità.

Un problema di ovvia rilevanza per il giocatore è calcolare la probabilità della bancarotta, cioè la probabilità di raggiungere lo stato 0 prima di raggiungere C (ed uscire dal Casinò) partendo da un certo capitale j. Ovvero vogliamo calcolare la probabilità di raggiungere una barriera a partire da uno stato iniziale dato. Chiamiamo F l'evento fallimento (cioè il random walk raggiunge 0 prima di raggiungere C), vogliamo calcolare la probabilità $u_j = P(F|X_0 = j)$. Ovviamente $u_0 = 1$ (siamo già in rovina all'inizio) e $u_C = 0$. Per gli altri casi possiamo scrivere

$$\begin{aligned} P(F|X_0 = j) &= P(F|(X_1 = j-1) \cap (X_0 = j))P(X_1 = j-1|X_0 = j) \\ &\quad + P(F|(X_1 = j+1) \cap (X_0 = j))P(X_1 = j+1|X_0 = j) \\ &= qP(F|X_1 = j-1) + pP(F|X_1 = j+1) \end{aligned}$$
(5.6)

dove abbiamo usato la formula di Bayes[4] e nell'ultimo passaggio abbiamo fatto uso esplicito della proprietà di Markov e dove $q = 1 - p$.

Notiamo ora che nella definizione dell'evento F non è fatta menzione di *quanto tempo* si impiega per fallire, pertanto $P(F|X_1 = j) = P(F|X_0 = j) = u_j$ e quindi la (5.6) si può scrivere come

$$u_j = qu_{j-1} + pu_{j+1}$$
(5.7)

che è una equazione alle differenze finite, che può essere vista come la versione discreta di una equazione differenziale, con le condizioni al contorno $u_0 = 1$ e $u_C = 0$. La soluzione della (5.7) può essere cercata nella forma $u_j = \alpha^j$ (analoga alla soluzione $u(x) = e^{\alpha x}$ per un'equazione differenziale lineare) dove il valore della costante α viene determinato sostituendo direttamente nella (5.7)

$$\alpha^j = q\alpha^{j-1} + p\alpha^{j+1}.$$
(5.8)

La (5.8) ammette due soluzioni $\alpha = 1$ e $\alpha = q/p$ (osserviamo che se $q = p = 1/2$ le due soluzioni sono coincidenti). Analogamente al caso delle equazioni differenziali lineari, la soluzione generale della (5.7) sarà data dalla combinazione lineare delle soluzioni. Se $p \neq q$ la soluzione cercata è quindi

$$u_j = C_1(q/p)^j + C_2,$$

mentre se $p = q$ dobbiamo usare come funzioni elementari α^j e $j\alpha^j$ e pertanto

$$u_j = C_1 + C_2 j.$$

Usiamo ora le condizioni al contorno per fissare le costanti C_1 e C_2. Nel primo caso con $p \neq q$ un calcolo elementare porta a $C_1 = 1/(1 - (q/p)^C)$ e $C_2 = -(q/p)^C/(1-$

---

[4] Se $B = \cup_{i=1}^{N} B_i$ con $B_i \cap B_j = \emptyset$ se $i \neq j$, usando due volte la formula di Bayes si dimostra che $P(A|B) = \sum_n P(A|B_n)P(B_n|B)$.

$(q/p)^C$) e quindi

$$u_j = \frac{(q/p)^j - (q/p)^C}{1 - (q/p)^C} \qquad (p \neq q),$$ (5.9)

mentre nel secondo caso $C_1 = 1$, $C_2 = -1/C$ e quindi

$$u_j = 1 - j/C \qquad (p = q).$$ (5.10)

Il secondo caso corrisponde ad un gioco equo per il quale il risultato (5.10) conferma l'intuizione: data la simmetria del problema se parto con $j > C/2$ ho maggiore probabilità di vincere al Casinò che di andare in rovina, e viceversa.

Al contrario, nel caso di gioco iniquo (5.9), possiamo avere una situazione "paradossale" in cui la probabilità di perdere è vicina alla certezza anche per piccoli valori di iniquità (su questi "paradossi" si basa la fortuna delle case da gioco). Consideriamo infatti di giocare rosso o nero alla roulette per la quale, a causa della presenza del verde, abbiamo una probabilità di vincita $p = 18/37 < 1/2$ (18/38 nelle roulette americane con doppio zero). Supponiamo di avere un patrimonio iniziale $j = X_0 = 500$ dollari e di ambire alla vincita $C = 1000$ dollari. La probabilità di fallire giocando solo 1 dollaro per volta vale, secondo la (5.9) $P(F|X_0 = 500) \simeq 1 - (p/q)^{C-j} = 1 - 10^{-12}$ ovvero abbiamo una probabilità di circa solo uno su 10^{12} di vincere, malgrado la "piccola" iniquità del gioco.

Chiaramente questa non è la strategia migliore per guadagnare al Casinò (se mai ce ne sia una): è infatti molto più sensato scommettere i 500 dollari tutti assieme per cui la probabilità di perdere è solo $19/37$. Potremmo dire che giocando un dollaro per volta (e quindi essendo "sicuri" di perdere) perdiamo la posta iniziale per il piacere continuare il gioco per molto tempo. Infatti il tempo medio di giocata sarà molto maggiore di X_0, trattandosi di un random walk, e durante questo tempo il giocatore si ritroverà molte volte (vedremo come stimare quante) con un gruzzolo significativamente maggiore di X_0.

Per concludere, consideriamo il caso in cui $C \to \infty$ (un limite irrealistico, anche nel mondo di Paperone, ma interessante). Se il gioco fosse equo avremmo $u_j = 1 - j/C \to 1$ e quindi sicuramente perderemo. Ovviamente se il gioco è a favore del banco, $p < q$ abbiamo pure $u_j = 1$, mentre risulta interessante il caso in cui $p > q$ (gioco a favore del giocatore): in questo caso $u_j \to (q/p)^j$ e quindi c'è una probabilità finita che il gioco prosegua indefinitamente (ma al prezzo di non lasciare mai il Casinò).

5.2 Proprietà delle catene di Markov

Una importante proprietà di una catena di Markov è data dalla possibilità di raggiungere un dato stato j a partire da uno stato i. Diremo che lo stato j è **accessibile** dallo stato i se esiste un tempo t per cui $W_{ij}^t > 0$. Se tutti gli stati sono accessibili a partire da tutti gli stati della catena diremo che la catena è connessa o **irriducibile**.

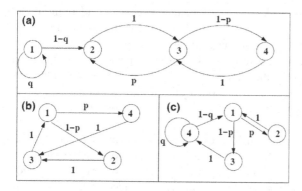

Fig. 5.3 Tre esempi di catene di Markov con 4 stati. (a) Catena riducibile con stato 1 transiente e stati 2, 3 e 4 ricorrenti e periodici con periodo 2. (b) Catena irriducibile periodica con periodo 3. (c) Catena irriducibile ergodica

Un concetto fondamentale che vogliamo introdurre è quello di ricorrenza. Dato uno stato X_t del processo, ci chiediamo se questo stato verrà ancora visitato o meno. Lo stato X è detto **persistente** se la probabilità di ritorno (in un qualche tempo futuro) vale 1, mentre è detto **transiente** se c'è una probabilità finita di non ritornare mai. Notiamo che uno stato persistente viene visitato infinite volte, poiché possiamo riapplicare la definizione di persistenza ogni volta che viene visitato. In Fig. 5.3 mostriamo 3 diversi tipi di catene di Markov con comportamenti qualitativamente diversi

Per chiarire meglio le proprietà di ricorrenza riconsideriamo gli esempi discussi in precedenza. Nel caso di random walk con barriere assorbenti le barriere sono ovviamente persistenti mentre gli stati interni sono tutti transienti (sappiamo con certezza che finiremo su una delle barriere). Se invece entrambe le barriere sono riflettenti tutti gli stati (finiti) del sistema diventano persistenti. Analogamente per il random walk su un n-ciclo (con n dispari).

Questi esempi sono tutti fatti con catene di Markov finite, per le quali ovviamente deve esistere almeno uno stato persistente (infatti abbiamo un tempo infinito per visitare un numero di stati finito). Se invece consideriamo catene infinite possiamo avere la situazione interessante per cui tutti gli stati diventano transienti.

Consideriamo infatti un random walk non simmetrico, per esempio con $p > q$ come nel caso del gioco a favore del giocatore. Come abbiamo visto col problema della rovina, per $C \to \infty$ c'è una probabilità finita $1 - (q/p)^j$ che partendo dallo stato $X_0 = j$ non si arrivi mai all'origine. Se ora togliamo la barriera in 0 (consideriamo quindi $\Omega = \mathbb{Z}$) e partiamo da $X_0 = 0$, con probabilità p avremo $X_1 = 1$ e da qui (dove possiamo usare il risultato precedente ottenuto con barriera, siccome questa non si sente se non nello stato 0) con probabilità $1 - q/p$ non torneremo mai in 0. Quindi lo stato 0 non ritorna mai con probabilità $p(1 - q/p) = p - q > 0$ (notiamo che se $p = 1$ il random walk avanza in modo deterministico sull'asse positivo e banalmente non torna all'origine). Siccome ora 0 è un punto arbitrario in Ω, lo stesso risultato vale per tutti i punti e pertanto tutti gli stati del random walk asimmetrico senza barriere sono transienti.

L'asimmetria del random walk ($p \neq q$) è fondamentale: se consideriamo il caso simmetrico, il problema del giocatore ci ha insegnato che partendo da un qualsiasi stato $j > 0$ arriviamo in 0 con probabilità certa. Anche questo risultato si generalizza ad ogni coppia di punti in Ω e quindi ogni stato è persistente e viene visitato infinite volte. Ricordiamo infine che la proprietà di persistenza dipende anche dalla dimensionalità del problema. Il random walk infinito (senza barriere e simmetrico) è persistente (in ogni punto) anche in due dimensioni, ma non lo è più in $d \geq 3$.

L'ultima proprietà delle catene di Markov che vogliamo ricordare è quella della periodicità. Una catena è detta **periodica** se i tempi di ritorno possibili su uno stato i sono multipli di un periodo $t_i > 1$, cioè $W_{ii}^{t_i} > 0$. Come esempio consideriamo ancora il random walk su un n-ciclo discusso in precedenza 5.1.1. Come mostrato, se n è pari gli stati successivi di X_t apparterranno a due insiemi disgiunti (i pari e i dispari) e quindi il periodo della catena vale $t = 2$. Invece se n è dispari la catena non è periodica. Consideriamo ora il caso n pari e supponiamo di partire da uno stato $X_0 = j$ pari. Dopo un numero pari di step la distribuzione della catena $p_i(2t)$ avrà supporto solo sugli stati i pari, mentre dopo un numero dispari di step $p_i(2t + 1)$ avrà supporto solo su stati dispari. È quindi evidente che la distribuzione non converge per $t \to \infty$. Questo risultato vale in generale e mostra che per le catene periodiche $p_i(t)$ non può tendere verso una probabilità invariante π_i.

5.2.1 Catene di Markov ergodiche

Discutiamo ora un'importante classe di catene di Markov dette **ergodiche** ovvero *catene con un numero di stati finito, connesse, non periodiche e con tutti gli stati persistenti*. Condizione, necessaria e sufficiente, affinché una catena di Markov sia ergodica è che per qualche $t \geq 1$ si abbia $W_{ij}^t > 0$ per ogni coppia $i, j \in \Omega$.

La prima proprietà importante delle catene di Markov ergodiche è che la distribuzione stazionaria (o invariante) π_j è unica ed è ottenuta a tempi arbitrariamente lunghi dall'evoluzione di una generica distribuzione iniziale $p_j(0)$. Ricordiamo che la distribuzione invariante è soluzione di $\pi = \pi \cdot W$ che è equivalente a richiedere che π sia un autovettore della matrice di transizione W con autovalore 1 (e ovviamente che l'autovettore abbia componenti non negative che sommano all'unità).

Il valore π_j rappresenta la probabilità asintotica che lo stato assuma il valore $X = j$ e, se la catena è ergodica, esso rappresenta anche la frazione di tempo in cui $X = j$. Siccome tutti gli stati sono persistenti, è interessante domandarsi quanto tempo ci vuole per la condizione iniziale $X_0 = j$ a tornare allo stato j, cioè quanto vale il **tempo di primo ritorno** (o di ricorrenza) T_j.

Per le catene ergodiche si ha il seguente risultato, che trova importanti applicazioni (per esempio il metodo Monte Carlo). Sia A una qualsiasi funzione che assume il valore A_i nel generico stato $i \in \Omega$ e sia $\{i_0, i_1, ..., i_{t-1}\}$ una realizzazione del processo markoviano. Per quasi tutte le realizzazioni si ha

$$\lim_{t \to \infty} \frac{1}{t} \sum_{k=0}^{t-1} A_{i_k} = \sum_{i \in \Omega} A_i \pi_i . \qquad (5.11)$$

Il significato dell'ergodicità diventa trasparente se prendiamo come osservabile la funzione che vale $A_i = 1$ se $i = r$ mentre $A_i = 0$ se $i \neq r$, allora la (5.11) diventa

$$\lim_{t \to \infty} \frac{1}{t} \sum_{k=0}^{t-1} A_{i_k} = \pi_r$$

in altre parole, la frazione di tempo spesa nello stato r asintoticamente (per grandi t) coincide con la probabilità dello stato stesso π_r.

Notiamo ancora che il concetto di ergodicità, che sarà ripreso nel Capitolo 7 quando tratteremo i sistemi caotici, è una estensione, per variabili non indipendenti, della legge dei grandi numeri discussa nel Capitolo 3.

Vogliamo ora studiare le proprietà statistiche dei tempi di primo ritorno e in particolare il valore medio. Il *teorema dei tempi di ritorno* o *lemma di Kac*, risultato fondamentale per i sistemi ergodici, lega il valor medio dei tempi di ritorno $E(T_j)$ alla distribuzione stazionaria secondo le relazione:

$$E(T_j) = 1/\pi_j . \qquad (5.12)$$

Osserviamo che la (5.12) esprime il fatto intuitivo, ma non banale, che il tempo medio tra due visite dello stato j è l'inverso del tempo speso nello stato j (che, come visto, è dato da π_j).

Il modo forse più semplice per dimostrare la (5.12) è sfruttare l'ergodicità. Consideriamo una realizzazione del processo $\{i_0, i_1, ...\}$ con stato iniziale $i_0 = j$ ed indichiamo con $T_j^{(1)}$ il tempo che il sistema impiega per tornare la prima volta in j, $T_j^{(2)}$ il tempo per il secondo ritorno (a partire da $T_j^{(1)}$) e così via. Il tempo totale che il sistema impiega per tornare N volte in j sarà quindi

$$t_N = \sum_{k=1}^{N} T_j^{(k)} .$$

Durante questo tempo, il sistema avrà trascorso nello stato j la frazione di tempo

$$f_N = \frac{N}{t_N} .$$

Poiché il sistema è ergodico abbiamo $\lim_{N \to \infty} f_N = \pi_j$ e quindi possiamo calcolare

$$E(T_j) = \lim_{n \to \infty} \frac{1}{N} \sum_{k=1}^{N} T_j^{(k)} = \lim_{N \to \infty} \frac{1}{f_N} = \frac{1}{\pi_j} .$$

Un ulteriore interessante risultato che vale per le catene di Markov ergodiche è la convergenza esponenzialmente veloce della $p_i(t)$ alla distribuzione stazionaria π_i:

$$p_t = \pi + o\left(e^{-t/\tau_c}\right) \tag{5.13}$$

dove il tempo caratteristico τ_c può essere esplicitamente calcolato dalla matrice di transizione W. Per definizione, la distribuzione stazionaria, che obbedisce a $\pi = \pi \cdot W$ è autovettore di W con autovalore 1. È possibile mostrare (è un teorema di algebra lineare) che gli autovalori α_k di W sono tutti in modulo minori di 1, $|\alpha_k| < 1$, a parte quello associato a π. Ordinando gli autovalori in ordine non crescente, $1 = \alpha_1 > |\alpha_2| \geq |\alpha_3|...$ il primo autovalore è non degenere, cioè $|\alpha_2| < 1$ e questo assicura la (5.13) con $\tau_c = -1/ln|\alpha_2|$.

5.2.2 Catene di Markov reversibili

Una classe importante di catene di Markov, che trova molte applicazioni fisiche, è quella delle catene **reversibili**. Intuitivamente, una catena di Markov è reversibile se la probabilità di una qualsiasi sequenza $(X_0, X_1, ... X_t)$ è la stessa della sequenza speculare $(X_t, X_{t-1}, ... X_0)$. Condizione necessaria e sufficiente per la reversibilità è che le probabilità di transizione soddisfino la condizione di **bilancio dettagliato**

$$\pi_i W_{ij} = \pi_j W_{ji} \tag{5.14}$$

per tutti gli $i, j \in \Omega$ (notiamo che nella definizione non è sottointesa alcuna somma).

Ricordiamo il risultato importante che *ogni catena di Markov che soddisfa il bilancio dettagliato è ergodica con probabilità invariante data dalla π_i soluzione della (5.14)*. È possibile infatti verificare che la condizione per l'ergodicità è soddisfatta se vale la (5.14). Inoltre, sommando entrambi i membri della (5.14) su i e ricordando la condizione di normalizzazione (5.1) abbiamo

$$\sum_{i \in \Omega} \pi_i W_{ij} = \sum_{i \in \Omega} \pi_j W_{ji} = \pi_j$$
.

che è la condizione di stazionarietà per la probabilità. La verifica della condizione di bilancio dettagliato, quando vale, è uno dei metodi più semplici per verificare l'ergodicità della catena di Markov.

Come detto, il bilancio dettagliato implica la reversibilità del processo di Markov, nel senso che la probabilità di una data sequenza $(i_0, i_1, ..., i_n)$ è la stessa della sequenza speculare $(i_n, i_{n-1}, ..., i_0)$. Infatti, applicando ripetutamente la (5.14) alla sequenza

$$\pi_{i_0} W_{i_0 i_1} W_{i_1 i_2} ... W_{i_{n-1} i_n} = W_{i_1 i_0} \pi_{i_1} W_{i_1 i_2} ...$$
$$... W_{i_{n-1} i_n} = W_{i_1 i_0} W_{i_2 i_1} ... W_{i_n i_{n-1}} \pi_{i_n} . \tag{5.15}$$

Tradotta in termini di probabilità la (5.15) ci dice che, partendo dalla distribuzione stazionaria,

$$P(X_0 = i_0, X_1 = i_1, ...X_n = i_n) = P(X_0 = i_n, X_1 = i_{n-1}, ...X_n = i_0)$$

e quindi la probabilità di una sequenza temporale è uguale a quella della sequenza inversa.

Come esempio consideriamo di nuovo il cammino aleatorio asimmetrico su un n-ciclo di Sezione 5.1.1. La distribuzione stazionaria è uniforme, $\pi(j) = 1/n$ ma abbiamo

$$\pi(j)P(j, j+1) = \frac{p}{n} \neq \frac{1-p}{n} = \pi(j+1)P(j+1, j)$$

a meno che $p = 1 - p = 1/2$. Pertanto il random walk asimmetrico non soddisfa il bilancio dettagliato e non è reversibile (come è ovvio, visto che ha una direzione preferenziale di rotazione).

5.2.3 Il modello di Ehrenfest per la diffusione

Nel 1907 Paul e Tatiana Ehrenfest, discutendo le basi matematiche e concettuali della meccanica statistica, propongono un semplice modello markoviano per chiarire l'interpretazione statistica del secondo principio della termodinamica. Il modello, pur matematicamente semplice, è molto istruttivo e permette di comprendere in modo non ambiguo alcuni aspetti apparentemente paradossali della meccanica statistica di non equilibrio. Consideriamo N molecole in un contenitore diviso in due parti (chiamiamole A e B) da un setto permeabile. Lo stato del sistema ad un tempo t è descritto dal valore $k(t)$ di molecole nel settore A (e quindi $N - k$ è il numero di molecole in B). Nella dinamica proposta da Ehrenfest ad ogni tempo (discreto) una delle N molecole viene scelta a caso e spostata nell'altro settore.

Il modello di Ehrenfest è chiaramente un processo di Markov con una matrice di transizione W che assume valori non nulli solo sulle linee adiacenti alla diagonale. Avremo infatti

$$\begin{align} W_{k,k-1} &= k/N \\ W_{k,k+1} &= (N-k)/N \end{align} \tag{5.16}$$

mentre $W_{ij} = 0$ se $|i - j| \neq 1$.

Confrontando con la matrice di transizione del random walk descritta nel capitolo precedente, vediamo che il modello di Ehrenfest può essere rifrasato come un random walk in cui la probabilità di salto a sinistra ($k \to k-1$) o destra ($k \to k+1$) dipende dalla posizione del grano. In particolare la (5.16) ci dice che la probabilità di saltare a sinistra è maggiore di quella di saltare a destra per $k > N/2$ (e viceversa). Pertanto il modello rappresenta un random walk in presenza di una "forza" attrattiva verso il punto $k = N/2$. Questa considerazione ci permette di congetturare che, a differenza del caso di random walk puro, la distribuzione stazionaria per il modello di Ehrenfest sarà in concentrata attorno a $k = N/2$.

L'aspetto didattico del modello di Ehrenfest è che la distribuzione stazionaria π_k (probabilità di avere k molecole nel settore A a tempi lunghi) può essere ottenuta esattamente in modo elementare. Il metodo, che riportiamo di seguito, può essere applicato ad una generica matrice di transizione che abbia valori non nulli solo sulla diagonale e sulle linee adiacenti. Dalla condizione per la distribuzione stazionaria possiamo scrivere esplicitamente

$$\pi_0 = W_{1,0}\pi_1$$

$$\pi_1 = W_{0,1}\pi_0 + W_{2,1}\pi_2$$

$$\pi_2 = W_{1,2}\pi_1 + W_{3,2}\pi_3$$

e così via. Questo sistema di equazioni può essere risolto in modo iterativo partendo dalla prima equazione tenendo π_0 come parametro libero che verrà fissato dalla normalizzazione. Abbiamo quindi utilizzando le (5.16)

$$\pi_1 = N\pi_0$$

$$\pi_2 = \frac{N(N-1)}{2}\pi_0$$

$$\pi_3 = \frac{N(N-1)(N-2)}{3\cdot 2}\pi_0.$$

e quindi in generale $\pi_k = \pi_0 N!/[k!(N-k)!]$. La condizione di normalizzazione richiede $\pi_0 = 1/2^N$ per cui

$$\pi_k = \frac{1}{2^N}\binom{N}{k} \tag{5.17}$$

ovvero la distribuzione stazionaria è binomiale. Questo significa che dopo molti passi la distribuzione è la stessa che si otterrebbe mettendo ogni molecola nel settore A o B con la stessa probabilità $1/2$: sotto la dinamica di Ehrenfest il sistema rilassa alla distribuzione binomiale indipendentemente dallo stato di partenza. Notiamo che, se $N \gg 1$, la distribuzione (5.17) è fortemente piccata attorno al valore più probabile $k = N/2$, dove quindi il sistema passa la maggior parte del tempo. Già con $N = 10^6$ molecole (un numero "piccolo" da un punto di vista termodinamico) la probabilità di osservare una fluttuazione dell'1% (cioè 505000 molecole in A) è dell'ordine di 10^{-23}. Proprio in questo senso la dinamica del modello di Ehrenfest, vista da un punto di vista macroscopico con N grande, è irreversibile: una volta raggiunto lo stato di equilibrio il sistema non se ne discosterà spontaneamente.

A scanso di equivoci, osserviamo che il modello di Ehrenfest è governato da processo formalmente reversibile, nel senso che soddisfa il bilancio dettagliato (5.6), come si può vedere direttamente utilizzando la (5.16) e la (5.17). Il fatto che nell'espansione in un settore vuoto (cioè con $k(0) = 0$) sia evidente la direzione del tempo è una conseguenza della particolare condizione iniziale. Partendo dalla condizione iniziale "tipica" all'equilibrio ($k(0) = N/2$) è evidente che possiamo invertire la

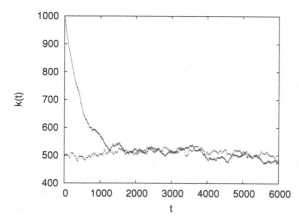

Fig. 5.4 Due esempi di evoluzione del modello di Ehrenfest con $N = 1000$ con condizioni iniziali $k(0) = N$ (linea continua superiore) e $k(0) = N/2$ (linea tratteggiata). È evidente l'irreversibilità (apparente) del processo che parte da $k(0) = N$, mentre il processo con condizione iniziale $k(0) = N/2$ mostra come il processo sia reversibile

freccia del tempo ottenendo un processo altrettanto plausibile, come mostrato in Fig. 5.4.

Può essere interessante applicare i risultati della sezione precedente sui tempi di ritorno al modello di Ehrenfest. Abbiamo visto infatti che il tempo medio di primo ritorno dello stato k, $E(T_k)$ è dato da $1/\pi_k$. Per lo stato più probabile, $k = N/2$ otteniamo, utilizzando l'approssimazione gaussiana per la distribuzione binomiale, $E(T_{N/2}) \simeq \sqrt{\pi N/2}$. Per un esempio macroscopico con $N \sim 10^{23}$ otteniamo $E(T_{N/2}) = O(10^{11})$, un tempo solo apparentemente grande perché l'unità di tempo usata è il tempo di salto di una molecola.

Se invece consideriamo il classico esperimento di espansione nel vuoto, per il quale lo stato iniziale è dato da $k(0) = N$, il tempo di ritorno (cioè il ritorno spontaneo di tutte le molecole nel settore A) vale $E(T_0) = 1/\pi_0 = 2^N \simeq 10^{10^{22}}$ un tempo fisicamente enorme qualunque sia l'unità di tempo usata. Quindi l'irreversibilità dell'espansione in un settore vuoto è dovuta alla particolare condizione iniziale scelta.

La semplicità del modello di Ehrenfest permette anche di calcolare esplicitamente in che modo il sistema rilassa allo stato più probabile $k = N/2$ a partire da uno stato molto lontano dall'equilibrio. Consideriamo infatti l'evoluzione temporale del modello che parta da una condizione iniziale arbitraria $k(0)$:

$$k(t+1) = k(t) + \Delta(k(t)) \tag{5.18}$$

dove $\Delta(k) = +1$ con probabilità $W_{k,k+1}$ e $\Delta(k) = -1$ con probabilità $W_{k,k-1}$ date dalla (5.16). Ovviamente, se $k(t)$ è diverso di $N/2$ ci aspettiamo che in media $k(t+1)$ si avvicini al valore di equilibrio. Infatti possiamo scrivere, dalla (5.18)

$$\langle k(t+1) \rangle = \langle k(t) \rangle + W_{k,k+1} - W_{k,k-1} . \tag{5.19}$$

Utilizzando le probabilità di transizione (5.16), la (5.19) si scrive come

$$\left[\langle k(t+1)\rangle - \frac{N}{2}\right] = \left(1 - \frac{2}{N}\right)\left[\langle k(t)\rangle - \frac{N}{2}\right]$$

che iterata nel tempo ci da l'evoluzione per $\langle k(t)\rangle$

$$\left[\langle k(t)\rangle - \frac{N}{2}\right] = \left(1 - \frac{2}{N}\right)^t\left[\langle k(0)\rangle - \frac{N}{2}\right]. \tag{5.20}$$

Pertanto, considerando uno stato iniziale $k(0)$ molto lontano dall'equilibrio, ad esempio $k(0) \simeq N$, il valor medio di molecole nel settore A decresce in modo esponenziale verso il valore stazionario $N/2$. In modo analogo è anche possibile calcolare la varianza $\sigma^2(t) = \langle k^2(t)\rangle - \langle k(t)\rangle^2$. Se la condizione iniziale $k(0)$ è nota con certezza, allora $\sigma^2(0) = 0$ e si ottiene che $\sigma^2(t)$ cresce monotonicamente fino a tendere a $\lim_{t\to\infty} \sigma^2(t) \propto N$.

Possiamo riconoscere nella (5.20) una forma particolare del teorema H di Boltzmann per la funzione $H(t) = \langle k(t)\rangle - N/2$. Il teorema H, ricavato da Boltzmann per un gas di molecole che obbediscono alle leggi della meccanica, è un pilastro centrale dell'interpretazione microscopica dell'irreversibilità della termodinamica (legge di aumento dell'entropia). È ben noto che Boltzmann ha avuto serie difficoltà a far accettare il suo teorema, difficoltà che si sono formalizzate in particolare in due "paradossi". Il paradosso della ricorrenza, discusso in precedenza, che si "risolve" considerando il fatto che il tempo di ritorno è, da un punto di vista fisico, infinito; ed il paradosso della reversibilità: data una dinamica microscopica che porta alla diminuzione della funzione $H(t)$, basterà invertire le velocità delle molecole ad un certo punto per avere una funzione H crescente.

Il paradosso della reversibilità può essere rifrasato nel modello di Ehrenfest asserendo che, data una realizzazione della catena di Markov che porta $k(0)$ verso $N/2$, vi sarà sarà la realizzazione inversa, microscopicamente equiprobabile, che partendo dalla stato finale $k(t)$, lo porterà lontano dal valore di equilibrio. La spiegazione dell'apparente paradosso è che la funzione $H(t)$ è definita da un'operazione di media e che tra tutte le possibili realizzazioni della catena di Markov ve ne è un numero estremamente maggiore per le quali $H(t)$ decresce.

Consideriamo ancora infatti una condizione iniziale lontana dall'equilibrio $k(0) \simeq N$. Per definizione, $k(t)$ fluttuerà di una ampiezza $\sigma(t)$ attorno a valor medio $\langle k(t)\rangle$. Fintanto che $k(t) \gg N/2$ avremo che $\sigma(t) \ll \sqrt{N}$ e pertanto $k(t) - N/2$ seguirà, a parte piccolissime fluttuazioni, l'andamento decrescente descritto dalla (5.20). Asintoticamente $k(t)$ si stabilizzerà quindi intorno al valore $N/2$ con escursioni dell'ordine di $\sqrt{N}$.

5.3 Come usare le catene di Markov per scopi pratici: il metodo Monte Carlo

Consideriamo il seguente problema: un processo aleatorio può assumere N diversi stati etichettati con i numeri interi $j = 1, 2, .., N$, con probabilità $p_1, p_2, ..., p_N$. Si vuole determinare il valore medio di alcune osservabili:

$$< A > = \sum_{j=1}^{N} A_j p_j \tag{5.21}$$

ove A_j è il valore nello stato j. Ad esempio in meccanica statistica, se gli stati energetici sono discreti (come nei sistemi di spin), indicando con E_j l'energia dello stato j si ha

$$p_j = \frac{1}{Z} e^{-\beta E_j}$$

ove Z è la funzione di partizione: $Z = \sum_j e^{-\beta E_j}$, e $< E >$ è l'energia interna.

Il problema è interessante, e non banale, nel caso in cui $N \gg 1$ e quindi non è possibile effettuare esplicitamente la somma nella (5.21). Come esempio consideriamo un sistema di M spin con due possibili stati (come nel modello di Ising), allora il numero totale di configurazioni possibili è 2^M, un numero enorme anche se M è molto lontano dal numero di Avogadro: se $M = 100$ (un sistema bidimensionale molto piccolo, solo 10×10) si ha $N = 2^{100} \simeq 10^{30}$, un numero decisamente grande[5].

In molte situazioni, ad esempio nel caso prima citato, anche se il numero di stati è enorme, la grande maggioranza di essi è inessenziale nel calcolo della media (5.21) in quanto hanno probabilità trascurabile. Ovviamente questo non aiuta in modo automatico, infatti se non si riesce a "saltare" gli stati con probabilità trascurabile senza prima accertarsi che p_j è piccola, tanto vale sommare il termine $A_j p_j$. È possibile effettuare il calcolo del valor medio (5.21), almeno in modo approssimato, in questi casi? Il metodo Monte Carlo, è un modo per affrontare il problema.

L'idea è la seguente: date le probabilità $\{p_j\}$ si trova una catena di Markov ergodica (cioè un'opportuna matrice di transizione $W_{i,j}$) in modo tale che le $\{p_j\}$ siano le probabilità invarianti della catena di Markov. A questo punto sfruttando l'ergodicità il valor medio (5.21) è determinato con una media temporale lungo una "traiettoria" $\{i_1, i_2, ..., i_T\}$ abbastanza lunga del processo descritto dalla catena di Markov:

$$\overline{A}^T = \frac{1}{T} \sum_{t=1}^{T} A_{i_t} \to < A > = \sum_{j=1}^{N} A_j p_j. \tag{5.22}$$

La traiettoria viene determinata con il seguente procedimento: una volta individuato lo stato i_t lo stato i_{t+1} è il risultato del lancio di un "dado truccato" che prende

---

[5] Nel caso in cui sia abbia degenerazione si può scrivere la (5.21) nella forma

$$< A > = \sum_{j=1}^{N^*} g_j A_j p_j$$

con $N^* < N$, ma in genere questo non semplifica di molto il calcolo.

valori $j = 1, 2, ...$ con probabilità $W_{i_t, j}$. Ovviamente il "dado truccato" nel calcolo numerico è un generatore di numeri aleatori[6].

Da un punto di vista strettamente matematico la (5.22) è una conseguenza dell'ergodicità. Viene allora spontanea la domanda perché il metodo Monte Carlo funziona nella pratica anche quando $T \ll N$?

Indichiamo con $f_k(T)$ la frequenza dello stato k nella traiettoria $\{i_1, i_2, ..., i_T\}$, abbiamo

$$\frac{1}{T} \sum_{t=1}^{T} A_{i_t} = \sum_k A_k f_k(T)$$

mentre il valore esatto di $< A >$ è dato da due contributi

$$< A > = \sum_{k \in \mathscr{S}_1} A_k p_k + \sum_{j \in \mathscr{S}_2} A_j p_j$$

ove con $\mathscr{S}_1$ abbiamo indicato l'insieme gli stati con probabilità non trascurabile, cioè $p_k > \varepsilon$ e con $\mathscr{S}_2$ l'insieme gli stati con $p_k < \varepsilon$. La media temporale approssima il primo contributo, infatti, per T finito si ha $f_k(T) \simeq p_k$ se T è almeno $O(1/p_k)$, al contrario se T è piccolo rispetto a $1/p_j$ allora lo stato j in pratica non sarà visitato dalla traiettoria di lunghezza T.

Abbiamo quindi che il metodo Monte Carlo "seleziona" in modo automatico gli stati con probabilità maggiore di $\varepsilon \sim O(1/T)$, evitando di "perdere tempo" visitando quelli con probabilità piccola.

Ovviamente nel metodo Monte Carlo ci sono molti problemi pratici, come in tutti i metodi numerici, il primo tra tutti è la stima dell'errore sul calcolo della media[7].

Notiamo che, date le probabilità $\{p_j\}$ esistono diverse scelte possibili per la matrice di transizione $W_{i,j}$ in modo tale che la catena di Markov sia ergodica con probabilità invariante $\{p_j\}$. Come decidere la scelta?

Nella meccanica statistica dei sistemi sul reticolo in genere si usa un algoritmo detto di Metropolis[8] (chiamato anche Metropolis-Hastings) che soddisfa il bilancio dettagliato, ed è costruito seguendo un'intuizione fisica. La "ricetta" è la seguente. Date le probabilità invarianti $\{p_j\}$:

a) si costruisce un grafo ai cui vertici ci sono gli stati $\{S_j\}$, una coppia di stati è connessa (da una freccia orientata) se la transizione $i \rightarrow j$ è permessa;
b) il grafo deve essere connesso (in modo che la catena sia irriducibile ed ergodica);
c) ogni stato S_i è connesso con pochi siti (questa è una richiesta motivata solo da praticità di calcolo), indichiamo con d_i il numero di frecce che esce da S_i;

---

[6] Si genera un numero aleatorio X uniformemente distribuito tra 0 ed 1, lo stato al tempo $t+1$ sarà 1 se $0 \leq X < W_{i_t, 1}$, oppure l'intero j (maggiore di 1) che soddisfa la condizione $W_{i_t, j-1} \leq X < W_{i_t, j}$.

[7] La difficoltà principale è dovuta al fatto che le variabili $\{A_{i_1}, A_{i_2}, ...\}$ non sono scorrelate, quindi un stima dell'errore sulla media dipende dal tempo caratteristico del processo τ_c (che può essere stimato dall'andamento delle funzioni di correlazione), l'errore sulla media è $O(\sqrt{\tau_c/T})$.

[8] N. Metropolis, A. Rosenbluth, M. Rosenbluth, M. Teller, E. Teller, *J. Chem. Phys.* **21**, 1087 (1953).

d) supponiamo di essere al tempo t nello stato S_i. Lo stato al tempo $t+1$ è determinato dalla seguente regola: si seleziona (con uguale probabilità $1/d_i$) uno stato S_j tra quelli connessi con S_i, allora il nuovo stato sarà S_j con probabilità

$$min\{\frac{p_j d_i}{p_i d_j}, 1\}$$

oppure rimarrà in S_i con probabilità

$$1 - min\{\frac{p_j d_i}{p_i d_j}, 1\}.$$

Questa scelta, che è di facile uso per i sistemi di spin sul reticolo e con opportune modifiche anche per i sistemi di particelle interazione, corrisponde ad una catena di Markov ergodica.

Nei sistemi di spin con interazione locale (come nel modello di Ising) la regola pratica è la seguente:

1) si selezione (con uguale probabilità $1/M$) uno degli M spin, diciamo che venga sorteggiato il $k-$mo; si calcola il contributo locale all'energia (dato dall'interazione tra il il $k-$mo spin ed i sui primi vicini) indichiamo con E questo valore;
2) si cambia segno al $k-$mo spin; $\sigma_k \rightarrow -\sigma_k$ e si calcola il contributo locale all'energia E' di questa nuova configurazione;
3) se $E' < E$ si accetta il nuovo valore del $k-$mo spin;
4) se $E' > E$ si estrae un numero random X uniformemente distribuito tra 0 ed 1; se $X < e^{-\beta(E'-E)}$ si accetta lo scambio, altrimenti si lascia il vecchio valore;
5) si torna al punto 1).

Notiamo che da un punto di vista strettamente matematico è possibile usare diversi algoritmi (ad esempio quello di Swensen e Wang). Due osservazioni:

a) le proprietà dinamiche della catena di Markov usata nel Monte Carlo non hanno un immediato significato fisico, questo è evidente osservando che diverse catene possono avere le stesse probabilità invarianti;
b) il bilancio dettagliato (usato nell'algoritmo di Metropolis) non è affatto, come qualche volta lasciato intendere, un ingrediente essenziale.

I due punti precedenti possono essere compresi dal seguente esempio (assolutamente non interessante da un punto di vista pratico). Consideriamo il caso con $p_j = 1/N$, ove N è dispari, possiamo costruire una catena di Markov con un random walk su un anello discreto con condizioni periodiche al bordo. Le due matrici di transizione

$$a)\quad W_{i,i\pm1} = \frac{1}{2}$$

$$b)\quad W_{i,i\pm1} = \frac{1}{2} \pm \Delta \quad 0 < \Delta < \frac{1}{2}$$

hanno le stessa probabilità invarianti $p_j = 1/N$, tuttavie le loro proprietà dinamiche sono molto diverse. Per la **a)** in cui vale il bilancio dettagliato e non c'è una direzione privilegiata, il tempo T necessario per una buona stima del valor medio è $O(N^2)$. Al contrario nella catena di Markov **b)** non vale il bilancio dettagliato e si ha una direzione privilegiata (infatti c'è una "corrente media" 2Δ), T è $O(N/\Delta)$.

5.4 Processi a tempo continuo: la master equation

Concludiamo questo capitolo con brevi cenni al caso di sistemi a stati discreti a tempo continuo, cioè quei processi descritti da una **master equation** come spiegato nell'introduzione. Partiamo dall'equazione di Chapman-Kolmogorov (5.4) per un processo funzione di un tempo $t \in \mathbb{R}$ che scriviamo nella forma

$$W_{ij}^{t+\Delta t} = \sum_k W_{ik}^t W_{kj}^{\Delta t} \tag{5.23}$$

dove siamo interessati al limite $\Delta t \to 0$. In questo limite ci aspettiamo che la probabilità di non cambiare stato sia molto maggiore che la probabilità di cambiarlo e quindi assumiamo che valga

$$W_{kj}^{\Delta t} = \begin{cases} 1 - \kappa_k \Delta t + O(\Delta t^2) & se\ k = j \\ T_{kj} \Delta t + O(\Delta t^2) & se\ k \neq j. \end{cases} \tag{5.24}$$

La matrice T_{kj} rappresenta il tasso di transizione dallo stato k allo stato j per unità di tempo e dalla condizione (5.1) deve valere

$$\sum_{j \neq k} T_{kj} = \kappa_k. \tag{5.25}$$

Sostituendo la (5.24) nella (5.23) e sottraendo da ambo i membri W_{ij}^t otteniamo

$$W_{ij}^{t+\Delta t} - W_{ij}^t = \Delta t \left(\sum_{k \neq j} T_{kj} W_{ik}^t - \kappa_j W_{ij}^t \right).$$

Dividendo per Δt, usando la (5.25) e prendendo il limite $\Delta t \to 0$ otteniamo la **master equation**

$$\frac{dW_{ij}^t}{dt} = \sum_{k \neq j} T_{kj} W_{ik}^t - \sum_{k \neq j} T_{jk} W_{ij}^t. \tag{5.26}$$

La stessa equazione governa l'evoluzione temporale della probabilità $p_i(t)$. Derivando infatti la (5.3) rispetto al tempo ed utilizzando la (5.26) otteniamo infatti

$$\frac{dp_j(t)}{dt} = \sum_{k \neq j} T_{kj} p_k(t) - \sum_{k \neq j} T_{jk} p_j(t). \tag{5.27}$$

Il primo termine rappresenta il tasso di transizione da tutti gli stati $k \neq j$ allo stato j mentre il secondo rappresenta il tasso di uscita dallo stato j.

5.4.1 Un esempio: processi di nascita e morte

Consideriamo ora un semplice e classico esempio di processo stocastico governato da una master equation: l'evoluzione di una popolazione di organismi (ad esempio una colonia di batteri). Possiamo supporre, in prima approssimazione, che sia il tasso di nascita di nuovi batteri che il tasso di diminuzione siano proporzionali al numero di individui n presenti ad un dato tempo[9]. Questo è chiaramente un processo di Markov e, assumendo che ad un dato istante possa nascere al più un individuo, avremo che il tasso di transizione è non nullo solo tra stati vicini (ovvero è un processo detto *ad un passo*)

$$T_{n,n+1} = bn \text{ e } T_{n,n-1} = dn$$

dove b e d sono due costanti che dipendono dal tipo di popolazione. L'equazione (5.27) diviene

$$\frac{dp_n(t)}{dt} = (n+1)dp_{n+1}(t) + (n-1)bp_{n-1}(t) - n(b+d)p_n(t).$$

La soluzione può essere trovata esattamente facendo uso delle funzioni generatrici introdotte nel Capitolo 2.

Consideriamo per semplicità un processo di sola mortalità, cioè per il quale $b = 0$. Senza perdere generalità possiamo prendere $d = 1$ (il valore di d riscala semplicemente il tempo) e pertanto avremo

$$\frac{dp_n(t)}{dt} = (n+1)p_{n+1}(t) - np_n(t). \tag{5.28}$$

Moltiplichiamo entrambi i membri per s^n e sommiamo su n per ottenere

$$\frac{d}{dt} \sum_{n=0}^{\infty} p_n s^n = \sum_{n=0}^{\infty} (n+1)p_{n+1}s^n - \sum_{n=0}^{\infty} np_n s^n.$$

Ricordando la definizione di funzione generatrice, $G(s,t) = \sum_{n=0}^{\infty} p_n(t)s^n$, abbiamo

$$\frac{\partial G(s,t)}{\partial t} = (1-s)\frac{\partial G(s,t)}{\partial s}. \tag{5.29}$$

---

[9] Ovviamente nel fare ciò trascuriamo eventuali effetti dovuti alla limitazione delle risorse ed altri importanti fattori.

È immediato verificare (o ricavare col metodo delle caratteristiche) che date le nuove variabili

$$\begin{cases} x = (1-s)e^{-t} \\ \tau = t \end{cases}$$

l'equazione (5.29) diviene $\frac{\partial G}{\partial \tau} = 0$ e pertanto la funzione generatrice cercata sarà una qualsiasi funzione $f(x)$ del solo argomento x

$$G(s,t) = f\left((1-s)e^{-t}\right).$$

La forma di f è determinata dalla condizione iniziale. Se assumiamo che al tempo iniziale la popolazioni consista di N individui per cui $p_n(0) = \delta_{n,N}$ avremo $G(s,0) = s^N = f(1-s)$. Pertanto la funzione cercata sarà $f(x) = (1-x)^N$ che, al tempo generico t ci darà la soluzione

$$G(s,t) = \left(1 - (1-s)e^{-t}\right)^N. \tag{5.30}$$

Dalla (5.30) possiamo calcolare esplicitamente, ma in modo laborioso, la $p_n(t)$. Più semplicemente possiamo calcolare i momenti della distribuzione. Ad esempio otteniamo immediatamente per il valor medio il risultato non sorprendente

$$\langle n(t) \rangle = \frac{\partial G(s,t)}{\partial s}\Big|_{s=1} = Ne^{-t}.$$

Esercizi

5.1. Si consideri una catena di Markov con 2 stati con probabilità di transizione

$$P_{1\to1} = 1-a, \; P_{1\to2} = a, \; P_{2\to1} = b, \; P_{2\to2} = 1-b$$

con $0 < a < 1$, $0 < b < 1$. Conoscendo $(P_1(0), P_2(0))$ calcolare esplicitamente $(P_1(t), P_2(t))$ e controllare la convergenza alla probabilità invariante. Mostrare che, per questa catena, vale sempre il bilancio dettagliato.

5.2. Una catena di Markov con N stati la cui matrice di transizione goda della proprietà

$$\sum_{j=1}^{N} P_{j\to k} = 1 \;\; per \; ogni \; k$$

è detta doppiamente stocastica. Mostrare che se la catena è doppiamente stocastica ed ergodica le probabilità invarianti sono $\pi_j = 1/N$.

5.3. Un antico proverbio della foresta nera recita: se oggi il tempo è bello domani sarà bello 2 volte su 3; se oggi è brutto domani sarà brutto 3 volte su 4. Calcolare

a) quanti giorni belli ci sono in media in un anno;
b) la probabilità di avere almeno 5 giorni belli di seguito dopo un giorno brutto.

5.4. Si consideri una meteorologia molto semplificata con solo tre tipi di tempo: sole, pioggia e vento (indichiamoli con 1, 2 e 3). Le regole di transizione sono le seguenti: per ogni stato c'è probabilità $1/2$ di non cambiare e probabilità $1/4$ di andare in uno degli altri due:

a) calcolare le probabilità invarianti;
b) raggruppiamo insieme pioggia e vento, abbiamo così due soli stati, indichiamo con *I* il vecchio 1 e con *II* quello che si ha mettendo insieme 2 e 3; si ha ancora un processo Markoviano? In termini più precisi: dato il processo di Markov originale x_t (con $x_t = 1$ oppure 2 o 3) la variabile y_t definita come segue $y_t = I$ se $x_t = 1$, $y_t = II$ se $x_t \neq 1$, è ancora un processo di Markov?

5.5. Si consideri una catena di Markov con 3 stati con probabilità di transizione

$$P_{1 \to 2} = P_{3 \to 1} = 1 \ , \ P_{2 \to 1} = p \ , \ P_{2 \to 3} = 1 - p \ ,$$

ove $0 < p < 1$, e le altre transizioni hanno probabilità nulla. Raggruppiamo insieme gli stati 1 e 2 (indichiamo il nuovo stato con *I*) e ribattezziamo il vecchio stato 3 con *II*; mostrare che il nuovo processo stocastico $\{y_t\}$ così definito non è una catena di Markov.

5.6. Un labirinto è composto da 4 stanze, in ogni stanza ci sono 3 porte uguali ognuna comunicante con le altre stanze. La stanza 4 è una trappola (una volta arrivati non si può più uscire). Ogni volta che suona un campanello il topo cambia stanza scegliendo, con uguale probabilità, una delle 3 porte disponibili senza ricordare il passato. Al tempo iniziale il topo è nella stanza 1, calcolare la probabilità che dopo N suoni il topo non sia intrappolato.

5.7. Si lanci n volte un dado non truccato, indichiamo con x_n il massimo risultato ottenuto. Si mostri che la variabile x_n è descritta da una catena di Markov.

5.8. Si consideri un random walk su un reticolo di lunghezza L. Nei siti $n = 2, 3, .., L-1$ si ha probabilità $1/2$ di andare avanti oppure indietro. In $n = L$ si torna indietro con probabilità 1 mentre in $n = 1$ si va avanti con probabilità 1. Calcolare le probabilità invarianti.

5.9. Si consideri un random walk su gli interi non negativi con le seguenti probabilità di transizione: $P_{0 \to 1} = 1$ e

$$P_{n \to n+1} = \frac{r}{1+r} \ , \ P_{n \to n-1} = \frac{1}{1+r} \ , \ se \ n \geq 1 \ .$$

Mostrare che se $0 < r < 1$ esiste sempre una probabilità invariante, trovare questa probabilità.

5.10. Consideriamo un random walk su gli interi non negativi con le seguenti probabilità di transizione:

$$P_{n \to n-1} = 1 \ se \ n \geq 1 \ \ , \ P_{0 \to n} = f_n \ ,$$

e le altre nulle, ovviamente

$$\sum_{n=0}^{\infty} f_n = 1 \,.$$

Calcolare le probabilità invarianti nel caso f_n decada a zero abbastanza velocemente, cioè più rapidamente di $n^{-\beta}$ con $\beta > 2$.

Questo processo (che sembra molto artificiale) è un modello stocastico per un'interessante classe di mappe caotiche unidimensionali, nel caso $f_n \sim n^{-\beta}$ con $1 < \beta \le 2$ non si hanno probabilità invarianti ed il processo è rilevante per il "caos sporadico", vedi X.-J. Wang, "Statistical physics of temporal intermittency" Phys. Rev. A **40**, 6647 (1989).

5.11. Si consideri un processo di ramificazione in cui da un elemento dopo una generazione si hanno m individui con probabilità

$$P_m = \frac{\lambda^m}{m!} e^{-\lambda} \quad m = 0, 1, 2, \ldots$$

Trovare la probabilità di avere j elementi al tempo $t+1$ se al tempo t se ne hanno n.

5.12. Si consideri una catena di Markov con 3 stati con probabilità di transizione

$$P_{1 \to 2} = P_{1 \to 3} = \frac{1}{2} \,, \ P_{2 \to 1} = P_{3 \to 1} = 1 \,,$$

e le altre nulle:

a) mostrare che non esiste una distribuzione limite;
b) calcolare la frazione di tempo che il sistema trascorre nello stato $j = 1, 2, 3$ nel limite di tempo infinito.

Letture consigliate

Le catene di Markov sono trattate in alcuni testi già citati (ad esempio Gnedenko e Renyi). Buoni libri introduttivi con particolare attenzione per le applicazioni:

O. Häggström, *Finite Markov Chains and Algorithmic Applications* (Cambridge University Press, 2002).
A.T. Bharucha-Reid, *Elements of the Theory of Markov Processes and Their Applications* (Dover Publications, 2010).

Una buona introduzione è data da un manoscritto (mai pubblicato) di Gian Carlo Rota e Kenneth Baclawski, *An introduction to probability and random processes* che può essere ottenuto da www.freescience.info

Sul modello di Ehrenfest:

P. Ehrenfest, T. Ehrenfest, *The conceptual foundation of the statistical approach in mechanics* (Cornell University Press, New York 1956).
M. Kac, *Probability and Related Topics in Physical Sciences* (Am. Math. Soc. 1957).

6

Processi stocastici con stati e tempo continui

Il Capitolo 5 è stato dedicato ai processi stocastici a stati discreti, cioè le catene di Markov e i processi descritti da una master equation. In molti problemi fisici è però necessario considerare il caso in cui gli stati varino in modo continuo, o perché la variabile aleatoria X è intrinsecamente continua (per esempio la posizione nello spazio) o perché la discretizzazione è così fine che è più conveniente considerare una variazione continua (per esempio quando il numero di individui di una popolazione diventa molto grande). In questo caso, al posto della master equation descritta nel capitolo precedente, l'evoluzione della probabilità sarà governata da una equazione alle derivate parziali detta *equazione di Fokker-Planck*.

La derivazione dell'equazione di Fokker-Planck parte, come per la master equation, dall'equazione di Chapman-Kolmogorov e procede in modo praticamente identico. Per completezza e chiarezza ripeteremo nella prima parte di questo capitolo i passi necessari alla sua derivazione. Vedremo quindi alcuni casi particolari di grande interesse e i metodi più semplici per ottenerne le soluzioni. Introdurremo anche il problema delle condizioni al contorno e quindi i problemi associati ai tempi di uscita. La seconda parte del capitolo è dedicata all'approccio complementare basato sulle *equazioni differenziali stocastiche*. Vedremo esplicitamente la corrispondenza con l'equazione di Fokker-Planck e l'applicazione alla soluzione di alcuni semplici problemi. Il capitolo si conclude con la discussione di un modello climatico descritto da un'equazione differenziale stocastica.

6.1 Equazione di Chapman-Kolmogorov per processi continui

Consideriamo una variabile continua $X(t)$ che assumeremo $X \in \mathbb{R}$, funzione stocastica del tempo $t \in \mathbb{R}$. Sia $p(x,t)$ la densità di probabilità definita in modo tale che $p(x,t)dx$ è la probabilità di trovare la variabile X nell'intervallo $[x, x+dx]$ al tempo t.

In generale il processo $X(t)$ è definito non solo dalla $p(x,t)$ ma anche dalle possibili "correlazioni", ovvero da $W_2(x_1,t_1;x_2,t_2)dx_1 dx_2$ (probabilità di avere la varia-

Boffetta G., Vulpiani A.: Probabilità in Fisica. Un'introduzione.
DOI 10.1007/978-88-470-2430-4_6, © Springer-Verlag Italia 2012

bile in $[x_1, x_1 + dx_1]$ a $t = t_1$ e in $[x_2, x_2 + dx_2]$ a $t = t_2 > t_1$), $W_3(x_1, t_1; x_2, t_2; x_3, t_3)$ e così via. Identifichiamo la notazione $p(x,t) = W_1(x,t)$, che verranno usate indifferentemente.

Un sottoinsieme importante di processi stocastici sono quelli **stazionari nel tempo** per i quali le W_n dipendono esclusivamente dalle differenze dei tempi (e pertanto $p(x,t)$ non dipende da t).

Definendo delle probabilità, le funzioni W_n devono soddisfare

$$W_n \geq 0 \tag{6.1}$$

e deve valere anche

$$W_k(x_1, t_1; ...; x_k, t_k) = \int dx_{k+1} ... dx_n W_n(x_1, t_1; ...; x_n, t_n) \tag{6.2}$$

per ogni $k < n$, infatti ogni funzione W_n deve contenere l'informazione delle W_k precedenti. I termini W_n con $n > 1$ sono responsabili della memoria del processo e quindi possiamo classificare i processi stocastici (e, al solito, definire un processo Markoviano) a partire dalle relazioni che intercorrono tra i diversi W_n.

Il caso più semplice è quello di un puro processo casuale senza memoria, per il quale i successivi valori di x non sono correlati e quindi

$$W_2(x_1, t_1; x_2, t_2) = W_1(x_1, t_1) W_1(x_2, t_2). \tag{6.3}$$

In questo caso il processo è completamente determinato dalla sola $W_1(x,t) = p(x,t)$. Osserviamo che, a differenza del caso di tempo discreto, per i processi a tempo continuo non è facile trovare degli esempi fisici che soddisfino la (6.3): infatti per $t_2 - t_1 \to 0$ in generale gli stati x_1 e x_2 saranno non indipendenti, almeno se abbiamo una qualche forma di continuità nel processo[1]. Questa osservazione ci porta quindi a considerare il caso di complessità successiva dato dai processi di Markov.

Come nel caso discreto discusso nel Capitolo 5, anche nel caso continuo i processi Markoviani sono definiti come aventi memoria solo dallo stato precedente. Per essere più precisi, introduciamo la densità di *probabilità condizionata* (o probabilità di transizione) $P(x_1, t_1 | x_2, t_2)$ definita come la densità di probabilità che la variabile casuale X assuma un valore attorno ad x_2 a $t = t_2$ sapendo che al tempo $t_1 < t_2$ è nello stato x_1, ovvero $P(x_1, t_1 | x_2, t_2) dx_2 = P(X(t_2) \in [x_2, x_2 + dx_2] | X(t_1) = x_1)$ [2]. Nel seguito considereremo processi continui, definiti dalla proprietà che per ogni $\varepsilon > 0$,

$$\lim_{\Delta t \to 0} \frac{1}{\Delta t} \int_{|x-y| > \varepsilon} dy P(x, t | y, t + \Delta t) = 0$$

ovvero per $\Delta t \to 0$, la probabilità che y sia diversa da x va a zero più velocemente di Δt.

---

[1] Un'importante eccezione è legata ai processi di Wiener che definiremo più avanti.

[2] Osserviamo che, a differenza di alcuni testi, usiamo la notazione $P(x_1, t_1 | x_2, t_2)$ con $t_1 < t_2$.

Dalla definizione di probabilità condizionata deve valere

$$W_2(x_1,t_1;x_2,t_2) = W_1(x_1,t_1)P(x_1,t_1|x_2,t_2)$$

mentre le relazioni (6.1-6.2) implicano

$$P(x_1,t_1|x_2,t_2) \geq 0, \tag{6.4}$$

$$\int dx_2 P(x_1,t_1|x_2,t_2) = 1, \tag{6.5}$$

$$p(x_2,t_2) = \int dx_1 p(x_1,t_1)P(x_1,t_1|x_2,t_2). \tag{6.6}$$

che sono le analoghe delle relazioni (5.1),(5.2) per i processi discreti. In modo simile possiamo definire le probabilità condizionate di ordine superiore, i.e. $P_n(x_1,t_1;x_2,t_2;...|x_n,t_n)dx_n$ (con $n > 2$) è la probabilità $P(X(t_n) \in [x_n,x_n+dx_n]|X(t_{n-1}) = x_{n-1} \cap ... \cap X(t_1) = x_1)$. Come nel caso discreto, un processo di Markov viene quindi definito dal fatto che le probabilità condizionate di qualsiasi ordine $n \geq 2$ sono determinate solo dalla P (di ordine 2):

$$P_n(x_1,t_1;x_2,t_2;...|x_n,t_n) = P(x_{n-1},t_{n-1}|x_n,t_n)$$

e quindi grazie alla (6.6) $P(x_1,t_1|x_2,t_2)$ determina completamente il processo.

In generale la probabilità di transizione $P(x,t|y,t')$ non può essere una funzione arbitraria dei suoi argomenti. Oltre alle proprietà (6.4-6.5) deve valere

$$\lim_{t' \to t} P(x,t|y,t') = \delta(y-x)$$

e P deve soddisfare la condizione di consistenza data dalla **equazione di Chapman-Kolmogorov** che in questo caso di scrive

$$P(x,t|y,t') = \int dz P(x,t|z,t_0)P(z,t_0|y,t') \tag{6.7}$$

per ogni $t_0 \in [t,t']$. L'equazione di Chapman-Kolmogorov racchiude uno degli aspetti fondamentali dei processi markoviani: la probabilità per andare da x al tempo t ad y al tempo t' può essere espressa in termini della probabilità di andare da x a z (ad un tempo intermedio arbitrario) e poi da z ad y.

6.2 L'equazione di Fokker-Planck

L'equazione di Fokker-Planck, che regola l'evoluzione della probabilità di transizione $P(x,t|y,t')$ per una classe molto importante di processi markoviani, può essere ottenuta in diversi modi. Il più semplice è, in analogia a quanto fatto per la master equation, a partire dall'equazione di Chapman-Kolmogorov (6.7) che riscriviamo nella forma

$$P(x_0,t_0|x,t+\Delta t) = \int dz P(x_0,t_0|z,t)P(z,t|x,t+\Delta t) \tag{6.8}$$

dove la notazione suggerisce il fatto che prenderemo il limite $\Delta t \to 0$.

Consideriamo ora l'integrale

$$\int dx R(x) \frac{\partial P(x_0,t_0|x,t)}{\partial t}$$

in cui $R(x)$ è una funzione arbitraria che tende a zero in modo sufficientemente veloce per $x \to \pm\infty$. Scrivendo la derivata in termini del rapporto incrementale e usando la (6.8) abbiamo

$$\int dx\, R(x) \frac{\partial P(x_0,t_0|x,t)}{\partial t} = \lim_{\Delta t \to 0} \frac{1}{\Delta t} \left[\int dx R(x) \int dz P(z,t|x,t+\Delta t) \times \right.$$

$$\left. \times P(x_0,t_0|z,t) - \int dx R(x)P(x_0,t_0|x,t) \right]. \tag{6.9}$$

Nel termine di integrale doppio nella (6.9) sviluppiamo in serie di Taylor $R(x) = R(z) + R'(z)(x-z) + \frac{1}{2}R''(z)(x-z)^2 + ...$ Il primo termine della serie, grazie alla (6.5) cancella esattamente il secondo integrale nel membro di destra della (6.9) ed otteniamo quindi

$$\int dx\, R(x)\frac{\partial P(x_0,t_0|x,t)}{\partial t} = \lim_{\Delta t \to 0} \frac{1}{\Delta t} \int dz \int dx \left[R'(z)(x-z)+ \right.$$

$$\left. \frac{1}{2}R''(z)(x-z)^2 + ... \right] P(z,t|x,t+\Delta t)P(x_0,t_0|z,t).$$

Assumiamo ora che in un intervallo temporale piccolo la variazione $(x-z)$ sia piccola e in particolare che esistano, e siano finiti, i due termini della serie di Taylor (mentre i termini superiori svaniscano nel limite $\Delta t \to 0$). Definiamo quindi

$$A(z,t) = \lim_{\Delta t \to 0} \frac{1}{\Delta t} \int dx(x-z)P(z,t|x,t+\Delta t)$$

$$\tag{6.10}$$

$$B(z,t) = \lim_{\Delta t \to 0} \frac{1}{\Delta t} \int dx(x-z)^2 P(z,t|x,t+\Delta t)$$

mentre avremo

$$\lim_{\Delta t \to 0} \frac{1}{\Delta t} \int dx(x-z)^n P(z,t|x,t+\Delta t) = 0 \tag{6.11}$$

per $n \geq 3$ così da ottenere

$$\int dx R(x)\frac{\partial P(x_0,t_0|x,t)}{\partial t} = \int dz P(x_0,t_0|z,t) \left[R'(z)A(z,t) + \frac{1}{2}R''(z)B(z,t) \right].$$

Integrando per parti il secondo membro e ribattezzando $z \to x$ abbiamo

$$\int dx R(x) \left[\frac{\partial P}{\partial t} + \frac{\partial}{\partial x}(AP) - \frac{1}{2}\frac{\partial^2}{\partial x^2}(BP) \right] = 0. \qquad (6.12)$$

Siccome la (6.12) vale per una generica funzione $R(x)$, deve annullarsi il termine tra parentesi quadre, abbiamo quindi la forma generale dell'**equazione di Fokker-Planck** (detta anche *equazione di Kolmogorov in avanti nel tempo*)

$$\frac{\partial P(x_0,t_0|x,t)}{\partial t} = -\frac{\partial}{\partial x}(A(x,t)P(x_0,t_0|x,t)) + \frac{1}{2}\frac{\partial^2}{\partial x^2}(B(x,t)P(x_0,t_0|x,t)). \qquad (6.13)$$

Notiamo che la (6.13), definita su tutto l'asse reale, conserva la condizione (6.5).

In modo analogo si può ottenere l'equazione di Fokker-Planck *all'indietro* nel tempo, cioè come evoluzione rispetto al punto iniziale x_0 che si scrive

$$\frac{\partial P(x_0,t_0|x,t)}{\partial t_0} = -A(x_0,t_0)\frac{\partial P(x_0,t_0|x,t)}{\partial x_0} - \frac{1}{2}B(x_0,t_0)\frac{\partial^2 P(x_0,t_0|x,t)}{\partial x_0^2}. \qquad (6.14)$$

L'equazione di Fokker-Planck (6.13) governa pure l'evoluzione per la densità di probabilità $p(x,t)$. Basta infatti utilizzare la (6.6) per ottenere

$$\frac{\partial p(x,t)}{\partial t} = -\frac{\partial}{\partial x}(A(x,t)p(x,t)) + \frac{1}{2}\frac{\partial^2}{\partial x^2}(B(x,t)p(x,t)). \qquad (6.15)$$

Nel caso multidimensionale (in cui cioè $X \in \mathbb{R}^N$) si ha, in modo del tutto analogo

$$\frac{\partial p(\mathbf{x},t)}{\partial t} = -\sum_i \frac{\partial}{\partial x_i}(A_i(\mathbf{x},t)p(\mathbf{x},t)) + \frac{1}{2}\sum_{i,j} \frac{\partial^2}{\partial x_i \partial x_j}(B_{ij}(\mathbf{x},t)p(\mathbf{x},t)) \qquad (6.16)$$

dove

$$A_i(\mathbf{z},t) = \lim_{\Delta t \to 0} \frac{1}{\Delta t} \int d\mathbf{x}(x_i - z_i)P(\mathbf{z},t|\mathbf{x},t+\Delta t)$$

$$B_{ij}(\mathbf{z},t) = \lim_{\Delta t \to 0} \frac{1}{\Delta t} \int d\mathbf{x}(x_i - z_i)(x_j - z_j)P(\mathbf{z},t|\mathbf{x},t+\Delta t).$$

Osserviamo che nel passaggio dall'equazione di Chapman-Kolmogorov (6.8) all'equazione di Fokker-Planck (6.13) siamo passati da un'equazione integrale ad un'equazione differenziale alle derivate parziali. Il vantaggio è evidente ed è dovuto al fatto che in tempi brevi assumiamo piccole variazioni e quindi valgono le (6.10) e (6.11).

La soluzione dell'equazione di Fokker-Planck, nelle forme (6.13), (6.14) oppure (6.15) richiedere la conoscenza delle condizioni iniziali e delle condizioni al contorno. Di queste ultime ci occuperemo più avanti. La condizione iniziale appropriata per (6.13) e (6.14) è $P(x_0,t_0|x,t_0) = \delta(x - x_0)$. Per la (6.15) assumeremo invece una generica condizione iniziale $p(x,t_0) = p_0(x)$.

Concludiamo questa sezione osservando ancora la strettissima analogia tra le equazioni (6.13,6.15) e la corrispondente master equation (5.26,5.27) derivata per i processi a stati discreti e ricordando che le prime possono essere anche ottenute come opportuno limite continuo delle seconde.

6.2.1 Alcuni casi particolari

A titolo esemplificativo, consideriamo ora l'equazione di Fokker-Planck particolare ottenuta direttamente a partire da due processi discreti considerati nel capitolo delle catene di Markov: il random walk ed il modello di Ehrenfest.

Nel caso del random walk simmetrico abbiamo visto che la matrice di transizione è data da

$$W_{ij} = \frac{1}{2}\delta_{i,j-1} + \frac{1}{2}\delta_{i,j+1} . \tag{6.17}$$

Consideriamo ora l'equazione di Chapman-Kolmogorov nella forma (6.8) con Δt il tempo di salto elementare del processo discretizzato nello spazio con $x = i\Delta x$. $P(x_0|z,\Delta t)$ rappresenta il salto elementare ed è quindi definita dalla matrice di transizione (6.17) $P(x_0|z,\Delta t) = W_{ik}$ (con $x_0 = i\Delta x$ e $z = k\Delta x$). Possiamo quindi scrivere, dalla (6.8)

$$P(x_0|x,t+\Delta t) = \frac{1}{2}\left[P(x_0|x+\Delta x,t) + P(x_0|x-\Delta x,t)\right] . \tag{6.18}$$

Osserviamo che l'interpretazione della (6.18) è trasparente: la probabilità di arrivare nel punto x al tempo $t + \Delta t$ è data dalla probabilità di essere in un sito adiacente per la probabilità di salto (che vale $1/2$). Sottraendo ora da entrambi i membri $P(x_0|x,t)$ e dividendo per Δt abbiamo

$$\frac{P(x_0|x,t+\Delta t) - P(x_0|x,t)}{\Delta t} =$$
$$D\frac{P(x_0|x+\Delta x,t) + P(x_0|x-\Delta x,t) - 2P(x_0|x,t)}{\Delta x^2} \tag{6.19}$$

dove abbiamo introdotto il **coefficiente di diffusione** $D \equiv \frac{\Delta x^2}{2\Delta t}$.

Affinché l'espressione (6.19) abbia un limite non banale per $\Delta t \to 0$ dobbiamo prendere contemporaneamente il limite $\Delta t \to 0$ e $\Delta x \to 0$ con D costante, ottenendo così il ben noto limite continuo del random walk dato dall'**equazione di diffusione** (o equazione del calore)

$$\frac{\partial P(x_0|x,t)}{\partial t} = D\frac{\partial^2 P(x_0|x,t)}{\partial x^2} \tag{6.20}$$

che non è altro che l'equazione di Fokker-Planck (6.13) nel caso particolare in cui $A(x) = 0$ e $B(x) = 2D$. Questo esempio ci permette quindi di identificare il coefficiente B della (6.13) come un coefficiente di diffusione. Per quanto riguarda il coefficiente A dobbiamo considerare un caso più generale in cui le probabilità di salto verso destra e sinistra non siano uguali.

Prendiamo quindi un random walk asimmetrico in cui la matrice di transizione sia data da

$$W_{ij} = \left(\frac{1}{2} + \varepsilon\right) \delta_{i,j-1} + \left(\frac{1}{2} - \varepsilon\right) \delta_{i,j+1} \ .$$

Procedendo come nel caso procedente otteniamo dalla (6.8)

$$\frac{P(x_0|x, t + \Delta t) - P(x_0|x, t)}{\Delta t} = -\frac{\varepsilon \Delta x}{\Delta t} \frac{P(x_0|x + \Delta x, t) - P(x_0|x - \Delta x, t)}{\Delta x} +$$
$$\frac{\Delta x^2}{2\Delta t} \frac{P(x_0|x + \Delta x, t) + P(x_0|x - \Delta x, t) - 2P(x_0|x, t)}{\Delta x^2} \ . \qquad (6.21)$$

Vogliamo ora fare il limite al continuo in modo che entrambi i termini a destra nella (6.21) restino finiti. Per ottenere ciò dobbiamo richiedere che ε sia $O(\Delta x)$ cioè definiamo $\varepsilon = \frac{\beta}{2D} \Delta x$ per ottenere quindi

$$\frac{\partial P(x_0|x, t)}{\partial t} = -\beta \frac{\partial P(x_0|x, t)}{\partial x} + D \frac{\partial^2 P(x_0|x, t)}{\partial x^2} \qquad (6.22)$$

vskip-3ptdove β, e quindi in generale $A(x, t)$, definisce il **coefficiente di drift**. Notiamo che entrambe le equazioni (6.20) e (6.22), essendo casi particolari della (6.13), governano anche l'evoluzione per la densità $p(x, t)$.

Consideriamo infine l'esempio più complesso del modello di Ehrenfest. Con riferimento alla notazione della Sezione 5.2.3, consideriamo la variabile continua x centrata sul valore di equilibrio $N/2$, cioè definiamo $x = (k - N/2)\Delta x$ e $L = N\Delta x$ che rappresenta la lunghezza del dominio. Di nuovo, partendo dall'equazione di Chapman-Kolmogorov (6.8) con $P(x_0|z, \Delta t)$ dato dalla matrice di transizione (5.16) possiamo scrivere

$$P(x_0|x, t + \Delta t) = \left(\frac{1}{2} + \frac{x + \Delta x}{L}\right) P(x_0|x + \Delta x, t) +$$
$$+ \left(\frac{1}{2} + \frac{x - \Delta x}{L}\right) P(x_0|x - \Delta x, t).$$

Di nuovo, sottraendo $P(x_0|x, t)$ otteniamo l'equazione di Fokker-Planck nella forma nota come processo di **Ornstein-Uhlenbeck**

$$\frac{\partial P(x_0|x, t)}{\partial t} = k \frac{\partial}{\partial x} (x P(x_0|x, t)) + D \frac{\partial^2 P(x_0|x, t)}{\partial x^2} \qquad (6.23)$$

dove il termine di drift (con $k \equiv \frac{\Delta x}{L\Delta t}$) rappresenta l'effetto di una forza attrattiva verso il centro $x = 0$.

6.2.2 Soluzioni col metodo delle trasformate di Fourier

Tornando al caso generale della Fokker-Planck nella forma (6.15), il problema fondamentale di determinare la distribuzione di probabilità $p(x, t)$ si riduce quindi a trovare la soluzione dell'equazione differenziale alle derivate parziali (6.13) con condizione iniziale data dalla funzione di Dirac $p(x,0) = \delta(x - x_0)$. Nel caso in cui i coefficienti A e B siano costanti, la soluzione è ottenibile facilmente per mezzo delle trasformate di Fourier.

Ricordiamo che la trasformata di Fourier (TF) di una funzione $p(x)$ (che assumiamo essere L^2) è definita come

$$\hat{p}(k) = \frac{1}{\sqrt{2\pi}} \int_{-\infty}^{+\infty} e^{ikx} p(x) dx$$

mentre l'antitrasformata è data da

$$p(x) = \frac{1}{\sqrt{2\pi}} \int_{-\infty}^{+\infty} e^{-ikx} \hat{p}(k) dk.$$

Applichiamo ora la TF alla (6.20) otteniamo

$$\frac{\partial \hat{p}(k,t)}{\partial t} = -Dk^2 \hat{p}(k,t)$$

che pertanto ha soluzione $\hat{p}(k,t) = \hat{p}(k,0)e^{-Dk^2 t}$. La condizione iniziale $p(x,0) = \delta(x - x_0)$ ha TF data da $\hat{p}(k,0) = (1/\sqrt{2\pi})e^{ikx_0}$. Sostituendo e prendendo l'antitrasformata otteniamo

$$p(x,t) = \frac{1}{2\pi} \int_{-\infty}^{+\infty} e^{-ik(x-x_0)-Dk^2 t}$$

che integrata porta alla soluzione Gaussiana [3]

$$p(x,t) = \frac{1}{\sqrt{4\pi Dt}} \exp\left[-\frac{(x-x_0)^2}{4Dt}\right]$$

con valor medio x_0 e varianza $2Dt$, identica a quella trovata prendendo il limite continuo del random walk nel Capitolo 4.

Nel caso dell'equazione con drift (6.22) con analogo metodo otteniamo

$$p(x,t) = \frac{1}{(4\pi Dt)^{1/2}} \exp\left[-\frac{(x-(x_0+\beta t))^2}{4Dt}\right]$$

ovvero una Gaussiana con valor medio guidato dal drift $\langle x(t)\rangle = \beta t$ e varianza che cresce col coefficiente di diffusione come $\sigma^2(t) = \langle x^2\rangle - \langle x\rangle^2 = 2Dt$.

Nel caso ancora dell'equazione di Ornstein-Uhlenbeck (6.23) il metodo della TF non è applicabile in quanto il coefficiente di drift non è costante. La soluzione è comunque ottenibile in modo elementare come

$$p(x,t) = \frac{1}{(2\pi\sigma^2)^{1/2}} \exp\left[-\frac{(x-\bar{x})^2}{2\sigma^2}\right] \tag{6.24}$$

---

[3] Ricordiamo l'utile formula per l'integrale Gaussiano $\int_{-\infty}^{+\infty} e^{-ax^2+bx} dx = \sqrt{\frac{\pi}{a}} e^{b^2/(4a)}$.

dove $\bar{x} = \langle x \rangle = x_0 \exp(-kt)$ rappresenta il valor medio e $\sigma^2 = \frac{D}{k}[1 - \exp(-2kt)]$. La distribuzione è ancora Gaussiana, ma il valor medio si sposta verso zero e la varianza tende ad un valore costante. Nel limite $t \to \infty$ la distribuzione (6.24) riproduce ovviamente il limite continuo della distribuzione stazionaria discreta (5.17).

Osserviamo che l'equazione di Fokker-Planck può essere ottenuta anche a partire dal limite continuo della master equation. Consideriamo il problema di nascita-morte trattato nella Sezione 5.4.1. La master equation per la distribuzione di probabilità $p_n(t)$ è data dalla (5.28)

$$\frac{dp_n(t)}{dt} = (n+1)p_{n+1}(t) - np_n(t). \tag{6.25}$$

Nel limite di grandi popolazioni, in cui la variazione della variabile n possa considerarsi continua, la (6.25) diventa ovviamente

$$\frac{\partial p(n,t)}{\partial t} = \frac{\partial}{\partial n}(np(n,t))$$

che non è altro che un processo di Ornstein-Uhlenbeck con drift $k = 1$ e senza diffusione. Da quanto appena visto l'evoluzione del valor medio partendo dalla condizione iniziale $n_0 = N$ sarà quindi $\langle n \rangle = Ne^{-t}$ come trovato nel Capitolo 5.

6.3 L'equazione di Fokker-Planck con barriere

Riscriviamo l'equazione di FP (6.15), che governa l'evoluzione della densità di probabilità, nella forma

$$\frac{\partial p(x,t)}{\partial t} + \frac{\partial J(x,t)}{\partial x} = 0$$

dove abbiamo introdotto la **corrente di probabilità**

$$J(x,t) = A(x,t)p(x,t) - \frac{1}{2}\frac{\partial}{\partial x}(B(x,t)p(x,t)).$$

In questo modo la FP ha la forma di una equazione di conservazione (della probabilità) locale. Consideriamo una regione $I = [a,b] \subset \mathbb{R}$ e definiamo la probabilità di essere nell'intervallo I

$$P_I(t) = \int_I p(x,t)dx, \tag{6.26}$$

avremo ovviamente

$$\frac{\partial P_I(t)}{\partial t} = -J(b,t) + J(a,t)$$

cioè la probabilità P_I aumenta se $J(a,t) > J(b,t)$ e quindi J rappresenta il flusso nella direzione delle x positive. Possiamo ora definire diverse condizioni al contorno sulla frontiera di I, $\partial I = \{a,b\}$.

Barriere riflettenti. In questo caso chiediamo che sia nulla la probabilità di uscire (e di entrare) in I, pertanto la corrente alla frontiera deve essere nulla

$$J(x,t) = 0 \text{ per } x \in \partial I$$

Notiamo che in questo caso la probabilità totale in I, $P_I(t)$, è conservata.

Barriere assorbenti. Nel caso di barriere assorbenti vogliamo che quando la particella arriva alla frontiera di I essa venga rimossa dal sistema. Pertanto la probabilità di trovare la particella in ∂I deve annullarsi e quindi

$$p(x,t) = 0 \text{ per } x \in \partial I.$$

Ovviamente in questo caso la probabilità (6.26) non è conservata.

Condizioni al contorno periodiche. Un altro caso interessante, e molto utilizzato nelle simulazioni numeriche, è il caso periodico: se la particella esce da un lato dell'intervallo rientra dall'altro (e quindi I è definito su una circonferenza). Avremo in questo caso

$$p(b,t) = p(a,t) \text{ e } J(b,t) = J(a,t).$$

Spesso le condizioni al contorno periodiche vengono imposte assieme alla periodicità dei coefficienti $A(b,t) = A(a,t)$ e $B(b,t) = B(a,t)$.

Menzioniamo ancora che il caso "senza barriere" corrisponde al caso in cui $I = \mathbb{R}$ e per il quale dobbiamo assumere che la probabilità decada sufficientemente in fretta per $x \to \pm\infty$ in modo da garantire la normalizzazione e l'esistenza dei momenti.

6.3.1 Soluzioni stazionarie dell'equazione di Fokker-Planck

Consideriamo ora il problema della soluzione non dipendente dal tempo dell'equazione di Fokker-Planck, cioè per cui

$$p(x,t) = \pi(x)$$

dove la densità stazionaria $\pi(x)$ è soluzione dell'equazione di FP stazionaria

$$-\frac{\partial}{\partial x}(A(x)\pi(x)) + \frac{1}{2}\frac{\partial^2}{\partial x^2}(B(x)\pi(x)) = 0 \qquad (6.27)$$

con le opportune condizioni al contorno. Nella (6.27) abbiamo supposto che il processo sia *omogeneo* e che quindi i coefficienti A e B non dipendano dal tempo.

Un problema rilevante, che abbiamo già discusso nel caso delle catene di Markov, è di trovare le condizioni sotto le quali una generica densità di probabilità iniziale $p_0(x)$ evolve verso la densità stazionaria $\pi(x)$. Un risultato generale garantisce la convergenza alla $\pi(x)$ quando il coefficiente di diffusione $B(x)$ sia ovunque positivo.

Nel Capitolo 4 è stato mostrato con un calcolo esplicito questa proprietà nel caso del modello a tempo discreto per il moto browniano.

Vediamo ora alcuni semplici esempi di soluzioni stazionarie dell'equazione di Fokker-Planck. Iniziamo dal caso più semplice di processo puramente diffusivo (6.20) con cioè $A(x) = 0$ e $B(x) = 2D$ definito nell'intervallo $I = [-a, a]$ con condizioni al contorno riflettenti in $x = \pm a$. La soluzione della (6.27) in questo caso vale ovviamente

$$\pi(x) = \frac{1}{2a}$$

cioè la probabilità di trovare la particella nell'intervallo $[-a, a]$ è uniforme. Osserviamo che ovviamente il flusso è ovunque nullo: $J(x) = -D\frac{d\pi(x)}{dx} = 0$.

Nel caso invece di condizioni al contorno assorbenti, la soluzione stazionaria è ovviamente $\pi(x) = 0$: infatti a tempi lunghi tutte le particelle saranno finite su una delle barriere. Per avere situazioni non banali possiamo pensare di rimpiazzare le particelle assorbite dalla pareti.

Consideriamo quindi il caso in cui ad ogni unità di tempo rilasciamo una particella nel punto $x_0 \in [a, b]$. La soluzione dell'equazione stazionaria sarà del tipo $\pi(x) = a_1 + a_2 x$ e vogliamo che in $x = \pm a$ sia $\pi(x) = 0$. Avremo quindi

$$\pi(x) = \begin{cases} C_1(a - x) & x \geq x_0 \\ C_2(a + x) & x \leq x_0. \end{cases} \tag{6.28}$$

La continuità in x_0, cioè $\pi(x_0^-) = \pi(x_0^+)$ porta alla condizione $C_2 = C_1\frac{a - x_0}{a + x_0}$ mentre il valore del coefficiente C_1 è determinato dal numero totale di particelle nell'intervallo I, e quindi dalla frequenza di rilascio[4].

Consideriamo ora il caso più complicato di processo (omogeneo) di Ornstein-Uhlenbeck (6.23), ovvero con $A(x) = -kx$ e $B(x) = 2D$ e ancora definito nell'intervallo $I = [-a, a]$. Assumendo condizioni al contorno riflettenti in $x = \pm a$, la soluzione della (6.27) vale (come si può verificare direttamente)

$$\pi(x) = Ce^{\frac{k}{2D}(a^2 - x^2)}$$

dove C è una costante che viene determinata dalla condizione di normalizzazione $\int_{-a}^{a} \pi(x)dx = 1$. Notiamo che il flusso $J(x) = -kx\pi - D\frac{\partial \pi}{\partial x}$ risulta nullo su tutto I anche in questo caso. Nel caso di condizioni al contorno assorbenti la soluzione stazionaria è quella banale $\pi(x) = 0$.

Un caso di interesse fisico e facilmente trattabile è quello di un processo con condizioni all'infinito $\pi(x) \to 0$ per $x \to \pm\infty$ con coefficiente di diffusione costante, $B(x) = 2D$. Scrivendo $A(x)$ tramite un "potenziale"

$$A(x) = -\frac{dV(x)}{dx} \tag{6.29}$$

---

[4] Notiamo che mentre la $\pi(x)$ è continua in x_0, ciò non è vero per la sua derivata e quindi per il flusso $J(x)$. Infatti il punto x_0 è una "sorgente" di particelle.

che assumeremo con $\lim_{x\to\pm\infty} V(x) = \infty$, l'equazione (6.27) è facilmente risolubile con soluzione

$$\pi(x) = Ce^{-V(x)/D}$$

dove la costante C è fissata dalla normalizzazione. Questa soluzione è generalizzabile al caso multidimensionale nel caso in cui si possa scrivere $A_i(x) = -\frac{\partial}{\partial x_i} V(x)$, nel qual caso avremo ancora

$$\pi(\mathbf{x}) = Ce^{-V(\mathbf{x})/D}.$$

Ovviamente in una dimensione è sempre possibile scrivere $A(x)$ nella forma (6.29).

6.3.2 Tempi di uscita per processi omogenei

Un problema interessante per molte applicazioni è il calcolo dei **tempi di uscita** o tempi di primo passaggio. Abbiamo già discusso questa problematica nel caso delle catene di Markov per il problema del *giocatore in rovina* (vedi la Sezione 5.1.2).

Consideriamo quindi il caso semplice di un processo puramente diffusivo (6.20) (limite continuo del problema del giocatore) con barriere assorbenti in $x = \pm a$ e con condizione iniziale $X(0) = x_0$. La soluzione stazionaria è data dalla (6.28) con $C_2 = C_1 \frac{a-x_0}{a+x_0}$. Il flusso di particelle attraverso le due barriere è dato da $J(x) = -D\frac{\partial \pi(x)}{\partial x}$, cioè

$$J(-a) = -DC_1 \frac{a-x_0}{a+x_0} \ , \ J(a) = DC_1 \ .$$

Pertanto la probabilità che il la particella partendo da x_0 diffonda attraverso la barriera in $-a$ sarà data da

$$P_{x_0}(-a) = \frac{-J(-a)}{-J(-a)+J(a)} = \frac{1}{2} - \frac{x_0}{2a} \tag{6.30}$$

che non è altro che la versione continua del risultato (5.10) ottenuto per le catene di Markov. Osserviamo che nel denominatore della (6.30) abbiamo il flusso totale di particelle $J_{tot} = -J(-a)+J(a) = \frac{2aC_1D}{a+x_0}$ che rappresenta il numero di particelle che lasciano il dominio I nell'unità di tempo. Il numero totale di particelle che abbiamo nel dominio sarà dato da

$$N = \int_{-a}^{a} \pi(x)dx = C_1 a(a-x_0)$$

e pertanto il *tempo di uscita* medio partendo da x_0 sarà

$$T(x_0) = \frac{N}{J_{tot}} = \frac{a^2 - x_0^2}{2D} . \tag{6.31}$$

Consideriamo ora il caso più generale, e di grande interesse applicativo, di un processo diffusivo in un potenziale per il quale l'equazione di Fokker-Planck (6.15) si scrive

$$\frac{\partial p(x,t)}{\partial t} = +\frac{\partial}{\partial x}\left(\frac{dV(x)}{dx}p(x,t)\right) + D\frac{\partial^2}{\partial x^2}p(x,t)$$

con $A(x) = -\frac{dV(x)}{dt}$. Dato un intervallo $I = [a,b]$, definiamo $G(x,t)$ la probabilità di essere ancora nell'intervallo I dopo un tempo t supponendo di essere partiti da x al tempo iniziale $t_0 = 0$ con $a \le x \le b$

$$G(x,t) = \int_a^b P(x,t_0|y,t)dy.$$

Sia ora $T(x)$ il tempo di uscita da I, avremo ovviamente che

$$P(T(x) > t) = G(x,t) = \int_a^b P(x,t_0|y,t)dy.$$

L'equazione che governa l'evoluzione di $G(x,t)$, quindi di $T(x)$, essendo x il punto di partenza, sarà strettamente connessa con l'equazione di Fokker-Planck all'indietro (6.14) che riscriviamo come

$$\frac{\partial P(x,t_0|y,t)}{\partial t_0} = -A(x)\frac{\partial P(x,t_0|y,t)}{\partial x} - D\frac{\partial^2 P(x,t_0|y,t)}{\partial x^2}. \tag{6.32}$$

Ma essendo il processo stazionario avremo $\partial_{t_0}P(x,t_0|y,t) = -\partial_t P(x,t_0|y,t)$ che, sostituita nella (6.32) ed integrando quindi su y tra a e b diventa

$$\frac{\partial G(x,t)}{\partial t} = A(x)\frac{\partial G(x,t)}{\partial x} + D\frac{\partial^2 G(x,t)}{\partial x^2}. \tag{6.33}$$

Per definizione, $G(x,t)$ è la probabilità che il tempo di uscita da I sia maggiore di t, quindi indicando con $\Pi(T)$ la densità di probabilità dei tempi di uscita avremo $G(x,t) = \int_t^\infty \Pi(T)dT$, ovvero $\Pi(t) = -\frac{\partial G(x,t)}{\partial t}$. Il *tempo medio di prima uscita* sarà

$$T(x) = \langle T \rangle = \int_0^\infty t\Pi(t)dt = -\int_0^\infty t\partial_t G(x,t)dt = \int_0^\infty G(x,t)dt \tag{6.34}$$

dove nell'ultimo passaggio abbiamo integrato per parti. Osservando ora che $G(x,t_0) = 1$ (se $x \in I$) mentre $G(x,\infty) = 0$, integrando la (6.33) su t tra 0 e ∞ e usando la (6.34) otteniamo l'equazione per il **tempo medio di prima uscita** $T(x)$

$$A(x)\frac{\partial T(x)}{\partial x} + D\frac{\partial^2 T(x)}{\partial x^2} = -1. \tag{6.35}$$

Come primo esempio di applicazione della (6.35) ricaviamo di nuovo il risultato (6.31) per il tempo medio di prima uscita di un processo diffusivo. Consideriamo quindi barriere assorbenti agli estremi $x = \pm a$ per cui le condizioni al contorno per la (6.35) saranno $T(-a) = T(a) = 0$ (ovvio: se parto già dal bordo esco subito).

Essendo $A(x) = 0$, l'equazione (6.35) diviene $D\partial_x^2 T(x) = -1$ che ha soluzione

$$T(x) = \frac{1}{D}(c_0 + c_1 x - x^2/2).$$

I coefficienti vengono determinati dalle condizioni al contorno come $c_0 = a^2/2$ e $c_1 = 0$ e pertanto riotteniamo la (6.31).

6.3.2.1 L'approssimazione di Kramers

Un'importante applicazione della equazione (6.35) è il calcolo del tempo di uscita attraverso una barriera di potenziale, semplice modello matematico per molti processi, quale la legge di Arrhenius per le reazioni chimiche.

Consideriamo il caso in cui $V(x)$ sia un potenziale con due minimi (non necessariamente simmetrici) separati da una barriera di potenziale, come illustrato schematicamente in Fig. 6.1. Assumiamo che il potenziale cresca indefinitamente per $x \to \pm\infty$ in modo da garantirci l'esistenza di una distribuzione stazionaria (che ovviamente sarà piccata attorno ai due minimi). Consideriamo come modello fisico una particella browniana confinata nel potenziale e che inizialmente si trovi vicino ad uno dei due minimi (per esempio nella buca di sinistra). Vogliamo determinare il tempo medio che la particella browniana impiega per superare il potenziale e finire nella buca di destra. Chiaramente questo tempo dipende dall'altezza della barriera di potenziale, ma, come vedremo, non dipende molto dai dettagli della forma del potenziale.

Poiché al tempo $t_0 = 0$ la particella si trova in x in prossimità del minimo di sinistra x_L, calcolare il tempo medio in cui raggiunge x_R è un problema di prima uscita con una barriera assorbente in $b = x_R$ ad una riflettente in $a = -\infty$. Cerchiamo quin-

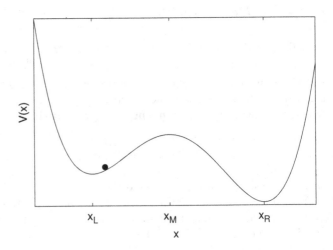

Fig. 6.1 Particella browniana in una doppia buca di potenziale

di la soluzione della (6.35) con $T'(a) = T(b) = 0$ ($T'(x) = dT/dx$). Introducendo la funzione ausiliaria $\psi(x)$ definita da $A(x) \equiv D\psi'(x)/\psi(x)$ la (6.35) si riscrive come

$$\frac{d}{dx}(\psi(x)T'(x)) = -\frac{1}{D}\psi(x)$$

che integrata tra $-\infty$ (dove $\psi = 0$) ed x porta a

$$T'(x) = -\frac{1}{D}\frac{1}{\psi(x)}\int_{-\infty}^{x}\psi(z)dz$$

integrando ulteriormente (e usando $T(x_R) = 0$) otteniamo infine

$$T(x) = \frac{1}{D}\int_{x}^{x_R}\frac{dy}{\psi(y)}\int_{-\infty}^{y}\psi(z)dz. \qquad (6.36)$$

Nel nostro caso in cui $A(x) = -V'(x)$, la soluzione (6.36) si scrive

$$T(x) = \frac{1}{D}\int_{x}^{x_R}dy\,e^{\frac{V(y)}{D}}\int_{-\infty}^{y}dz\,e^{-\frac{V(z)}{D}}.$$

Osserviamo ora che il primo integrando, $e^{V(y)/D}$, è dominato da valori di y prossimi al massimo, $y \simeq x_M$, dove il secondo integrale ha una debole dipendenza da y (perché per $z \simeq x_M$ l'integrando $e^{-V(z)/D}$ è molto piccolo) e pertanto possiamo sostituire nel secondo integrale y con x_M ed ottenere

$$T(x) \simeq \frac{1}{D}\int_{-\infty}^{x_M}dz\,e^{-\frac{V(z)}{D}}\int_{x}^{x_R}dy\,e^{\frac{V(y)}{D}}.$$

Per costruzione il potenziale ha un massimo in x_M ed un minimo in x_L che supporremo quadratici e pertanto possiamo assumere che per $x \simeq x_M$ sia

$$V(x) \simeq V(x_M) - \frac{(x-x_M)^2}{2\delta^2}$$

mentre per $x \simeq x_L$

$$V(x) \simeq V(x_L) + \frac{(x-x_L)^2}{2\alpha^2}.$$

A questo punto abbiamo

$$\int_{-\infty}^{x_M}dz\,e^{-\frac{V(z)}{D}} \simeq e^{-\frac{V(x_L)}{D}}\int_{-\infty}^{x_M}dz\,e^{-\frac{(z-x_L)^2}{2D\alpha^2}} \simeq \alpha\sqrt{2\pi D}\,e^{-\frac{V(x_L)}{D}}$$

dove nell'ultimo passaggio abbiamo sostituito x_M con ∞ nell'estremo dell'integrale in quanto questo è dominato da $z \simeq x_M$. In modo analogo

$$\int_{x}^{x_R}dy\,e^{\frac{V(y)}{D}} \simeq e^{\frac{V(x_M)}{D}}\int_{x}^{x_R}dy\,e^{-\frac{(y-x_M)^2}{2D\delta^2}} \simeq \delta\sqrt{2\pi D}\,e^{\frac{V(x_M)}{D}}$$

dove ancora abbiamo usato il fatto che l'integrale è dominato da $y \simeq x_M$. In conclusione otteniamo la **formula di Kramers** per il tempo medio di uscita dalla buca di potenziale (partendo da un punto $x < x_M$ ad un punto $x' > x_M$)

$$T(x) = 2\pi\alpha\delta\, e^{\frac{\Delta V}{D}}. \tag{6.37}$$

Osserviamo che, come anticipato, il tempo di uscita dipende molto dall'altezza del potenziale $\Delta V = V(x_M) - V(x_L)$ e poco dal dettaglio della sua forma, solo nelle costanti di fronte al termine esponenziale nella (6.37). Ovviamente per $D \to 0$ la particella verrà confinata nella buca di partenza per un tempo esponenzialmente lungo.

Nella teoria delle reazioni chimiche, la (6.37) è nota come **formula di Arrhenius**. In questo caso la variabile x rappresenta la specie chimica: $x = x_L$ è la specie A mentre $x = x_R$ è la specie B nella razione $A \to B$, separate da una barriera di potenziale ΔE. Il coefficiente di diffusione in questo caso vale $D = kT$ e pertanto il tasso della reazione (inverso al tempo di uscita) sarà proporzionale ad $e^{-\Delta E/(kT)}$, che è la legge di Arrhenius.

6.4 Equazioni differenziali stocastiche

L'equazione di Fokker-Planck (6.13) è un'equazione deterministica che descrive l'evoluzione della densità di probabilità. Vogliamo ora considerare l'evoluzione temporale di una singola realizzazione del processo stocastico $X(t)$ e per questo abbiamo bisogno di una **equazione differenziale stocastica** (EDS). Abbiamo già incontrato le equazioni differenziali stocastiche nel modello di Langevin per il moto Browniano (4.1) nel Capitolo 4, nella forma

$$m\frac{dv}{dt} = -6\pi a\mu v + \xi. \tag{6.38}$$

La caratteristica fondamentale di una EDS è la presenza simultanea di un termine deterministico (la forza di Stokes, nella (6.38)) e di un termine stocastico (la forza dovuta alle molecole) $\xi(t)$. Assumiamo che questo termine abbia media nulla $\langle \xi(t) \rangle = 0$ e tempo di correlazione nullo, ovvero[5]

$$\langle \xi(t)\xi(t') \rangle = cost.\delta(t - t'). \tag{6.39}$$

Per dare una interpretazione matematicamente precisa a $\xi(t)$, consideriamo la quantità integrale

$$W(t) = \int_0^t dt'\, \xi(t')$$

---

[5] Da un punto di vista fisico, assumere un tempo di correlazione nullo è giustificato se si ha una separazione di scale, in cui la dinamica di $\xi(t)$ avviene su tempi molto più rapidi dell'evoluzione della variabile $X(t)$.

per la quale abbiamo ovviamente $\langle W(t) \rangle = 0$ mentre dalla (6.39) otteniamo $\langle W^2(t) \rangle = t$. Il processo stocastico $W(t)$ è detto **processo di Wiener** (o random walk nel limite continuo) ed è caratterizzato dalle seguenti proprietà (con $W(0) = 0$):

a) $W(t)$ è continua;
b) per qualsiasi $t_1 < t_2 < t_3$ gli incrementi $W(t_3) - W(t_2)$ e $W(t_2) - W(t_1)$ sono indipendenti;
c) per ogni $t_1 < t_2$, l'incremento $W(t_2) - W(t_1)$ ha distribuzione Gaussiana con valor medio nullo e varianza $t_2 - t_1$.

Osserviamo che $W(t)$ è continua ma non differenziabile (infatti la "derivata" $\xi(t)$ non è una funzione in senso usuale). Calcoliamo infatti la probabilità che il modulo del rapporto incrementale $\frac{W(t+\Delta t) - W(t)}{\Delta t}$ sia maggiore di un dato $\delta > 0$, cioè la probabilità che $|W(t+\Delta t) - W(t)|$ sia maggiore di $\delta \Delta t$. Per la proprietà (3) del processo di Wiener avremo

$$\lim_{\Delta t \to 0} P\left(\frac{|W(t+\Delta t) - W(t)|}{\Delta t} > \delta \right) = \lim_{\Delta t \to 0} \frac{2}{\sqrt{2\pi \Delta t}} \int_{\delta \Delta t}^{\infty} e^{-\frac{y^2}{2\Delta t}} dy = 1$$

e pertanto, valendo per δ arbitrario, la derivata di $W(t)$ è quasi ovunque non definita.

A questo punto possiamo scrivere il prototipo di **equazione differenziale stocastica** di tipo diffusivo nella forma

$$dX(t) = a(X(t),t)dt + b(X(t),t)dW(t) \tag{6.40}$$

dove non dividiamo per dt per ricordare che dW non è un differenziale. In pratica, per quanto visto prima, possiamo pensare a dW come $Z(t)\sqrt{dt}$ dove $Z(t)$ è un processo indipendente nel tempo, a media nulla e varianza unitaria. Vedremo più avanti che la (6.40) è equivalente alla equazione di Fokker-Planck (6.13). A livello euristico possiamo osservare che

$$\langle dX(t) \rangle = a(X(t),t)dt$$

$$\langle (dX(t))^2 \rangle = a^2(X(t),t)dt^2 + 2a(X(t),t)b(X(t),t)\langle dW \rangle dt + b^2(X(t),t)\langle dW^2 \rangle \simeq b^2(X(t),t)dt$$

a meno di termini di ordine superiore in dt e pertanto abbiamo che l'equazione di Fokker-Planck per la densità di probabilità di $X(t)$ si ottiene ponendo $A(x,t) = a(x,t)$ e $B(x,t) = b^2(x,t)$.

6.4.1 La formula di Ito

L'evoluzione della variabile stocastica $X(t)$ sarà data dall'integrazione della EDS (6.40) che formalmente porta a

$$X(t) = X(0) + \int_0^t a(X(s),s)ds + \int_0^t b(X(s),s)dW(s).$$

Il calcolo dell'ultimo integrale è un punto delicato a causa della presenza del termine dW. Ricordiamo che gli integrali (deterministici) vengono usualmente introdotti come limite di una somma discreta. La discretizzazione può essere fatta in modi differenti, per esempio secondo la regola rettangolare (di Eulero), oppure quella trapezoidale. Nel caso di integrali di funzioni "ordinarie" (cioè non random), la procedura scelta è irrilevante poiché nel limite continuo tutte le discretizzazioni convergono al valore che definisce l'integrale. Nel caso di integrali stocastici la questione è più delicata in quanto il valore assunto dal limite continuo può dipendere dalla discretizzazione adottata. Come esempio consideriamo il calcolo del semplice integrale stocastico $I = \int_0^t W(s)dW(s)$. La discretizzazione secondo la regola Eulero "in avanti" si scrive (usando la notazione $\Delta W(t_i) = W(t_{i+1}) - W(t_i)$)

$$I = \sum_{i=0}^{N-1} W_i(t)\Delta W(t_i) \tag{6.41}$$

il cui valor medio, per la proprietà (2) del processo di Wiener, vale $\langle I \rangle = 0$. Se invece consideriamo la regola di Eulero "all'indietro" otteniamo

$$I = \sum_{i=0}^{N-1} W(t_{i+1})\Delta W(t_i). \tag{6.42}$$

Calcoliamo ora la media

$$\langle I \rangle = \sum_{i=0}^{N-1} \langle (W(t_i) + \Delta W(t_i))\Delta W(t_i) \rangle = \sum_{i=0}^{N-1} \langle (\Delta W(t_i))^2 \rangle = t$$

dove l'ultimo passaggio ha fatto uso della proprietà (3). Questo semplice esempio mostra come sia estremamente importante la scelta della discretizzazione usata per il calcolo degli integrali stocastici. La discretizzazione (6.41) è nota col nome di *Ito*, mentre la (6.42) è detta di *Stratonovich*.

Riassumiamo qui di seguito, per comodità, alcuni risultati relativi al calcolo dei più comuni integrali stocastici alla Ito:

$$\langle \int_0^t f(s)dW(s) \rangle = 0 \tag{6.43}$$

$$\langle \int_0^t W(s)dW(s) \rangle = 0$$

$$\langle \int_0^t f(s)dW(s) \int_0^t f(s')dW(s') \rangle = \int_0^t f^2(s)ds$$

dove $f(t)$ è una qualsiasi funzione e per l'ultimo risultato abbiamo effettuato la sostituzione formale $\langle dW(s)dW(s') \rangle = \delta(s-s')dsds'$.

Un risultato fondamentale relativo alle equazioni differenziali stocastiche è la cosiddetta **formula di Ito** che permette di fare una trasformazione di variabile tra la $X(t)$, che obbedisce al processo diffusivo (6.40), e la variabile $Y(t) = f(X(t),t)$

(dove $f(x,t)$ è una funzione continua e differenziabile, almeno due volte in x):

$$dY(t) = \left(\frac{\partial f}{\partial t} + a\frac{\partial f}{\partial x} + \frac{1}{2}b^2\frac{\partial^2 f}{\partial x^2} \right) dt + b\frac{\partial f}{\partial x}dW(t). \qquad (6.44)$$

La derivazione euristica della (6.44) non è difficile, basta espandere la $f(x,t)$ in serie di Taylor in x e t

$$df = \frac{\partial f}{\partial t}dt + \frac{\partial f}{\partial x}dX + \frac{1}{2}\frac{\partial^2 f}{\partial x^2}dX^2 \qquad (6.45)$$

e sostituire, in accordo con la (6.40), $dX = adt + bdW$ e tenere i termini di ordine dt e ponendo $dW^2 = dt$ (che è una sorta di "regola del pollice" giustificata dal fatto che $\langle dW^2 \rangle = dt$). La formula di Ito, non è altro che la generalizzazione della formula per la derivata di funzioni composte (cui si riduce nel caso in cui $b = 0$) e ci dice che la variabile stocastica derivata $Y(t)$ obbedisce anch'essa ad una EDS di tipo (6.40). Il suo uso permette di ricondurre molti problemi a processi stocastici noti e quindi trovarne soluzione.

6.4.2 Dalla EDS all'equazione di Fokker-Planck

Come prima applicazione della formula di Ito, ricaviamo il legame tra la EDS (6.40) e l'equazione di Fokker-Planck per l'evoluzione della probabilità. Data una funzione arbitraria $f(x)$ (non dipendente da t in modo esplicito) la (6.44) si scrive

$$df = \left(a\frac{\partial f}{\partial x} + \frac{1}{2}b^2\frac{\partial^2 f}{\partial x^2} \right) dt + b\frac{\partial f}{\partial x}dW(t)$$

prendendone il valor medio otteniamo (ricordando che $\langle dW \rangle = 0$)

$$\frac{d}{dt}\langle f(x) \rangle = \langle a\frac{\partial f}{\partial x} + \frac{1}{2}b^2\frac{\partial^2 f}{\partial x^2} \rangle. \qquad (6.46)$$

Introducendo la densità di probabilità $p(x,t)$ nella definizione del valor medio ed integrando per parti a secondo membro dalla (6.46) otteniamo

$$\int dx f(x)\frac{\partial p(x,t)}{\partial t} = \int dx f(x)\left[-\frac{\partial}{\partial x}(a(x,t)p(x,t)) + \right.$$
$$\left. + \frac{1}{2}\frac{\partial^2}{\partial x^2}(b^2(x,t)p(x,t)) \right]$$

che, dovendo valere per una $f(x)$ arbitraria implica la (6.13) con $A = a$ e $B = b^2$. In generale quindi, la EDS del tipo (6.40) descrive un processo diffusivo con coefficiente di drift a e coefficiente di diffusione $b^2/2$.

Notiamo che non c'è nessun reale contrasto tra il metodo di Ito e quello di Stratonovich. Se si interpreta l'equazione differenziale stocastica alla Stratonovich il coefficiente di drift a^S sarà dato dai coefficienti a^I e b dell'equazione alla Ito dalla relazione $a^S = a^I - \frac{1}{2}b\partial_x b$.

Possiamo anche dire che data un'equazione di Fokker Planck, si possono scrivere senza ambiguità due equazioni differenziali stocastiche seguendo l'interpretazione alla Ito o alla Stratonovich. Notiamo comunque che se il coefficiente di diffusione b è costante la distinzione tra le due interpretazioni scompare.

6.4.3 Il processo di Ornstein-Uhlenbeck

Come ulteriore esempio di applicazione della formula di Ito consideriamo il processo di Ornstein-Uhlenbeck discusso nella Sezione 6.2.1. L'equazione differenziale stocastica che lo governa si scrive

$$dX(t) = -kX dt + \sqrt{2D}dW(t).$$

Con la trasformazione di variabili $Y(t) = f(X) = X(t)e^{kt}$, dalla (6.44) otteniamo

$$dY(t) = \sqrt{2D}e^{kt}dW(t)$$

che integrata porta alla soluzione formale

$$Y(t) = Y(0) + \sqrt{2D}\int_0^t e^{ks}dW(s)$$

ovvero, nelle variabili originarie

$$X(t) = X(0)e^{-kt} + \sqrt{2D}\int_0^t e^{-k(t-s)}dW(s).$$

Consideriamo ora le quantità medie. Usando la (6.43) abbiamo per il valor medio

$$\langle X(t)\rangle = X(0)e^{-kt}$$

mentre per la varianza

$$\sigma^2(t) = \langle(X(t) - \langle X(t)\rangle)^2\rangle = 2D\langle\int_0^t e^{-k(t-s)}dW(s)\int_0^t e^{-k(t-s')}dW(s')\rangle =$$

$$= 2D\int_0^t e^{-2k(t-s)}ds = \frac{D}{k}\left(1 - e^{-2kt}\right)$$

in accordo con quanto trovato con la (6.24). Il processo di Ornstein-Uhlenbeck è importante perché rappresenta l'esempio più semplice di moto di una particella in un potenziale soggetta a rumore termico. Nel caso di Ornstein-Uhlenbeck il potenziale è parabolico ($V(x) = \frac{1}{2}kx^2$), mentre nel caso generale avremo la EDS $dX(t) = -\frac{\partial V}{\partial x}dt + \sqrt{2D}dW(t)$.

6.4.4 Il moto browniano geometrico

Discutiamo ora un esempio meno elementare di applicazione della formula di Ito al *moto browniano geometrico*, definito dal processo stocastico per la variabile $S(t)$

$$dS(t) = S(t)(\mu dt + \sigma dW(t)) \tag{6.47}$$

(dove μ e σ sono due costanti). Il moto browniano geometrico è un ingrediente fondamentale nelle applicazioni dei processi stocastici ai problemi finanziari in quanto si basa sull'ipotesi (semplice ma per certi versi ragionevole) che la variazione *relativa* dS/S (di un prezzo, nel caso specifico) obbedisca ad un processo diffusivo. Applicando la formula di Ito alla funzione $Y(t) = f(S) = \log(S(t))$ abbiamo

$$dY = \frac{\partial f}{\partial S} dS + \frac{1}{2} \frac{\partial^2 f}{\partial S^2} dS^2 .$$

Sostituendo ora la (6.47) e usando $dW^2 = dt$ otteniamo

$$dY(t) = (\mu - \frac{\sigma^2}{2})dt + \sigma dW(t)$$

che è di nuovo un processo diffusivo del tipo descritto da (6.40). Pertanto nel moto Browniano geometrico il logaritmo della variabile S segue un processo diffusivo (ovvero $S(t)$ segue una distribuzione *log-normale*).

6.5 Sulla struttura matematica dei processi Markoviani

In questo capitolo e nel precedente abbiamo discusso diversi esempi di processi stocastici markoviani, che si distinguono per il carattere continuo o discreto degli stati e del tempo, come riassunto nella tabella seguente:

	stati	tempi	equazione
Catene di Markov	discreti	discreto	$\mathbf{p}(t+1) = W^T \mathbf{p}(t)$
Master equation	discreti	continuo	$\frac{d\mathbf{p}(t)}{dt} = A\mathbf{p}(t)$
Fokker-Planck	continui	continuo	$\frac{\partial p(x,t)}{\partial t} = Lp(x,t)$

dove W è la matrice delle probabilità di transizione, A la matrice dei tassi di transizione e l'operatore L è un operatore differenziale nel caso di "spostamenti piccoli per tempi piccoli" (come spiegato nel Capitolo 6.2) in cui vale l'equazione di Fokker-Planck oppure, in generale, un operatore integrale. Notiamo che la struttura lineare delle equazioni è conseguenza della markovianità dei processi.

6.6 Un'applicazione delle equazioni differenziali stocastiche allo studio del clima

Concludiamo questo capitolo discutendo un'applicazione delle equazioni di Langevin ad un modello (molto stilizzato) di variazioni climatiche su tempi lunghi.

6.6.1 Le EDS come modelli efficaci

Nel Capitolo 4 abbiamo introdotto l'equazione di Langevin come descrizione fenomenologica del moto browniano. In quel caso, la possibilità di scomporre la forza che agisce sul granello colloidale in due parti (quella deterministica data dalla formula di Stokes e quella stocastica dovuta alle collisioni delle molecole) è dovuta alla separazione dei tempi caratteristici dei due processi.

Consideriamo ora un sistema deterministico il cui stato è un vettore $\mathbf{z} = (\mathbf{x}, \mathbf{y})$ costituito da due classi di variabile $\mathbf{x}$ e $\mathbf{y}$ rispettivamente lente e veloci, per le quali scriviamo quindi le equazioni di evoluzione nella forma

$$\frac{d\mathbf{x}}{dt} = \mathbf{f}(\mathbf{x}, \mathbf{y}) \ , \quad \frac{d\mathbf{y}}{dt} = \frac{1}{\varepsilon}\mathbf{g}(\mathbf{x}, \mathbf{y})$$

dove $\varepsilon \ll 1$ è il rapporto tra il tempo caratteristico delle variabili veloci e quello delle variabili lente.

Immaginiamo di essere interessati al comportamento delle sole variabili lente: un approccio naturale è quello di cercare un'equazione "efficace" per le $\mathbf{x}$ solamente e che tenga conto della presenza delle $\mathbf{y}$ in qualche modo. Questo problema è molto comune: possiamo dire che quasi tutti i problemi interessanti nelle scienze ed in ingegneria sono caratterizzati dalla presenza di gradi di libertà con scale di tempo molto diverse. Forse il primo studio di un sistema con struttura a scale di tempo multiple è dovuto a Newton che analizzò la precessione degli equinozi trattando in modo adeguato il moto (veloce) della Luna[6]. Tra i tanti ed importanti problemi che coinvolgono processi con scale temporali molto diverse possiamo citare il problema del ripiegamento delle proteine e la dinamica del clima. Mentre il periodo di vibrazione dei legami covalenti è $O(10^{-15}s)$, il tempo di ripiegatura delle proteine può essere dell'ordine dei secondi. Analogamente nei pro-

---

[6] L'idea di Newton fu di rimpiazzare il moto periodico della Luna con una anello di pari massa attorno alla Terra.

blemi climatici i tempi caratteristici dei processi coinvolti vanno dai giorni (per l'atmosfera) alle migliaia di anni (per le correnti oceaniche profonde ed i ghiacciai).

La soluzione generale del problema non è affatto facile, per la variabili lente ci si può aspettare (in analogia col moto del granello colloidale discusso nel Capitolo 4) un'equazione di Langevin del tipo:

$$\frac{dx_i}{dt} = F_i(\mathbf{x}) + \sum_{j=1}^{N} A_{i,j}\eta_j \qquad (6.48)$$

ove η è un vettore rumore bianco, cioè ogni componente è gaussiana e si ha

$$< \eta_j(t) > = 0 \ , \ < \eta_j(t)\eta_i(t') > = \delta_{ij}\delta(t-t') \ .$$

La (6.48) sostanzialmente esprime in termini matematici quanto suggerito dall'intuizione fisica: *i gradi di libertà veloci rinormalizzano la parte sistematica ed aggiungono un rumore bianco.*

Se $\varepsilon \ll 1$, sotto ipotesi molto generali, si può dimostrare che la (6.48) è corretta, tuttavia la determinazione analitica della forma della $\mathbf{F}$ e della matrice $\mathbf{A}$, che in genere dipende da $\mathbf{x}$, è molto difficile e quasi sempre si deve far ricorso a metodi ad hoc ed idee fenomenologiche.

Come esempio di un caso in cui la costruzione di un'equazione di Langevin efficace è esplicitamente possibile (in modo relativamente semplice) possiamo citare il moto di una particella trasportata da un campo di velocità:

$$\frac{dx_j}{dt} = u_j(\mathbf{x},t) + \sqrt{2D}\eta_j$$

ove $\mathbf{u}(\mathbf{x},t)$ è un campo dato con lunghezza caratteristica ℓ e tempo tipico τ. Il comportamente a grande scala (L) e tempi lunghi (T) (cioè $L \gg \ell$ e $T \gg \tau$), sotto ipotesi molto generali, è descritto da un'equazione efficace della forma:

$$\frac{dx_j}{dt} = \sum_{i=1}^{N} A_{j,i}\eta_i$$

ove la matrice $\mathbf{A}$ è calcolabile esplicitamente a partire da $\mathbf{u}(\mathbf{x},t)$. In altri termini il campo di velocità su tempi lunghi ha l'effetto di rinormalizzare il coefficiente di diffusione, nel caso isotropo è particolarmente evidente, si ha

$$\frac{dx_j}{dt} = \sqrt{2D^{eff}}\eta_j$$

ove D^{eff} dipende, spesso in modo non intuitivo, dal campo $\mathbf{u}(\mathbf{x},t)$.

Nel Capitolo 7 discuteremo esplicitamente un esempio di trasporto lagrangiano in un campo di velocità laminare.

6.6.2 Un semplice modello stocastico per il clima

Dopo la precedente discussione, passiamo ora ad introdurre un modello molto semplice di dinamica del clima per tempi molto lunghi (ordine di migliaia di anni). Come variabile lenta assumiamo la temperatura media $T(t)$ (intendendo media su tutta la terra e su un intervallo temporale relativamente lungo, diciamo decine o centinaia di anni). Dalla concentrazione dell'isotopo 18 dell'ossigeno contenuto nel plankton fossile è possibile risalire alla temperatura della terra dell'ultimo milione di anni[7]. Si osserva un andamento approssimativamente periodico con periodo di circa 10^5 anni con una transizione tra due valori T_1 e T_2 (diciamo clima freddo e caldo rispettivamente) con $\Delta T = T_2 - T_1 = O(10)$ Kelvin (Fig. 6.2).

Ovviamente nell'evoluzione di $T(t)$ intervengono processi lenti e veloci[8] tra quelli veloci c'è la dinamica atmosferica con la sua circolazione, la turbolenza etc. Abbiamo un'equazione della forma:

$$\frac{dT}{dt} = F(T,t) + \sqrt{2D}\eta$$

ove il termine $F(T,t)$ descrive il contributo della dinamica lenta mentre il rumore bianco tiene conto di processi fisici "veloci" (diciamo dell'ordine di mesi o anni).

Possiamo scrivere $F(t,t)$ come somma di due contributi

$$F(T,t) = In(T,t) - Out(T) ,$$

$In(T,t)$ è determinato dal flusso di energia proveniente dal Sole che dipende dal tempo in quanto l'orbita terrestre, a causa dell'interazione con la Luna e gli altri

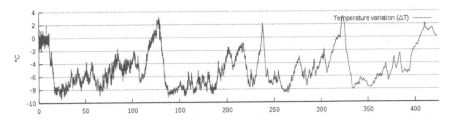

Fig. 6.2 Variazione della temperatura media terrestre negli ultimi 450000 anni ricostruita dalla carota di ghiaccio di Vostok. In ascissa le migliaia di anni dal presente, in ordinata la differenza di temperature rispetto al presente

---

[7] Il plankton fossile è depositato in fondo all'oceano, poiché l'isotopo 18 dell'ossigeno evapora in modo diverso dall'isotopo 16 (che è molto più comune), il rapporto tra le due concentrazioni dipende dalla temperatura. Essendo nota la relazione tra la curva di distribuzione percentuale degli isotopi e la temperatura, analizzando il diverso rapporto tra gli isotopi dell'ossigeno si può risalire con una certa precisione alla temperatura delle acque marine.

[8] Sono coinvolti molti fenomeni con scale di tempo molto diverse che variano dai secondi (microturbolenza in atmosfera ed oceano) ai mesi ed anni (strutture vorticose geostrofiche nell'oceano) fino ai millenni (circolazione termoalina).

pianeti (principalmente quelli più grandi come Giove e Saturno), non è costante, in particolare ci sono variazioni dell'eccentricità e precessione dell'asse di rotazione. L'evoluzione temporale dei parametri orbitali è stata accuratamente determinata da Milankovitch con calcoli di meccanica celeste; il contributo più rilevante è dato dall'eccentricità che approssimativamente varia in modo periodico con periodo di circa 10^5 anni:

$$In(T,t) = Q\left(1 + \varepsilon cos(\omega t)\right)$$

ove Q è una costante (legata alla costante solare media), $\varepsilon = O(10^{-3})$, $\omega = 2\pi/T$ con $T \simeq 10^5$ anni.

Il termine $Out(T)$ è costituito da due contributi, uno piuttosto semplice CT^4 (legge di Stefan- Boltzmann), ed un altro più delicato dovuto alla parte di energia proveniente dal Sole che viene riflessa: $A(T)In(T,t)$ ove $A(T)$ rappresenta l'albedo, coefficiente numerico compreso tra 0 ed 1 che misura la frazione di radiazione riflessa. Il calcolo dell'albedo è piuttosto complicato in quanto è determinato da molti fattori tra i quali la frazione di superficie terrestre coperta da ghiacciai, deserti, foreste, la concentrazione di particolato in atmosfera e così via. Per semplicità consideriamo l'albedo in modo empirico come funzione decrescente della temperatura terrestre (Fig. 6.3).

Abbiamo quindi

$$F(T,t) = Q\left(1 + \varepsilon cos(\omega t)\right)\left(1 - A(T)\right) - CT^4. \tag{6.49}$$

Milankovictch confrontando le osservazioni sull'andamento della temperatura nell'ultimo milione di anni e l'evoluzione dei parametri astronomici dell'orbita terre-

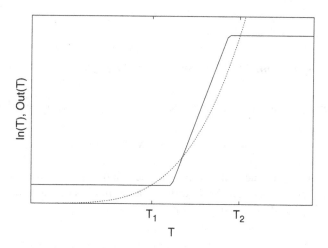

Fig. 6.3 Termine di input $Q(1-A(T))$ (linea continua) e di output CT^4 (linea tratteggiata) nell'equazione (6.49) per $\varepsilon = 0$. Le intersezioni tra le due curve corrispondono ai punti fissi $F = 0$ dei quali T_1 e T_2 sono stabili (minimi del potenziale $V(T)$) mentre il punto intermedio è instabile

stre, osservò una forte correlazione tra $T(t)$ e $In(T,t)$. Sembrerebbe quindi naturale attribuire i cambiamenti climatici a lungo termine alle variazioni dei parametri orbitali della Terra. Il problema è che le variazioni della costante solare sono in realtà molto piccole, $\varepsilon \simeq O(10^{-3})$ e pertanto è necessario pensare ad un meccanismo di amplificazione.

Per $\varepsilon = 0$ la $F(T)$ è della forma

$$F(T) = -\frac{\partial V}{\partial T}$$

ove $V(T)$ diverge per $T \to \pm\infty$ ed ha due minimi in T_1 e T_2 con $\Delta T = T_2 - T_1 = O(10)$ Kelvin (vedi Fig. 6.3). In assenza delle variazioni di eccentricità e senza il rumore bianco, la (6.49) ha due soluzioni stabili T_1 e T_2. Introducendo la (piccola) perturbazione periodica, poiché il "potenziale" $V(T,t)$ ad ogni tempo presenta sempre due minimi, la $T(t)$ varia di poco intorno a T_1 oppure T_2 (a seconda della condizione iniziale) ma non si hanno transizione tra i due stati climatici.

Includendo il termini stocastico si ha la possibilità di avere transizioni tra i due minimi. In assenza del termine periodico queste transizioni avvengono in modo irregolare, infatti l'intervallo τ tra due transizioni successive è una variabile aleatoria, in cui i successivi salti sono eventi indipendenti.

Il risultato interessante (ed in parte inaspettato) è che esiste un intervallo di valori dell'ampiezza del rumore D in cui si hanno transizioni tra i due stati in sostanziale sincronia con la perturbazione periodica, si ha cioè che il tempo di permanenza in ognuno dei due minimi è circa $5\,10^4$ anni. Questo è il meccanismo della *risonanza stocastica* originariamente introdotto proprio per i modelli climatici e poi studiato in ambiti molto generali dalla biologia, alla fisica dei laser, all'ingegneria.

6.6.3 Il meccanismo della risonanza stocastica

Consideriamo un'equazione differenziale stocastica unidimensionale della forma

$$dx = -\frac{\partial V_0(x)}{\partial x}dt + \sqrt{2D}dW(t) \qquad (6.50)$$

ove $V_0(x)$ è una funzione simmetrica con due minimi x_-, x_+ ed un massimo x_0 (Fig. 6.4) ed indichiamo con ΔV la differenza del potenziale tra il massimo ed il minimo $\Delta V = V_0(x_0) - V_0(x_-)$. Ad esempio

$$V_0(x) = \frac{1}{4}x^4 - \frac{1}{2}x^2. \qquad (6.51)$$

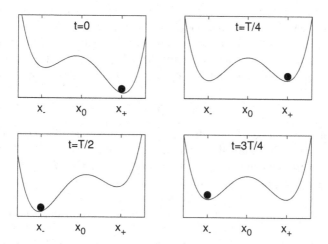

Fig. 6.4 Meccanismo della risonanza stocastica. Il periodo di oscillazione della doppia buca vale T. Al tempo $t = 0$ il sistema ha una probabilità molto bassa di saltare da x_+ ad x_-. Al tempo $t = T/2$ la situazione è rovesciata e la probabilità di non saltare è molto bassa e pertanto la particella salterà nella buca di sinistra. Dopo un periodo T inizia un nuovo ciclo

Assumiamo che all'istante iniziale il sistema sia nella buca di sinistra, linearizzando il problema intorno ad x_-, per la variabile $z = x - x_-$ si ha

$$dz = -\frac{1}{t_C} z\,dt + \sqrt{2D}\,dW(t)$$

ove $t_C = 1/\sqrt{V_0''(x_-)}$. L'equazione precedente è approssimativamente valida per piccoli valori di z, cioè finché $x(t)$ rimane nella buca di sinistra. Dopo un certo tempo ci sarà una transizione nella buca di destra e poi ancora in quella di sinistra e così via. Nel limite

$$\frac{\Delta V}{D} \gg 1$$

il tempo medio medio di salto è dato dalla formula di Kramers (6.37)

$$\tau \simeq \tau_0 e^{\frac{\Delta V}{D}}$$

con $\tau_0 = \pi/\sqrt{|V_0''(x_-)V_0''(x_0)|}$.

Discutiamo ora il caso in cui il potenziale abbia una perturbazione periodica (come nel modello della dinamica del clima)

$$V(x,t) = V_0(x) + ax\cos(\omega t) \tag{6.52}$$

con periodo $T = 2\pi/\omega$ e dove a è abbastanza piccolo in modo tale che ad ogni tempo $V(x,t)$ presenti ancora due minimi ed un massimo (che variano leggermente rispetto al caso stazionario).

La barriera di potenziale $\Delta V(t)$ tra il minimo ed ed massimo varia nel tempo tra due valori $\Delta V_{min} \simeq \Delta V_0 - a$ e $\Delta V_{max} \simeq \Delta V_0 + a$ (al primo ordine in a) e quindi il tempo medio di salto cambia nel tempo. Se il periodo T è molto maggiore del tempo tipico attorno ad uno dei due minimi $t_C = 1/\sqrt{|V_0''(x_\pm)|}$, possiamo assumere di essere in condizioni "adiabatiche" per cui il tempo medio di salto è dato dalla (6.51), ovvero

$$\tau(t) \simeq \tau_0(t) e^{\frac{\Delta V(t)}{D}} .$$

Il punto fondamentale è la forte dipendenza (esponenziale) del tempo di salto da ΔV. In un opportuno intervallo di valori di D avremo che $\tau(0) \simeq \tau_0 e^{\Delta V_{max}/D} \gg T/2$ e quindi difficilmente ci sarà una transizione, mentre $\tau(T/2) \simeq \tau_0 e^{\Delta V_{min}/D} < T/2$ e quindi con probabilità vicina ad uno vi sarà una transizione proprio attorno al tempo $t = T/2$. Dopo la transizione il sistema si trova nella buca profonda e, ripetendo il ragionamento, il nuovo salto avverrà dopo un altro mezzo periodo.

In Fig. 6.5c è mostrato il comportamento della $x(t)$ in condizioni di risonanza stocastica: $x(t)$ effettua transizioni tra x_- e x_+ in modo approssimativamente periodico e sincronizzato con la frequenza della perturbazione del potenziale (mostrata in Fig. 6.5b). Come mostrato in Fig. 6.5a, in assenza di perturbazione i salti avvengono invece ad intervalli aleatori. Notiamo che, in condizioni di risonanza stocastica, se il sistema perde la possibilità di fare la transizione al "momento giusto" deve aspettare un periodo, questo implica che la densità di probabilità di τ è piccata intorno a $T/2, 3T/2, 5T/2, \ldots .$

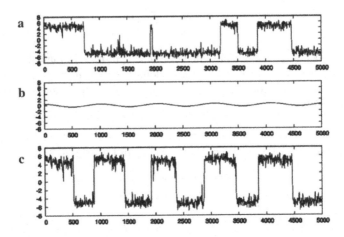

Fig. 6.5 Dimostrazione del meccanismo della risonanza stocastica per mezzo di simulazioni numeriche. Il grafico (a) corrisponde alla soluzione dell'equazione (6.50) con potenziale stazionario (6.51). In questo caso il sistema salta da una buca all'altra a tempi random determinati solo dal rumore secondo la (6.51). Se introduciamo nel potenziale una perturbazione periodica come descritto nella (6.52) e mostrato nel grafico (b) (con $a = 0.1$) il sistema salta da una buca all'altra sincronizzato con la frequenza della perturbazione, come mostrato nel grafico (c) (fonte: R. Benzi, "Stochastic resonance: from climate to biology", Nonlin. Processes Geophys. 17, 2010)

Gli argomenti qualitativi precedentemente discussi sono confermati da dettagliati studi analitici, simulazioni numeriche ed esperimenti.

Il lettore potrebbe domandarsi quanto sia realistico il meccanismo della risonanza stocastica nel clima reale. Non è questa la sede per una discussione tecnica, comunque possiamo citare il fatto che lo studio di modelli realistici, che includono ad esempio la circolazione generale degli oceani, mostra che la distribuzione di probabilità del tempo di transizione tra due stati climatici (caldo/ freddo) è quantitativamente simile a quello previsto dal meccanismo della risonanza stocastica.

Esercizi

6.1. Data l'equazione di Langevin

$$\frac{dx}{dt} = -\frac{x}{\tau} + c\eta$$

ove η è un rumore bianco, cioè un processo gaussiano con

$$< \eta(t) >= 0 \ e \ < \eta(t)\eta(t') >= \delta(t-t') \,,$$

mostrare che

$$< x(t)x(0) >=< x^2 > e^{-t/\tau} \,.$$

6.2. Si consideri il processo stocastico a tempo discreto

$$x_{t+1} = ax_t + b \sum_{j=0}^{N-1} 2^{-j} z_{t-j}$$

ove $|a| < 1$ e le $\{z_j\}$ sono i.i.d. gaussiane a media nulla e varianza unitaria; si mostri che nel limite $t \to \infty$ la variabile x_t è gaussiana.

6.3. Data l'equazione di Langevin

$$\frac{dx}{dt} = -\frac{dV(x)}{dx} + c\eta$$

ove η è un rumore bianco, e

$$V(x) = \frac{x^4}{4} - \frac{x^2}{2}$$

verificare numericamente l'approssimazione di Kramers calcolando il valor medio del tempo di salto tra i due minimi di $V(x)$ al variare di c.
Nota: esistono metodi numerici per l'integrazione numerica delle equazioni differenziali stocastiche che generalizzano algoritmi tipo Runge-Kutta, si veda ad esempio R. Mannella, V. Palleschi "Fast and precise algorithm for computer simulation of stochastic differential equations" Phys. Rev. A **40**, 3381 (1989).

Letture consigliate

Un articolo classico su cui generazioni di fisici hanno appreso le nozioni fondamentali sui processi Markoviani e l'equazione di Fokker-Planck:

M.C. Wang, G.E. Uhlenbeck, "On the Theory of the Brownian Motion II", Rev. Mod. Phys. **17**, 323 (1945).

Una breve rassegna adatta a studenti di fisica:

A.J. McKane, "Stochastic Processes" in *Encyclopedia of Complexity and System Science*, p. 8766-8783, R.A. Meyers (ed.) (Springer, 2009).

Due libri molto completi:

H. Risken, *The Fokker-Planck Equation. Methods of Solution and Applications* (Springer, 1989).
C. Gardiner, *Handbook of Stochastic Methods: for Physics, Chemistry and the Natural Sciences* (Springer, 2004).

Per una discussione sull'uso delle equazioni di Langevin per descrivere sistemi "complessi":

P. Imkeller, Jin-Song von Storch, *Stochastic Climate Models* (Birkhäuser, 2001).

La risonanza stocastica è stata originariamente introdotta per spiegare le variazioni climatiche a lungo termine:

R. Benzi, A. Sutera, A. Vulpiani, "The mechanism of stochastic resonance", J. Phys. A: Math. Gen. **14**, L453 (1981).
R. Benzi, G. Parisi, A. Sutera, A. Vulpiani, "Stochastic resonance in climatic change", Tellus **34**, 10 (1982).

Per una dettagliata rassegna delle applicazioni della risonanza stocastica in fisica, chimica, biologia ed ingegneria:

L. Gammaitoni, P. Hänggi, P. Jung, F. Marchesoni, "Stochastic resonance", Rev. Mod. Phys. **70**, 223 (1998).

7

Probabilità e sistemi deterministici caotici

Come abbiamo visto nei capitoli precedenti, l'uso del calcolo della probabilità nei problemi fisici nasce con i problemi di meccanica statistica, cioè con la riduzione a poche variabili macroscopiche di un sistema composto di un gran numero di componenti microscopici. L'esempio del moto Browniano è, a questo riguardo illuminante: la trattazione di Einstein e Langevin riduce la dinamica del sistema composto dal grano di polline e da un numero enorme (ordine 10^{23}) di molecole al moto macroscopico del grano in presenza di rumore. L'uso di metodi probabilistici è in questi casi giustificato dal fatto che la sovrapposizione di molte cause (gli urti delle molecole) porta ad un effetto che può essere trattato in termini statistici.

Per i sistemi caotici deterministici, l'uso della descrizione probabilistica non è motivata dal grande numero di gradi di libertà (vi sono infatti sistemi caotici anche con un solo grado di libertà), ma dalla natura erratica, pseudo-casuale, tipica delle traiettorie caotiche.

In questo capitolo mostreremo come il calcolo delle probabilità possa risultare molto utile per lo studio dei sistemi dinamici caotici identificando le analogie, e le differenze, tra i sistemi deterministici caotici ed i processi di Markov.

7.1 La scoperta del caos deterministico

Lo studio della dinamica caotica dei sistemi deterministici nasce dall'osservazione che molti sistemi fisici, pur essendo governati da leggi deterministiche, mostrano un comportamento irregolare ed impredicibile.

Senza disturbare dinamiche complesse quale il moto dell'atmosfera terrestre, è sufficiente considerare (e, volendo, realizzare in laboratorio) sistemi caotici molto semplici. Anche un pendolo, prototipo di moto regolare in fisica, se forzato in modo periodico (ad esempio facendo oscillare verticalmente il punto di applicazione) può mostrare un moto caotico molto complicato. Questo moto è *di fatto* impredicibile, nel senso che basta una piccolissima perturbazione nella condizione iniziale per generare una traiettoria completamente differente. Questa *dipendenza sensibile dalle*

Boffetta G., Vulpiani A.: Probabilità in Fisica. Un'introduzione.
DOI 10.1007/978-88-470-2430-4_7, © Springer-Verlag Italia 2012

condizioni iniziali viene poeticamente riassunta dal cosidetto *effetto farfalla* introdotto dal titolo di una conferenza tenuta dal meteorologo Lorenz: *Può il batter d'ali di una farfalla in Brasile provocare un tornado in Texas?*

Lo studio moderno dei sistemi caotici viene fatto risalire ad un importante lavoro pubblicato da Lorenz nel 1963 sul *Journal of Atmospheric Sciences*[1]. In questo lavoro, a partire dalle equazioni che governano il moto di un fluido riscaldato dal basso (nel suo caso l'atmosfera) Lorenz ricava, per mezzo di grandi semplificazioni, un modello composto da 3 equazioni differenziali che va oggi sotto il suo nome

$$\begin{cases} \dot{X} = \sigma(Y - X) \\ \dot{Y} = X(r - Z) - Y \\ \dot{Z} = XY - bZ. \end{cases} \qquad (7.1)$$

In questo modello le variabili (X, Y, Z) rappresentano rispettivamente l'intensità del moto convettivo, la differenza di temperatura tra correnti ascendenti e discendenti e la distorsione del profilo verticale di temperatura dalla linearità. Il parametro σ è il rapporto tra viscosità e diffusività del fluido (numero di Prandtl), b è legato all'aspetto geometrico della cella convettiva mentre r rappresenta il numero di Rayleigh relativo, proporzionale alla differenza di temperatura che forza il sistema.

Una soluzione banale del sistema (7.1) è ovviamente l'origine $X = Y = Z = 0$, che corrisponde fisicamente al regime conduttivo in cui il fluido è fermo. Questa soluzione diviene però instabile al crescere del parametro r e lo studio della dinamica deve essere affrontato per mezzo di simulazioni numeriche. La simulazione numerica di (7.1) con i valori dei parametri $\sigma = 10$, $b = 8/3$ e $r = 28$ ha permesso a Lorenz di scoprire un nuovo regime caratterizzato da caos deterministico, definito dalla proprietà:

a) *comportamento asintotico aperiodico*, nel senso che la traiettoria non converge ad un punto fisso o ad un orbita periodica;

b) *dipendenza sensibile alle condizioni iniziali*, ovvero due traiettorie che partono da condizioni iniziali infinitesimamente vicine si separano esponenzialmente nel tempo[2].

A scanso di equivoci, rimarchiamo il fatto che i sistemi caotici descritti da queste proprietà sono completamente deterministici, come l'esempio (7.1). Non vi è nulla di intrinsecamente stocastico e pertanto due realizzazioni che partano *esattamente* dalla stessa condizione iniziale ripercorrono la stessa traiettoria. In ogni problema fisico abbiamo però a che fare con una risoluzione finita (della misura, ovvero della rappresentazione dei numeri reali su un computer) e pertanto una incertezza nella condizione iniziale è sempre presente. In un sistema caotico, questa incertezza iniziale si amplifica rapidamente (in modo esponenziale) nel tempo e porta in breve

---

[1] Anche se in realtà il primo esempio di moto caotico venne scoperto da Poincarè nello studio del problema dei tre corpi.

[2] Questa proprietà sembra sia stata scoperta in parte casualmente da Lorenz come conseguenza della limitata precisione della condizione iniziale inserita nel computer.

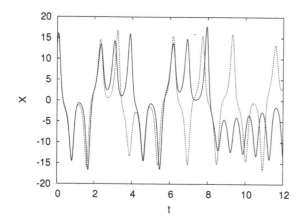

Fig. 7.1 Evoluzione temporale della variabile X del sistema di Lorenz per due condizioni iniziali che differiscono inizialmente di 10^{-4}

alla impossibilità di fare previsioni sullo stato futuro del sistema. In questo senso i sistemi caotici si comportano, a tempi lunghi, di fatto come sistemi stocastici ed è quindi utile affrontarne lo studio con tecniche di calcolo delle probabilità.

A titolo di esempio, consideriamo due traiettorie del sistema (7.1) che partano da condizioni iniziali molto vicine. La Fig. 7.1, rappresentante la componente X delle due traiettorie, mostra chiaramente entrambe le proprietà dei sistemi caotici discusse in precedenza. Ciascuna delle traiettorie salta da valori positivi a negativi in modo irregolare, senza apparente periodicità, impedendo la possibiltà di predire lo stato futuro del sistema a partire dal comportamento nel passato. Il confronto tra le due traiettorie mostra invece la seconda proprietà dei sistemi caotici: sebbene le due realizzazioni siano inizialmente indistinguibili (la differenza iniziale infatti vale 10^{-4}), esse velocemente si separano nel tempo generando due traiettorie di fatto indipendenti.

Per comprendere l'origine del comportamento caotico del sistema (7.1) consideriamo, seguendo Lorenz una rappresentazione a tempi discreti della traiettoria. A partire dalla traiettoria della variabile Z definiamo con m_n il valore che assume l'n-esimo massimo locale. Rappresentando su un grafico (detto mappa di ritorno) il valore del massimo m_{n+1} in funzione del massimo precedente m_n, otteniamo la Fig. 7.2. Osserviamo che i punti di coordinate (m_n, m_{n+1}) sono disposti lungo una curva regolare (a differenza di quanto si otterrebbe con un sistema stocastico) che quindi può essere descritta da una relazione funzionale

$$m_{n+1} = f(m_n). \tag{7.2}$$

Il vantaggio di di studiare la mappa di ritorno (7.2) è che benché più semplice del sistema originario (7.1) contiene essenzialmente le informazioni della traiettoria continua. Per esempio, nel caso di un sistema periodico avremmo $m_{n+1} = m_n$ e pertanto un grafico di ritorno composto da un solo punto. La trattazione si semplifica ulteriormente se consideriamo, seguendo Lorenz, una idealizzazione della mappa (7.2)

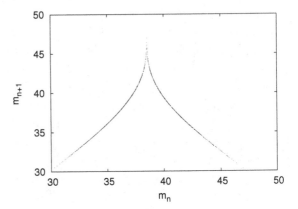

Fig. 7.2 Mappa di ritorno per la variabile Z del sistema di Lorenz ottenuta plottando il valore assunto da un massimo di Z in funzione del valore del massimo precedente

data dalla mappa a tenda

$$x(t+1) = f_T(x(t)) = \begin{cases} 2x(t) & \text{if} \quad x(t) < 1/2 \\ 2 - 2x(t) & \text{if} \quad x(t) \geq 1/2 \end{cases} \tag{7.3}$$

con t intero e rappresentata in Fig. 7.3 (nel passaggio dalla mappa in Fig. 7.2 alla mappa a tenda la variabile è stata riscalata ad assumere valori tra 0 ed 1). Il vantaggio di usare la mappa a tenda è che, grazie alla linearità a tratti, è possibile studiare alcune proprietà in modo analitico ed ottenere quindi delle indicazioni sul comportamento di sistemi caotici tipo il sistema originario di Lorenz.

Ricordiamo che un numero $x \in [0,1)$ può essere rappresentato dalla sequenza binaria $\{\alpha_j\}_{j \in \mathbb{N}}$ con $\alpha_j = \{0,1\}$ come

$$x = \sum_{j \in \mathbb{N}} \alpha_j 2^{-j}$$

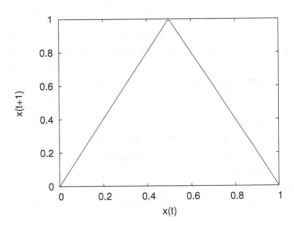

Fig. 7.3 Grafico della mappa a tenda

che indichiamo con la notazione compatta $x = [\alpha_1, \alpha_2, ...]$. Consideriamo ora una condizione iniziale per la mappa a tenda

$$x(0) = [\alpha_1, \alpha_2, \alpha_3, ...]$$

e la sua iterata $x(1) = f_T(x(0))$. Se $\alpha_1 = 0$, allora $x(0) < 1/2$ e avremo

$$x(1) = [\alpha_2, \alpha_3, \alpha_4, ...] \qquad (7.4)$$

mentre se $\alpha_1 = 1$, $x(0) \geq 1/2$ e, introducendo l'operatore "negazione" N (tale che $N0 = 1$ e $N1 = 0$) avremo

$$x(1) = [N\alpha_2, N\alpha_3, N\alpha_4, ...]. \qquad (7.5)$$

Per esempio preso $x(0) = [1, 0, 1, 0, 1, 0...] = 2/3$ otteniamo $x(1) = [N0, N1, N0, N1...] = [1, 0, 1, 0, 1, 0...] = 2/3$ che è un punto fisso della mappa.

Definendo $N^0 = I$ (operatore identità), le due relazioni (7.4-7.5) possono essere combinate come

$$x(1) = [N^{\alpha_1} \alpha_2, N^{\alpha_1} \alpha_3, N^{\alpha_1} \alpha_4, ...].$$

Iterando la procedura otteniamo la soluzione esplicita dopo n passi

$$x(n) = [N^{\alpha_1 + \alpha_2 + ... + \alpha_n} \alpha_{n+1}, N^{\alpha_1 + \alpha_2 + ... + \alpha_n} \alpha_{n+2}, ...]. \qquad (7.6)$$

Dalla (7.6) si vede immediatamente che le "quasi tutte" le traiettorie della mappa a tenda sono non periodiche. Infatti, per definizione, saranno periodiche solo le traiettorie che partono da una condizione iniziale data da un numero razionale, cioè rappresentabili come

$$x(0) = [\alpha_1, ..., \alpha_p, \beta_1, ..., \beta_q, \beta_1, ..., \beta_q, ...]$$

(dove la sequenza $(\beta_1, ..., \beta_q)$ si ripete indefinitamente) con $p, q \in \mathbb{N}$ e la traiettoria risultante, dopo un transiente di p passi, sarà confinata su un ciclo di periodo q. Al contrario, tutte le traiettorie che partano da una condizione iniziale irrazionale, che sono infinitamente di più (essendo i numeri razionali un insieme numerabile a misura nulla nei numeri reali) saranno non periodiche.

Anche la seconda proprietà dei sistemi caotici (dipendenza sensibile alle condizioni iniziali) può essere semplicemente verificata per la mappa a tenda tramite la soluzione (7.6). Consideriamo infatti due traiettorie x ed y inizialmente vicine, nel senso che le condizioni iniziali differiscano solo a partire dalla m-esima cifra della rappresentazione binaria. Come esempio prendiamo $x(0) = [0, 1, 1, 0, 1, 0, 1, 1, 0, 0, 1, 0, 1...]$ e $y(0) = [0, 1, 1, 0, 1, 0, 1, 1, 0, 0, 1, 0, 0...]$ $(m = 13)$ e quindi $\delta(0) \equiv |x(0) - y(0)| = 2^{-13} \simeq 0.0001$. Dopo un passo avremo $x(1) = [1, 1, 0, 1, 0, 1, 1, 0, 0, 1, 0, 1...]$ e $y(1) = [1, 1, 0, 1, 0, 1, 1, 0, 0, 1, 0, 0...]$ e pertanto la differenza sarà $\delta(1) \simeq 0.0002$. La distanza tra le traiettorie cresce quindi esponenzialmente nel tempo come $\delta(n) = \delta(0)2^n$ e dopo $n = m$ passi avremo $\delta(n) = O(1)$.

Questo esempio elementare mostra esplicitamente che malgrado la natura deterministica (e semplice!) della mappa a tenda, la previsione del comportamento della traiettoria a tempi lunghi è impossibile in quanto un errore arbitrariamente piccolo nella condizione iniziale porta velocemente ad un'incertezza macroscopica. Osserviamo anche che il tempo per questa amplificazione dell'incertezza (detto *tempo di predicibilità*) è una caratteristica intrinseca del sistema che dipende poco dell'incertezza iniziale. Infatti se denotiamo con δ_{max} la massima incertezza accettabile nella conoscenza della traiettoria, che nel caso della mappa a tenda sarà $\delta_{max} = O(1)$, abbiamo che il tempo di predicibilità (misura in numero di iterazioni) è dato dalla relazione $T_{max} = \log_2(\delta_{max}/\delta(0))$ e pertanto aumenta molto lentamente, in modo logaritmico, all'aumentare della precisione nella condizione iniziale.

7.2 L'approccio probabilistico ai sistemi dinamici caotici

Come abbiamo visto nella sezione precedente, il caos deterministico è caratterizzato dall'impossibilità di fatto di predire il comportamento a tempi lunghi di una singola traiettoria a causa della separazione esponenziale di traiettorie vicine. Una domanda naturale è quella di chiedersi l'evoluzione non di una singola traiettoria, ma di un insieme di traiettorie che partano da diverse condizioni iniziali. Consideriamo quindi un insieme di traiettorie distribuite nello spazio delle fasi Ω ($\Omega = [0, 1]$ nel caso della mappa a tenda) secondo una densità di probabilità iniziale $\rho_0(x)$ definita dal fatto che $\rho_0(x)dx$ rappresenta la probabilità di avere una condizione iniziale (cioè la frazione di condizioni iniziali) nell'intervallo $[x, x+dx]$.

L'evoluzione temporale delle traiettorie sotto una generica mappa $f : \Omega \to \Omega$

$$x(t+1) = f(x(t)) \tag{7.7}$$

induce l'evoluzione della densità nel tempo in modo tale che $\rho_t(x)dx$ rappresenta la probabilità di trovare la traiettoria in $[x, x+dx]$ al tempo t. Un concetto analogo e più generale è quello di *misura* definita a partire dalla $\rho_t(x)$ come la probabilità $\mu_t(A)$ di trovare la traiettoria in un dato insieme $A \subset \Omega$

$$\mu_t(A) = \int_A \rho_t(x)dx.$$

Essendo una densità di probabilità, $\rho_t(x)$ deve soddisfare (ad ogni tempo) la condizione di normalizzazione

$$\int_\Omega \rho_t(x)dx = 1 \tag{7.8}$$

e quindi $\mu_t(\Omega) = 1$.

Essendo l'evoluzione (7.7) deterministica, la densità di probabilità di trovare la traiettoria in un punto x al tempo $t+1$ è determinata dalle densità di probabilità di avere la traiettoria nei punti y_k al tempo t tali che $f(y_k) = x$. L'equazione per l'evoluzione della densità probabilità, detta equazione di **Perron-Frobenius** (PF), si scrive

$$\rho_{t+1}(x) = \int_\Omega \rho_t(y)\delta[x - f(y)]dy = \sum_k \frac{\rho_t(y_k)}{|f'(y_k)|}. \qquad (7.9)$$

Il significato di questa equazione è ben chiaro notando che

$$P(x(t+1) \in [x, x+dx]) = \rho_{t+1}(x)dx =$$

$$\sum_k P(x(t) \in [y_k, y_k+dy_k]) = \sum_k \rho_t(y_k)dy_k$$

e poiché $dy_k = dx/|f'(y_k)|$ segue la (7.9), vedi Fig. 7.4.

Notiamo che la (7.9) preserva la normalizzazione della densità (7.8) e quindi rappresenta la conservazione della probabilità sotto l'azione della mappa (7.7).

Si può dimostrare sotto condizioni generali, che nel caso di sistemi caotici l'evoluzione secondo l'equazione PF porta velocemente (esponenzialmente nel tempo) una qualsiasi densità di probabilità iniziale $\rho_0(x)$ alla **densità invariante** $\rho(x) \equiv \lim_{t\to\infty}\rho_t(x)$ che risulta invariante per evoluzione sotto la (7.9)

$$\rho(x) = \int_\Omega \rho(y)\delta[x - f(y)]dy \qquad (7.10)$$

ed è quindi punto fisso della dinamica di PF. Abbiamo quindi che nei sistemi caotici, per i quali dinamica della singola traiettoria è non periodica ed impredicibile, l'evoluzione della densità delle traiettorie è invece regolare e converge ad una funzione invariante, indipendentemente da $\rho_0(x)$. È interessante osservare che nel caso invece di sistemi non caotici (per esempio con traiettorie periodiche) l'evoluzione di $\rho_t(x)$ dipende da $\rho_0(x)$ per tempi arbitrariamente lunghi, cioè in questo caso l'equazione di PF non dimentica la condizione iniziale.

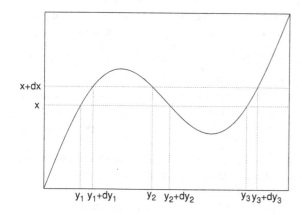

Fig. 7.4 Rappresentazione grafica per l'evoluzione della densità di probabilità secondo l'equazione di Perron-Frobemius

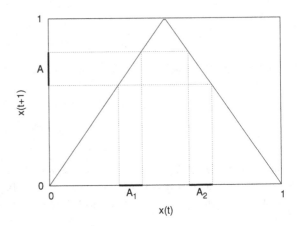

Fig. 7.5 Metodo grafico per determinare la misura invariante della mappa a tenda. In questo caso la lunghezza dell'insieme A è uguale alla somma delle lunghezze delle preimmagini A_1 e A_2 e pertanto la misura invariante di un insieme è data dalla sua lunghezza

A titolo di esempio mostriamo che la densità invariante per la mappa a tenda (7.3) è la funzione costante $\rho(x) = 1$. Abbiamo infatti

$$\rho(x) = \int_0^1 dy\,\delta[x - f(y)] = \int_0^{1/2} dy\,\delta[x - 2y] + \int_{1/2}^1 dy\,\delta[x - 2 + 2y]. \qquad (7.11)$$

Utilizzando ora la ben nota proprietà $\delta(\lambda x) = \delta(x)/|\lambda|$ e osservando che entrambi gli integrali della (7.11) valgono $1/2$ otteniamo $\rho(x) = 1$ che quindi è soluzione della (7.10). In questo caso la misura invariante non è altro che la lunghezza dell'intervallo (vedi Fig. 7.5).

Un esempio meno banale di densità invariante si trova considerando la cosiddetta **mappa logistica** definita da

$$x(t + 1) = rx(t)(1 - x(t)) \qquad (7.12)$$

dove $0 \le r \le 4$ affinché la variabile x resti nello spazio delle fasi $\Omega = [0, 1)$.

La mappa (7.12) trova applicazioni in molti campi, ad esempio nello studio della dinamica delle popolazioni in cui $x(t)$ rappresenta il numero di individui (opportunamente normalizzato) di una popolazione. Per piccoli valori di $x(t)$ la (7.12) è approssimata dall'equazione lineare $x(t + 1) = rx(t)$ (in cui r rappresenta il potere riproduttivo della popolazione) che ha soluzione $x(t) = r^t x(0)$. Se $r < 1$ sotto l'evoluzione della (7.12) la popolazione si estinguerà, cioè $\lim_{t \to \infty} x(t) = 0$, indipendentemente dalla condizione iniziale (ogni individuo viene infatti "rimpiazzato" da una frazione $r < 1$ di figli e pertanto la popolazione si esaurisce esponenzialmente in fretta).

Quando $r > 1$ l'approssimazione lineare predice invece l'*esplosione demografica* e cioè crescita esponenziale della popolazione. In realtà, al crescere di x il potere riproduttivo effettivo viene ridotto a $r(1 - x)$ e pertanto la crescita rallenta. Ciò che rende interessante la mappa logistica (7.12) è che essa presenta una dinamica inaspettatamente molto ricca al variare del parametro r. Per $1 < r < 3$ la popolazione raggiunge uno stato di equilibrio $x = \frac{r-1}{r} > 0$ che non cambia nel tempo (ed il cui valore dipende da r). Per $r > 3$ invece non si ottiene uno stato stazionario ma l'evoluzione di x può portare ad un ciclo periodico (nel quale la popolazione varia cioè in modo ciclico) o addirittura ad una dinamica caotica.

L'esistenza di traiettorie caotiche per la (7.12) è facilmente dimostrabile nel caso limite $r = 4$ sfruttando l'equivalenza della mappa logistica con la mappa a tenda (7.3).

Rimandando per i dettagli ai testi specializzati, ricordiamo che due mappe unidimensionali tipo $x(t+1) = f(x(t))$ e $y(t+1) = g(y(t))$ sono *topologicamente coniugate* se esiste una trasformazione di variabili invertibile $y = h(x)$ tale che traiettorie $x(t)$ sono mappate in traiettorie $y(t)$ (e viceversa dalla trasformazione inversa h^{-1}). La coniugazione topologica tra due mappe significa che esse non sono altro che due diverse rappresentazioni (ottenute per cambio di variabili) dello stesso sistema.

Due mappe topologicamente coniugate dalla trasformazione $y = h(x)$ hanno le rispettive densità invarianti $\rho_x(x)$ e $\rho_y(y)$ legate dalla relazione ottenuta nel Capitolo 2 per le trasformazioni (monotone) di variabili, e cioè

$$\rho_y(y) = \rho_x(x)/|h'(x)|.$$

Si verifica direttamente che la mappa a tenda nella variabile y e la mappa logistica (7.12) a $r = 4$ sono coniugate dalla trasformazione $x = h^{-1}(y) = (1 - \cos(\pi y))/2$. Essendo

$$\frac{dh^{-1}(y)}{dy} = \frac{\pi}{2}\sin(\pi y) = \pi\sqrt{x(1-x)}$$

e $\rho_y(y) = 1$, otteniamo la densità invariante per la mappa logistica a $r = 4$

$$\rho_x(x) = \frac{1}{\pi\sqrt{x(1-x)}}. \tag{7.13}$$

La Fig. 7.6 mostra l'evoluzione della distribuzione di 10^5 traiettorie che partono in un piccolo intorno di $x_0 = 0.4$. La distribuzione, inizialmente piccata attorno al valore x_0, dopo pochi passi (a $t = 8$ nella figura) si allarga a coprire un intervallo più ampio. A tempi molto lunghi la distribuzione delle traiettorie converge alla densità invariante (7.13) indipendentemente dalla distribuzione iniziale.

7.2.1 Ergodicità

Una proprietà importante dei sistemi dinamici associata alla densità invariante è quella di **ergodicità**. Lo studio delle proprietà di ergodicità nasce con Boltzmann e con la necessità di identificare i valori di aspettazione teorici (ottenuti da una media di ensemble) con le misure sperimentali (che sono medie temporali sulle variabili microscopiche veloci). Da allora la teoria ergodica si è evoluta in un filone di ricerca autonomo che può essere visto come una branca della teoria della misura. Rimandando il lettore interessato agli approfondimenti ai testi specializzati, ricor-

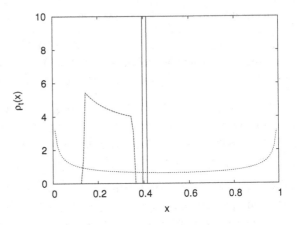

Fig. 7.6 Istogramma di 10^5 traiettorie della mappa logistica $x(t+1) = 4x(t)(1-x(t))$ con condizioni iniziali in un piccolo intorno di $x_0 = 0.4$ calcolati a $t = 0$ (linea continua), $t = 8$ (linea tratteggiata) ed a tempi lunghi (linea a punti)

diamo qui che un sistema dinamico (nel nostro caso una mappa unidimensionale) è ergodico se, per ogni funzione test integrabile $\phi(x)$ la media calcolata con la densità invariante equivale alla media temporale su una traiettoria, ovvero

$$\bar{\phi} \equiv \int \phi(x)\rho(x)dx = \lim_{T \to \infty} \frac{1}{T} \sum_{k=0}^{T-1} \phi(x(k)) \equiv \langle \phi \rangle$$

che quindi non dipende dalla condizione iniziale $x(0)$.

La dimostrazione dell'ergodicità, o meno, di un sistema dinamico non è in generale semplice. Un risultato importante in questo senso, dovuto a Birkhoff e von Neumann, è che un sistema dinamico è ergodico se e solo se per ogni suo insieme invariante A (per il quale cioè se $x \in A$ anche $f(x) \in A$) abbiamo $\mu(A) = 1$ o $\mu(A) = 0$. In altre parole, e in accordo con l'intuizione, per un sistema ergodico non esistono sottoinsiemi invarianti $A \subset \Omega$ di misura non nulla e diversa da 1 (sui quali altrimenti le traiettorie verrebbero confinate violando quindi l'ergodicità).

È importante osservare che la condizione di ergodicità non è sufficiente a garantire la caoticità del sistema. Consideriamo infatti l'esempio dato dalla mappa di traslazione

$$x(n+1) = (x(n) + a) \bmod 1$$

definita sempre nell'intervallo unitario $\Omega = [0, 1)$. Se a è irrazionale una qualsiasi traiettoria ricoprirà in modo uniforme Ω, riproducendo così la densità invariante (che ovviamente vale $\rho(x) = 1$) (vedi Esercizi). D'altra parte il sistema è ovviamente non caotico (ma quasi-periodico) e infatti la distanza tra due traiettorie resta costante nel tempo. Osserviamo anche che, proprio a causa della non caoticità del sistema, la distribuzione iniziale di traiettorie $\rho_0(x)$ evolverà nel tempo semplicemente traslando di a ad ogni iterazione e quindi non convergerà alla distribuzione invariante, a differenza dell'esempio della mappa a tenda.

Pertanto l'ergodicità di un sistema non è garanzia per la la convergenza alla densità invariante a partire da una generica $\rho_0(x)$. Questa convergenza si ottiene sotto la condizione più forte che il sistema sia **mixing**. Un sistema dinamico (nel nostro caso una mappa uni-dimensionale) è detto mixing se, data una coppia qualsiasi di sottoinsiemi $A, B \subset \Omega$ abbiamo

$$\lim_{t \to \infty} \mu(A \cap f^t(B)) = \mu(A)\mu(B) \tag{7.14}$$

ove $f^t(B)$ indica l'insieme ottenuto facendo evolvere per un tempo t i punti dell'insieme B. La definizione (7.14) è in accordo con l'idea intuitiva di un sistema che "mescola" le traiettorie: la probabilità che una traiettoria parta da un punto in B e si trovi a tempi lunghi in A è data semplicemente dal prodotto di probabilità di trovarsi in A ed in B. La misura (e la relativa densità) che soddisfa la condizione (7.14) è la misura invariante del sistema.

La condizione di mixing è, come abbiamo detto, più forte della condizione di ergodicità, nel senso che questa viene implicata dalla prima come si può vedere facilmente. Consideriamo infatti un sistema mixing e sia $A \subset \Omega$ un insieme invariante. Avremo pertanto $f^t(A) = A$ che, sostituita nella (7.14) porta alla condizione

$$\mu(A) = \mu^2(A). \tag{7.15}$$

Le soluzioni della (7.15) sono $\mu(A) = 1$ e $\mu(A) = 0$ e pertanto l'ergodicità è dimostrata.

La proprietà di mixing è molto forte in quanto garantisce la convergenza ad una misura invariante (che è ergodica, per quanto discusso prima), nel senso che l'evoluzione sotto la (7.9) porta alla densità $\rho(x)$ indipendentemente dalla densità iniziale $\rho_0(x)$ e questa convergenza avviene in modo esponenzialmente veloce nel tempo.

Può essere utile, a titolo di esempio, vedere come una densità iniziale converga alla densità invariante nel caso della mappa a tenda (7.3). L'evoluzione sotto l'equazione di Perron-Frobenius in questo caso è data, secondo la (7.9), da

$$\rho_{t+1}(x) = \frac{1}{2}\rho_t\left(\frac{x}{2}\right) + \frac{1}{2}\rho_t\left(1 - \frac{x}{2}\right). \tag{7.16}$$

L'evoluzione esplicita può essere seguita senza difficoltà se partiamo da una densità iniziale polinomiale. Ad esempio nel caso di una parabola

$$\rho_0(x) = a_0 x^2 - 2a_0 x + c_0$$

dove la scelta del coefficiente del termine lineare è per comodità di calcolo e, per la normalizzazione, deve essere $-2a_0/3 + c_0 = 1$. Sotto azione della (7.16) la densità dopo un passo della mappa diviene $\rho_1(x) = a_1 x^2 - 2a_1 x + c_1$ con

$$a_1 = \frac{1}{4}a_0 \tag{7.17}$$

$$c_1 = -\frac{1}{2}a_0 + c_0.$$

È pertanto un esercizio elementare calcolare che la densità, dopo un numero n di passi, diviene

$$\rho_n(x) = \left(\frac{1}{4}\right)^n a_0 x^2 - 2\left(\frac{1}{4}\right)^n a_0 x - \frac{2a_0}{3}\left[1 - \left(\frac{1}{4}\right)^n\right] + c_0$$

e quindi, asintoticamente

$$\rho(x) = \lim_{n\to\infty} \rho_n(x) = -\frac{2a_0}{3} + c_0 = 1$$

che è la densità invariante della mappa a tenda.

L'utilità di questo esempio, che può essere esteso al caso di densità iniziali di forma più complessa, è che esso mostra che la convergenza alla densità invariante è esponenzialmente veloce nel tempo. Questa proprietà è comune a molti i sistemi mixing (di cui la mappa a tenda è un semplice esempio) e pertanto possiamo pensare ai sistemi mixing come a sistemi che "dimenticano" velocemente la condizione iniziale, nel senso che quale che sia la condizione iniziale della traiettoria, la probabilità di trovarla dopo un certo tempo t in un insieme $A \in \Omega$ converge a $\mu(A)$ esponenzialmente in t.

7.3 Sistemi caotici e catene di Markov

La convergenza esponenzialmente veloce alla densità invariante nei sistemi mixing suggerisce un'analogia tra i sistemi caotici mixing ed i processi di Markov. In questa sezione mostreremo come questa analogia sia in realtà profonda e possa essere formalizzata per una classe speciale di sistemi caotici.

Consideriamo ancora il caso di una mappa unidimensionale sull'intervallo unitario $x(t+1) = f(x(t))$ con $x \in \Omega = [0,1)$ e prendiamo una partizione di Ω in N intervalli distinti $B_j = [b_{j-1}, b_j]$ con $b_j > b_{j-1}$, $b_0 = 0$ e $b_N = 1$. Questa partizione definisce una descrizione simbolica "a grana grossa" della traiettoria, nel senso che la sequenza di $x(0), x(1), x(2), \ldots$ viene mappata sulla sequenza di interi $i(0), i(1), i(2), \ldots$ dove $i(t) = k$ se $x(t) \in B_k$.

Introduciamo quindi la matrice $N \times N$

$$W_{ij} = \frac{\mu_L(f^{-1}(B_i) \cap B_j)}{\mu_L(B_j)} \tag{7.18}$$

dove con μ_L indichiamo la misura di Lebesgue. Possiamo identificare $p_j = \mu_L(B_j)$ con la probabilità di trovare la traiettoria $x(t) \in B_j$ e $p(i,j) = \mu_L(f^{-1}(B_i) \cap B_j)$ con la probabilità che $x(t-1) \in B_j$ e $x(t) \in B_i$. Pertanto abbiamo che $W_{i,j} = p(i,j)/p(j) = p(i|j)$ è la probabilità di avere $x(t) \in B_i$ sapendo che $x(t-1) \in B_j$. Notiamo che vale la condizione di normalizzazione $\sum_{i=0}^{N} W_{i,j} = 1$ e pertanto la matrice $\mathbb{W}$ può essere pensata come una matrice di transizione per un processo di Markov. Ovviamente, affinché questa identificazione sia significativa, è necessario che l'evoluzione secondo la catena di Markov definita dalla partizione B_i riproduca la dinamica del sistema originario. Più precisamente, possiamo domandarci se la distribuzione stazionaria π_i soluzione di $\pi = \pi \cdot \mathbb{W}$ abbia qualche relazione con densità invariante $\rho(x)$ soluzione della (7.10).

La risposta rigorosa a questa domanda è possibile in alcuni casi. In particolare, se la mappa è *espandente* ($|df(x)/dx| > 1$ per ogni $x \in \Omega$) allora la π_i converge alla densità invariante $\rho(x)$ nel senso che per $N \to \infty$

$$\pi_i \to \int_{B_i} \rho(x)dx.$$

Vi è un'intera classe di mappe, caratterizzate da essere espandenti, lineari a tratti e di partizioni dette di Markov[3] per le quali la catena di Markov definita dalla (7.18) genera esattamente la densità invariante anche per N finito. In questo caso la rappresentazione simbolica del sistema dinamico avviene effettivamente a grana grossa.

Un esempio di questa classe è ancora fornito dalla mappa a tenda (7.3). Consideriamo ad esempio la partizione a $N = 2$ $B_1 = [0, 1/2]$ e $B_2 = [1/2, 1)$ (Fig. 7.6). Dalla (7.18) abbiamo ovviamente

$$\mathbb{W} = \begin{pmatrix} 1/2 & 1/2 \\ 1/2 & 1/2 \end{pmatrix}$$

che porta alla distribuzione stazionaria $\pi_1 = \pi_2 = 1/2$ e pertanto $\pi_i = \mu(B_i)$, ovvero $\rho(x) = 1$ (si veda anche l'esercizio 7.4).

7.4 Trasporto e diffusione nei fluidi

Un esempio importante a cavallo tra la i sistemi dinamici ed i processi stocastici è dato dal trasporto nei fluidi, problema che trova applicazioni in diversi campi dallo studio della dispersione in atmosfera ed in oceano, al mescolamento efficace nelle soluzioni.

Un possibile approccio al problema è quello *Lagrangiano* in cui si seguono le traiettorie di particelle di tracciante (ad esempio particelle di aerosol in atmosfera o microorganismi nel mare) trasportate dal campo di velocità $\mathbf{u}(\mathbf{x}, t)$. L'ipotesi fondamentale è che queste particelle siano *passive*, e cioè che il loro moto non modifichi il flusso sottostante. Una seconda ipotesi che assumeremo, e che vale nel limite di particelle molto piccole, è che la traiettoria segua gli elementi di fluido, cioè che le particelle si muovano con la velocità locale del fluido (cosa non vera per particelle di taglia finita per le quali bisogna tenere conto di effetti dovuti all'inerzia). Considereremo altresì il caso, rilevante nella maggior parte delle applicazioni, di flusso incomprimibile per il quale $\nabla \cdot \mathbf{u} = 0$. Tenendo conto del rumore termico presente nel fluido, la traiettoria $\mathbf{X}(t)$ di una particella trasportata dal campo di velocità è

---

[3] Una partizione B_i è di Markov quando $f(B_i) \cap B_j \neq 0$ se e solo se $B_j \subset f(B_i)$.

descritta da una equazione differenziale stocastica (6.40) della forma

$$d\mathbf{X}(t) = \mathbf{u}(\mathbf{X}(t),t)dt + \sqrt{2D}\,d\mathbf{W}(t) \tag{7.19}$$

dove D rappresenta il coefficiente di diffusione molecolare.

Un approccio alternativo al problema è quello detto *Euleriano* in cui si segue l'evoluzione della densità $\theta(\mathbf{x},t)$ di tracciante in ogni punto dello spazio. A parte un fattore di normalizzazione, $\theta(\mathbf{x},t)$ rappresenta la probabilità di trovare una particella nel punto $\mathbf{x}$ al tempo t e pertanto l'equazione per l'evoluzione della densità è data dall'equazione di Fokker-Planck associata alla (7.19)

$$\partial_t \theta + \mathbf{u} \cdot \nabla \theta = D\nabla^2 \theta. \tag{7.20}$$

In molte applicazioni il coefficiente di diffusione D è estremamente piccolo e pertanto possiamo trascurare l'ultimo termine nella (7.19) che diventa così una equazione differenziale ordinaria

$$\frac{d\mathbf{X}}{dt} = \mathbf{u}(\mathbf{X}(t),t)$$

che definisce formalmente un sistema deterministico che può generare traiettorie caotiche anche in campi di velocità relativamente semplici. Un esempio molto famoso è quello del flusso stazionario detto *ABC* (dalle iniziali di Arnold, Beltrami e Childress) dato da

$$\mathbf{u}(\mathbf{x}) = (A\sin z + C\cos y, B\sin x + A\cos z, C\sin y + B\cos x)$$

proposto da Arnold nel 1965 come flusso che genera traiettorie caotiche studiate numericamente da Henon nel 1966.

In presenza di traiettorie caotiche diventa naturale, seguendo il ragionamento descritto in questo capitolo, trattare il problema della diffusione nei fluidi in termini probabilistici. La stocasticità, rimossa a piccola scala assumendo $D = 0$ rientra, per così dire, dalla porta con la descrizione probabilistica della diffusione a grande scala. Consideriamo infatti lo spostamento quadratico medio di un insieme di particelle che partano da $\mathbf{X}(0) = 0$. Avremo

$$\frac{d}{dt}\langle X^2(t)\rangle = 2\langle \mathbf{X}(t) \cdot \mathbf{V}(t)\rangle = 2\int_0^t \langle \mathbf{V}(s) \cdot \mathbf{V}(t)\rangle ds = 2\int_0^t C(s)ds \tag{7.21}$$

dove abbiamo introdotto, per semplicità di notazione, la velocità Lagrangiana $\mathbf{V}(t) = \mathbf{u}(\mathbf{X}(t),t)$ e la funzione di autocorrelazione della velocità $C(t) = \langle \mathbf{V}(0) \cdot \mathbf{V}(t)\rangle$. Essa definisce il tempo Lagrangiano di correlazione

$$\tau_L = \frac{1}{\langle V^2 \rangle} \int_0^\infty C(t)dt$$

che dà una misura della memoria della dinamica Lagrangiana. Per $t \ll \tau_L$ la funzione di correlazione nella (7.21) vale approssimativamente $\langle V^2 \rangle$ e la particella si muove di moto balistico con $\langle X^2(t)\rangle = \langle V^2 \rangle t^2$.

Se l'autocorrelazione decade sufficientemente in fretta da rendere finito il tempo Lagrangiano τ_L, per $t \gg \tau_L$ l'integrale nella (7.21) converge a pertanto per tempi lunghi avremo

$$\langle X^2(t) \rangle = 2 \langle V^2 \rangle \tau_L t \tag{7.22}$$

ovvero un moto diffusivo con coefficiente di diffusione $D = \langle V^2 \rangle \tau_L$ (risultato dovuto a Taylor nel 1921).

Notiamo l'analogia tra il risultato (7.22) e la derivazione di Langevin del Capitolo 4.3. In effetti l'ingrediente fondamentale per avere un moto asintotico di tipo diffusivo è la finitezza delle correlazioni temporali della velocità Lagrangiana, indipendentemente dal fatto se la decorrelazione sia dovuta ad un processo stocastico o ad un processo deterministico caotico. Vedremo infatti nel Capitolo 8 che se il tempo di correlazione Lagrangiano τ_L diverge abbiamo un comportamento anomalo super-diffusivo.

In termini Euleriani l'argomento descritto sopra si riflette nel fatto che per tempi sufficientemente lunghi la (7.20) possa essere riscritta come una equazione di diffusione

$$\partial_t \theta = D^E_{ij} \partial_{x_i} \partial_{x_j} \theta$$

dove il tensore di diffusione effettiva $D^E_{ij} = \lim_{t \to \infty} \frac{1}{2t} \langle X_i(t) X_j(t) \rangle$ parametrizza gli effetti di trasporto ed è tipicamente molto più grande del coefficiente molecolare. Il problema diventa quindi quello del calcolo di D^E_{ij} a partire dal campo di velocità $\mathbf{u}(\mathbf{x}, t)$, compito in generale molto difficile che può essere svolto esplicitamente nel caso di flussi semplici.

Come esempio consideriamo il problema del trasporto in una schiera di vortici alternati di ampiezza L, un flusso detto *cellulare* e rappresentato schematicamente in Fig. 7.7 e descritto dalla funzione di corrente

$$\psi(x, y) = \psi_0 \sin(kx) \sin(ky)$$

con $k = 2\pi/L$, dalla quale il campo di velocità incompressibile risulta $\mathbf{u}(x, y) = (\partial_y \psi, -\partial_x \psi) = (k\psi_0 \sin(kx) \cos(ky), -k\psi_0 \cos(kx) \sin(ky))$.

Questo particolare flusso è suggerito dallo studio di problemi di convezione, in una configurazione particolare (detta di *Rayleigh-Benard*) in cui si scalda dal basso un sottile strato di fluido compreso tra due piani. Per differenze di temperature sufficientemente basse il fluido rimane immobile e la diffusione molecolare trasporta il calore dal piano inferiore a quello superiore. Aumentando la differenza di temperatura, si osserva ad un certo punto una instabilità (studiata da Lord Rayleigh nel 1916) e nascono dei moti convettivi ordinati in cui zone di fluido caldo ascendente sono alternate a zone di fluido freddo discendente con il pattern riprodotto in Fig. 7.7.

A parte le motivazioni fisiche, il flusso cellulare è divenuto un prototipo nello studio del trasporto nei fluidi in quanto presenta delle *barriere* al trasporto date dalle separatrici tra i vortici. È infatti evidente che in assenza di diffusione molecolare ($D = 0$), ogni traiettoria resta intrappolata nel vortice di partenza e il trasporto orizzontale è nullo. La situazione cambia drasticamente se consideriamo invece $D > 0$. Consideriamo un tempo tipico di rotazione di una traiettoria, dato da $\tau \sim L/u_0$ (con

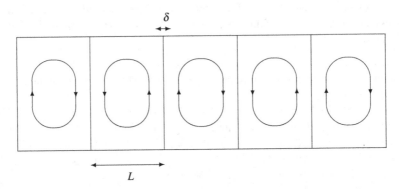

Fig. 7.7 Flusso cellulare. L è la dimensione dei vortici, δ lo spessore dello strato limite diffusivo

$u_0 = k\psi_0$ la velocità tipica del vortice). Durante questo tempo la diffusione molecolare farà diffondere le traiettorie su una lunghezza $\delta \sim \sqrt{D\tau}$, pertanto solo le particelle ad una distanza minore di δ dalla barriera potranno cambiare cella. Queste particelle verranno poi trasportate dalla velocità attraverso la cella e pertanto avranno un "coefficiente di diffusione" di ordine L^2/τ. Siccome in un fluido incompressibile la densità di particelle è uniforme, la frazione che parteciperà al processo sarà data semplicemente da L/δ ed in definitiva il coefficiente di diffusione efficace sarà

$$D^E \sim \frac{\delta}{L}L^2\tau \sim \sqrt{DLu_0}$$

ovvero è proporzionale alla radice della diffusività molecolare ed è tipicamente molto maggiore di D. Questo risultato, che può essere reso rigoroso per mezzo di una matematica meno elementare, è stato anche confermato da una serie di esperimenti di laboratorio e mostra come l'effetto combinato della parte deterministica (velocità del vortice) e di quella aleatoria (rumore termico) può portare ad un risultato non banale.

7.5 Ergodicità, meccanica statistica e probabilità

Concludiamo questo capitolo con una discussione sul ruolo dell'ergodicità per la meccanica statistica e la probabilità.

7.5.1 Ipotesi ergodica e fondamenti della meccanica statistica

I sistemi macroscopici sono composti da un numero molto elevato (dell'ordine del numero di Avogadro) di particelle; questo fatto comporta la necessità pratica di una descrizione statistica, in termini di "insiemi statistici", vale a dire utilizzando distribuzioni di probabilità nello spazio delle fasi.

Se $\mathbf{q}_i$ e $\mathbf{p}_i$ indicano, rispettivamente, il vettore posizione e impulso della i-ma particella, lo stato di un sistema di N particelle è rappresentato, al tempo t, da un vettore $\mathbf{X}(t) \equiv (\mathbf{q}_1(t), \ldots, \mathbf{q}_N(t), \mathbf{p}_1(t), \ldots, \mathbf{p}_N(t))$ in uno spazio di dimensione $6N$, detto spazio delle fasi. Le osservabili del sistema sono rappresentate da funzioni, $A(\mathbf{X})$, definite nello spazio delle fasi. Supponiamo che la Hamiltoniana non dipenda esplicitamente dal tempo, allora l'energia è una quantità conservata durante il moto, il quale quindi si sviluppa su una ipersuperficie ad energia fissata. Indicando con $V(\{\mathbf{q}_j\})$ il potenziale di interazione tra le particelle, la funzione Hamiltoniana si scrive

$$H = \sum_{i=1}^{N} \frac{\mathbf{p}_i^2}{2m} + V(\{\mathbf{q}_j\}),$$

e le equazioni di evoluzione sono:

$$\frac{d\mathbf{q}_i}{dt} = \frac{\partial H}{\partial \mathbf{p}_i} = \frac{\mathbf{p}_i}{m} \; , \; \frac{d\mathbf{p}_i}{dt} = -\frac{\partial H}{\partial \mathbf{q}_i} = -\frac{\partial V}{\partial \mathbf{q}_i} \tag{7.23}$$

con $i = 1, \ldots, N$.

È fondamentale notare che la scala dei tempi macroscopici, quelli di osservazione del sistema, è molto più grande della scala dei tempi della dinamica microscopica (7.23), quelli che dettano la rapidità dei cambiamenti a livello molecolare. Ciò significa che un dato sperimentale è in realtà il risultato di un'unica osservazione durante la quale il sistema passa attraverso un grandissimo numero di stati microscopici diversi. Se il dato si riferisce all'osservabile $A(\mathbf{X})$, esso va quindi confrontato con una media eseguita lungo l'evoluzione del sistema e calcolata su tempi molto lunghi (dal punto di vista microscopico):

$$\overline{A}(t_0, T) = \frac{1}{T} \int_{t_0}^{t_0+T} A(\mathbf{X}(t))\mathrm{d}t \, . \tag{7.24}$$

Il calcolo della media temporale $\overline{A}$ richiede, in linea di principio, sia la conoscenza dello stato microscopico completo del sistema in un certo istante, sia la determinazione della corrispondente traiettoria nello spazio delle fasi. La richiesta è evidentemente impossibile quindi, se $\overline{A}$ dipendesse in maniera molto forte dallo stato iniziale del sistema, non si potrebbero neanche fare previsioni di tipo statistico, anche trascurando la difficoltà di trovare la soluzione del sistema (7.23). L'ipotesi ergodica permette di superare questo ostacolo. Essa sostanzialmente afferma che ogni ipersuperficie di energia fissata è completamente accessibile a qualunque moto con la data energia; ovvero: una ipersuperficie di energia costante non può essere suddivisa in regioni (misurabili) contenenti ognuna moti completi, cioè invarianti per evoluzione temporale (se questa condizione è soddisfatta la ipersuperficie si dice *metricamente non decomponibile* o *metricamente transitiva*). Inoltre, per ogni traiettoria il tempo medio di permanenza in una certa regione è proporzionale al volume della regione. Se le condizioni precedenti, che costituiscono appunto il nucleo dell'ipotesi ergodica, sono soddisfatte, segue che, se T è sufficientemente grande, la media in (7.24) dipende solo dall'energia del sistema ed assume quindi lo stesso valore su tutte le evoluzioni con uguale energia; inoltre, questo valore comune è calcolabile eseguendo una media di $A(\mathbf{X})$ in cui tutti (e solamente) gli stati con la fissata energia contribuiscono con uguale peso. La densità di probabilità uniforme sulla superficie con energia fissata definisce la misura microcanonica; indicando tale densità con $P_{mc}(\mathbf{X})$, l'ipotesi ergodica permette di scrivere:

$$\overline{A} \equiv \lim_{T \to \infty} \frac{1}{T} \int_{t_0}^{t_0+T} A(\mathbf{X}(t))\mathrm{d}t = \int A(\mathbf{X})P_{mc}(\mathbf{X})\mathrm{d}\mathbf{X} \equiv \langle A \rangle . \qquad (7.25)$$

Va sottolineato che la validità della precedente equazione ci libera contemporaneamente dalla necessità di determinare uno stato (iniziale) del sistema e di risolvere le equazioni del moto. La validità (o meno) della (7.25), cioè la possibilità di sostituire la media nel tempo con una media nello spazio delle fasi, costituisce il problema ergodico.

Poiché un sistema isolato risulta descrivibile mediante l'insieme microcanonico a partire dal quale, se $N \gg 1$ è possibile ricavare il canonico, vedi Capitolo 2, la dimostrazione della (7.25) può essere ritenuta la legittimazione dinamica dell'introduzione degli insiemi statistici.

7.5.2 Il problema ergodico e la meccanica analitica

Per quanto sopra esposto, a proposito della non decomponibilità metrica della superficie di energia costante, risulta chiaro il legame tra lo studio della validità della (7.25) e la ricerca dell'esistenza di costanti del moto, diverse dall'energia. Infatti, se esistessero integrali primi oltre all'energia il sistema risulterebbe sicuramente non ergodico in quanto non metricamente transitivo: scegliendo come osservabile A uno degli integrali primi si avrebbe $\overline{A} = A(\mathbf{X}(0))$, che dipende dalla condizione iniziale $\mathbf{X}(0)$ ed è quindi generalmente diverso da $\langle A \rangle$.

Data una Hamiltoniana $H(\mathbf{q}, \mathbf{p})$, con $\mathbf{q}, \mathbf{p} \in \mathbb{R}^N$, se esiste una trasformazione canonica che fa passare dalle variabili $(\mathbf{q}, \mathbf{p})$ alle variabili azione-angolo $(\mathbf{I}, \phi)$, in modo tale che l'Hamiltoniana dipenda solo dalle azioni $\mathbf{I}$:

$$H = H_0(\mathbf{I}), \qquad (7.26)$$

allora il sistema è detto integrabile. In questo caso l'evoluzione temporale del sistema è semplice da scrivere:

$$\begin{cases} I_i(t) = I_i(0) \\ \phi_i(t) = \phi_i(0) + \omega_i(\mathbf{I}(0))t \, , \end{cases}$$

dove $\omega_i = \partial H_0/\partial I_i$ e $i = 1, \ldots, N$. Notiamo che in un sistema integrabile si hanno N integrali del moto indipendenti, in quanto tutte le azioni I_i si conservano, e i moti si sviluppano su tori N-dimensionali. Un importante esempio di sistema integrabile è fornito dal Sistema Solare, qualora si trascurino le interazioni tra i pianeti: in questo limite ci si riconduce al problema a due corpi (Sole-pianeta) per il quale è facile dimostrare l'integrabilità.

È naturale porsi il problema dell'effetto di una perturbazione alla (7.26), cioè studiare l'Hamiltoniana

$$H(\mathbf{I}, \phi) = H_0(\mathbf{I}) + \varepsilon H_1(\mathbf{I}, \phi). \qquad (7.27)$$

Nel caso del Sistema Solare ciò significherebbe tener conto delle interazioni tra i pianeti e si avrebbe $\varepsilon \sim 10^{-3}$, che è il rapporto tra la massa di Giove (il maggiore dei pianeti) e il Sole. Le traiettorie del sistema perturbato (7.27) risultano "vicine" a quelle del sistema integrabile (7.26)? E l'introduzione del termine $\varepsilon H_1(\mathbf{I}, \phi)$ permette ancora l'esistenza di integrali del moto in aggiunta all'energia?

Queste domande sono di ovvio interesse per la meccanica celeste, ed anche per il problema ergodico. Notiamo che in meccanica statistica e in meccanica celeste si hanno desideri opposti: in meccanica statistica si vorrebbero comportamenti dinamici "irregolari", in modo da giustificare l'ipotesi ergodica; al contrario, in meccanica celeste sono auspicati comportamenti "regolari", in modo che siano possibili previsioni accurate.

In un importantissimo lavoro del 1890 Poincaré ha dimostrato che, in generale, un sistema del tipo (7.27), con $\varepsilon \neq 0$, non ammette integrali primi analitici oltre all'energia. Un tale risultato sembra essere molto negativo per quanto concerne la meccanica celeste; vedremo tuttavia che questa conclusione non è affatto scontata. Nel 1923 Fermi generalizza il teorema di Poincaré, dimostrando che in un generico sistema Hamiltoniano con $N > 2$ non esiste nessuna superficie di dimensione $2N - 2$ invariante rispetto all'evoluzione temporale, che sia analitica in $\mathbf{I}$, ϕ e ε.

Da questi risultati Fermi argomentò che i sistemi Hamiltoniani in generale (cioè a parte i casi integrabili, che sono da considerarsi atipici) sono ergodici, non appena $\varepsilon \neq 0$; questa conclusione (rivelatasi poi errata) venne sostanzialmente accettata da tutti (almeno nella comunità dei fisici).

7.5.3 Un risultato inaspettato

Dopo la guerra Fermi riconsiderò il problema dell'ergodicità nel lavoro *Studies of non linear problems*, frutto di una collaborazione con Pasta e Ulam[4]. Seguendo la consuetudine ci riferiremo a questo lavoro utilizzando la sigla FPU.

Nel FPU venne studiata l'evoluzione di una catena di $N + 2$ particelle uguali, di massa m, connesse da molle non lineari con Hamiltoniana

$$H = \sum_{i=0}^{N} \left[\frac{p_i^2}{2m} + \frac{K}{2} \left(q_{i+1} - q_i \right)^2 + \frac{\varepsilon}{r} \left(q_{i+1} - q_i \right)^r \right]$$

---

[4] L'articolo, scritto come nota interna dei laboratori di Los Alamos, fu completato nel maggio 1955, dopo la morte di Fermi, ma apparve per la prima volta solo nel 1965, come contributo N° 266 a *Note e Memorie*, raccolta di scritti di Fermi pubblicata dall'Accademia dei Lincei e dall'Università di Chicago.

con $q_0 = q_{N+1} = p_0 = p_{N+1} = 0$ e $r = 3$ oppure $r = 4$. Per $\varepsilon = 0$ il sistema è integrabile, in quanto equivalente a N oscillatori armonici indipendenti. Infatti, introducendo i modi normali:

$$a_k = \sqrt{\frac{2}{N+1}} \sum_i q_i \sin \frac{ik\pi}{N+1} \qquad (k = 1, \dots, N),$$

si hanno N oscillatori armonici non interagenti, con frequenze angolari

$$\omega_k = 2\sqrt{\frac{K}{m}} \sin \frac{k\pi}{2(N+1)} \,.$$

In questo caso le energie dei modi normali

$$E_k = \frac{1}{2} \left(\dot{a}_k^2 + \omega_k^2 a_k^2 \right)$$

sono costanti del moto, proporzionali alle variabili di azione $E_k = \omega_k I_k$.

Quando si considerano piccoli valori di ε non è difficile calcolare tutte le quantità termodinamicamente rilevanti nell'ambito della meccanica statistica, cioè mediando su un insieme statistico (ad esempio il microcanonico o il canonico). In particolare, si ha

$$\langle E_k \rangle \simeq \frac{E_{TOT}}{N} \,, \tag{7.28}$$

per $\varepsilon = 0$ si ha l'uguaglianza esatta (legge di equipartizione dell'energia). Bisogna notare che la (7.28) è valida per $\varepsilon = 0$ oppure piccolo; tuttavia, per sperare che $\overline{E_k}$ (i.e. la media calcolata lungo la traiettoria) coincida con $\langle E_k \rangle$, ε deve essere necessariamente diverso da zero, in modo da fare interagire tra loro i modi normali, sicché possano essere "dimenticate" le condizioni iniziali.

Che cosa succede se si sceglie una configurazione iniziale in cui l'energia è concentrata su pochi modi normali, per es. $E_1(0) \neq 0$ e $E_k(0) = 0$ per $k = 2, \dots, N$? Prima del lavoro FPU praticamente tutti si sarebbero aspettati (sulla base della precedente discussione sul teorema di Poincaré e la sua estensione dovuta a Fermi) che il primo modo normale avrebbe ceduto progressivamente energia agli altri e che, dopo un certo tempo di rilassamento, ogni $E_k(t)$ avrebbe fluttuato intorno al comune valor medio, dato dalla (7.28). Probabilmente Fermi era interessato ad una simulazione numerica, non tanto per controllare la sua "dimostrazione" dell'ipotesi ergodica, quanto per indagare sui tempi di termalizzazione, cioè sul tempo necessario al sistema per passare da una situazione fuori dall'equilibrio statistico (tutta l'energia concentrata su un solo modo) alla situazione di equipartizione, aspettata sulla base della meccanica statistica. Contrariamente a quanto ci si attendeva nel FPU non venne trovata nessuna tendenza verso l'equipartizione, anche dopo tempi molto lunghi. In altri termini quel che si vide effettivamente fu una violazione dell'ergodicità. L'andamento, in funzione del tempo, della quantità E_k/E_{TOT}, per vari k non mostra una perdita di memoria della condizione iniziale, al contrario dopo un certo tempo (lungo) il sistema ritorna praticamente nello stato iniziale.

I risultati ottenuti nel FPU sono decisamente contrari a quanto era atteso e lo stesso Fermi, a quanto scrive Ulam, ne rimase sorpreso ed espresse l'opinione che si era di fronte a un'importante scoperta che mostrava, in modo inequivocabile, come i convincimenti prevalenti, sulla genericità delle proprietà di mescolamento e termalizzazione nei sistemi non lineari, potessero non essere sempre giustificati.

7.5.4 Teoremi e simulazioni

La "soluzione" del problema, che costituisce un capitolo importante della fisica-matematica moderna, era (paradossalmente) già stata trovata un anno prima della stesura della nota di Los Alamos (all'insaputa degli autori del FPU), da Kolmogorov che nel 1954 enunciò (senza presentare una prova dettagliata, ma con l'idea di fondo chiaramente espressa) un importante teorema, la cui dimostrazione venne in seguito completata da Arnold e Moser. Il teorema, ora noto con la sigla KAM, si può enunciare come segue:

Data una Hamiltoniana $H(\mathbf{I}, \phi) = H_0(\mathbf{I}) + \varepsilon H_1(\mathbf{I}, \phi)$, con $H_0(\mathbf{I})$ sufficientemente regolare e inoltre $\det |\partial^2 H_0(\mathbf{I})/\partial I_i \partial I_j| \neq 0$, se ε è piccolo allora sulla superficie di energia costante sopravvivono dei tori invarianti (che sono detti tori KAM e che risultano una piccola deformazione di quelli presenti per $\varepsilon = 0$) in un insieme la cui misura tende a 1 quando $\varepsilon \to 0$.

Il teorema KAM potrebbe sembrare intuitivo, se non si conoscessero i teoremi sulla non esistenza di integrali primi non banali. Al contrario l'esistenza dei tori KAM risulta un fatto molto delicato e altamente controintuitivo. Si ha infatti che per ogni valore di ε (anche piccolo) alcuni tori del sistema imperturbato, quelli detti risonanti, sono distrutti, e ciò impedisce l'esistenza di integrali del moto analitici. Nonostante ciò, quando ε è piccolo, la maggior parte dei tori, leggermente deformati, sopravvive; quindi il sistema perturbato (per condizioni iniziali "non patologiche") ha un comportamento non molto dissimile da quello integrabile.

Dopo l'FPU c'è stata una lunga serie di lavori (principalmente numerici) che hanno approfondito il problema al variare ε, per cercare di conciliare il teorema KAM con l'intuizione della meccanica statistica. Per un fissato numero di particelle N si ha sostanzialmente il seguente scenario: ad una data densità di energia $\mathscr{E} = E/N$ esiste una soglia ε_c per la intensità della perturbazione tale che

a) se $\varepsilon < \varepsilon_c$ i tori KAM sono preponderanti e il sistema non equipartisce;
b) se $\varepsilon > \varepsilon_c$ i tori KAM hanno rilevanza trascurabile, il sistema equipartisce e si ha accordo con l'usuale meccanica statistica.

È facile convincersi che se, con maggiore attinenza alle situazioni fisiche, si fissa il valore della perturbazione ε, la densità di energia assume il ruolo di parametro di controllo ed esiste un valore di soglia $\mathscr{E}_c$ che separa il comportamento regolare da quello caotico.

Anche dopo oltre mezzo secolo dal FPU la comprensione della rilevanza del KAM, e più in generale del caos, per la meccanica statistica presenta ancora aspetti non completamente risolti, in particolare da un punto di vista fisico si pongono diversi problemi, ad esempio:

a) la dipendenza di ε_c da N (a $\mathscr{E}$ fissato) oppure, equivalentemente, qual è la dipendenza di $\mathscr{E}_c$ da N (a ε fissato);
b) quali sono i tempi caratteristici del processo di equipartizione.

7.5.5 L'ergodicità è veramente necessaria?

Esiste una scuola di pensiero (che ha tra i suoi maggiori esponenti Khinchin e Landau) che considera tutta la problematica sull'ergodicità sostanzialmente irrilevante nel contesto della meccanica statistica, in quanto l'ipotesi ergodica sarebbe di fatto non necessaria per giustificare l'equazione (7.25) per osservabili fisicamente rilevanti. Questo punto di vista si basa sui fatti seguenti:

a) nei sistemi che interessano la meccanica statistica il numero di gradi di libertà è molto grande;
b) la questione interessante per la meccanica statistica è la validità della (7.25) non per un'osservabile qualunque, bensì per le poche grandezze rilevanti per la termodinamica;
c) è fisicamente accettabile ammettere che l'ergodicità non valga in una regione "piccola" dello spazio delle fasi.

Le conclusioni ottenute da Khinchin sono riassunte nel seguente risultato[5]:
Se l'osservabile A è esprimibile come somma di N componenti, dipendenti ognuna dalle variabili di una sola particella

$$A = \sum_{i=1}^{N} f(\mathbf{q}_i, \mathbf{p}_i)$$

allora per sistemi con Hamiltoniana della forma

$$H = \sum_{n=1}^{N} H_n(\mathbf{q}_n, \mathbf{p}_n)$$

si ha

$$P\left(\frac{|\overline{A} - \langle A \rangle|}{|\langle A \rangle|} \geq C_1 N^{-1/4}\right) \leq C_2 N^{-1/4},$$

ove C_1 e C_2 sono costanti $O(1)$. Abbiamo quindi che la misura relativa (ovvero la probabilità rispetto alla densità di probabilità microcanonica P_{mc}) dei punti, sulla

---

[5] Il risultato di Khinchin è stato originariamente provato per sistemi di particelle non interagenti, ed esteso da Mazur e van der Linden a sistemi di particelle interagenti con potenziali a corto range.

ipersuperficie di energia fissata, per i quali $\overline{A}$ è significativamente diverso da $\langle A \rangle$ è una quantità piccola dell'ordine di $N^{-1/4}$.

Possiamo dire che, nel limite $N \to \infty$ la (7.25) è valida (tranne che in una regione dello spazio delle fasi, che è sempre più piccola all'aumentare di N) per una classe interessante di funzioni; e questo indipendentemente dai dettagli della dinamica.

Ricapitolando: i risultati di Khinchin (Mazur e van der Linden) suggeriscono che, per la meccanica statistica, la dinamica ha un ruolo marginale mentre l'ingrediente fondamentale è il fatto che $N \gg 1$.

7.6 Osservazioni finali su caos, ergodicità ed insiemi statistici

Riassumiamo i principali aspetti concettuali di questo capitolo.

Cominciamo con il sottolineare che la (ri)scoperta del caos deterministico, cioè la possibilità di avere una sensibile dipendenza dalle condizione iniziale, con comportamenti aperiodici apparentemente irregolari, anche in sistemi deterministici a bassa dimensionalità, ha permesso di ridiconsiderare alcune idee di fondo sulla reale rilevanza del determinismo e la descrizione statistica dei sistemi.

A livello più specifico notiamo che l'ergodicità, pur con tutti i caveat a cui abbiamo accennato, permette di introdurre in modo molto naturale la probabilità nel contesto dei sistemi deterministici. In particolare, poiché l'ergodicità è equivalente ad assumere che diverse traiettorie abbiano le stesse proprietà asintotiche, abbiamo un modo non ambiguo per interpretare la probabilità in termini frequentistici. Assumendo l'ergodicità la probabilità di un evento (definita attraverso la sua frequenza asintotica) è una proprietà oggettiva, e misurabile, da una traiettoria.

Insistiamo sul fatto che stiamo parlando di un *unico* sistema (anche se ha tanti gradi di libertà), e non di un insieme di sistemi identici.

A noi sembra naturale, adottando il punto di vista di Boltzmann, ritenere che l'unico approccio statistico fisicamente ben fondato (a livello concettuale) sia quello in termini di medie ottenute seguendo l'evoluzione temporale del sistema. Notare che questo è quello che è esplicitamente effettuato nelle simulazioni numeriche (sia con il metodo Monte Carlo, che con la dinamica molecolare) ed anche negli esperimenti. In questo modo di vedere il problema l'introduzione degli insiemi statistici non ha niente di innaturale e misterioso[6], un insieme statistico non è altro che una densità di probabilità nello spazio delle fasi, ed è introdotto solo per una questione pratica. Le medie temporali, che sono le sole fisicamente ben fondate, sono equivalenti alle medie rispetto ad una certa densità di probabilità nello spazio delle fasi, e questo permette di effettuare esplicitamente il calcolo, o almeno facilita il compito.

L'insieme microcanonico, in cui l'energia ed il numero di particelle sono fissati, ha una status particolare: la densità microcanonica è invariante rispetto all'evolu-

---

[6] In alcuni libri di meccanica statistica si possono trovare frasi oscure del tipo *Un insieme statistico è una collezione di sistemi identici*. Non è difficile convincersi, ad esempio dal libro di Gibbs *Elementary principles in statistical mechanics*, che *una collezione di sistemi identici* è solo un modo per indicare la densità di probabilità.

zione data dalle equazioni di Hamilton ed è strettamente legata all'ipotesi ergodica. Il canonico, ove il numero di particelle è fissato, è ottenuto con un procedimento di marginalizzazione a partire dal microcanonico, in questo modo si hanno fluttuazioni di energia (percentualmente piccole nel limite $N \gg 1$). Analogamente il grancanonico, in cui il numero di particelle non è fissato, può essere ottenuto con un procedimento di marginalizzazione a partire dal canonico, ottenendo fluttuazioni (asintoticamente trascurabili) sia per l'energia che per il numero di particelle.

Ci sono situazioni in cui anche i sistemi macroscopici non sono ergodici (neanche in forma debole). Queste situazioni sono molto importanti (citiamo l'esempio dei vetri) e molto difficili da trattare.

Concludiamo dicendo che non tutti condividono il modo sopra descritto di introdurre gli insiemi statistici, si veda il Capitolo 9 per una breve discussione su un punto di vista completamente diverso.

Esercizi

7.1. Si mostri che la mappa

$$x_{t+1} = x_t + \omega \ mod \ 1$$

è ergodica rispetto alla densità di probabilità uniforme in $[0,1]$ se ω è irrazionale, mentre non è ergodica se ω è razionale.

7.2. Si mostri che la mappa

$$x_{t+1} = \begin{cases} x_t + 3/4 \ se \ 0 \leq x_t < 1/4 \\ x_t + 1/4 \ se \ 1/4 \leq x_t < 1/2 \\ x_t - 1/4 \ se \ 1/2 \leq x_t < 3/4 \\ x_t - 3/4 \ se \ 3/4 \leq x_t < 1 \end{cases}$$

non è ergodica rispetto alla densità di probabilità uniforme in $[0, 1]$ che è invariante rispetto alla dinamica.
Suggerimento: notare che esiste un insieme invariante rispetto alla dinamica.

7.3. Si consideri la mappa

$$x_{t+1} = \begin{cases} x_t/p \ se \ 0 \leq x_t < p \\ (1-x_t)/(1-p) \ se \ p \leq x_t < 1. \end{cases}$$

a) mostrare che la densità di probabilità invariante è costante in $[0, 1]$;
b) studiare numericamente l'evoluzione temporale della densità di probabilità partendo da

$$\rho_o(x) = \begin{cases} 1/\Delta \ se \ x \in [x_0, x_0 + \Delta] \\ 0 \ \ altrimenti. \end{cases}$$

Considerare varie scelte di x_0 e Δ e confrontare i risultati con la densità limite $\rho_{inv}(x) = 1$.

7.4. Si consideri la mappa

$$x_{t+1} = \begin{cases} 2x_t & se\ 0 \le x_t < 1/2 \\ x_t - 1/2 & se\ 1/2 \le x_t < 1 \end{cases}$$

e la partizione di Markov $A_0 = [0, 1/2]$ e $A_1 = [1/2, 1]$. Calcolare la densità di probabilità invariante usando l'operatore di Perron- Frobenius e controllare che si ha lo stesso risultato dalla catena di Markov associata alla partizione (A_0, A_1).

7.5. Si studi numericamente l'evoluzione temporale della densità di probabilità della mappa logistica

$$x_{t+1} = 4x_t(1 - x_t)$$

partendo dalla densità iniziale

$$\rho_o(x) = \begin{cases} 1/\Delta & se\ x \in [x_0, x_0 + \Delta] \\ 0 & altrimenti. \end{cases}$$

Considerare varie scelte di x_0 e Δ e confrontare i risultati con la densità limite $\rho_{inv}(x) = 1/\pi\sqrt{x(1-x)}$.

Letture consigliate

Per un'introduzione semplice al caos deterministico:

A. Vulpiani, *Determinismo e Caos* (Nuova Italia Scientifica, 1994; Carocci, 2004).
A. Lasota, M.C. Mackey, *Probabilistic Properties of Deterministic Systems* (Cambridge University Press, 1985).

Per un'introduzione alla diffusione:

G. Boffetta, G. Lacorata, A. Vulpiani, "Introduction to chaos and diffusion", in *Chaos in geophysical flows*, G. Boffetta, G. Lacorata, G. Visconti, A. Vulpiani (eds.) pagina 5 (Otto Eds., 2003)
(http://arxiv.org/abs/nlin/0411023).

Per un discussione generale su caos ed ergodicità i meccanica statistica:

P. Castiglione, M. Falcioni, A. Lesne, A. Vulpiani, *Chaos and Coarse Graining in Statistical Mechanics* (Cambridge University Press, 2008).

Un bel libro su aspetti concettuali in meccanica statistica, probabilità e caos:
G.G. Emch, C. Liu, *The Logic of Thermostatistical Physics* (Springer, 2001).

Un recente volume collettivo sul FPU:

G. Gallavotti, *The Fermi-Pasta-Ulam problem* Springer, Lecture Notes in Physics vol. **728** (2008); in particolare il dettagliato contributo A.J. Lichtenberg, R. Livi, M. Pettini and Ruffo, "Dynamics of oscillator chains".

Per i sistemi vetrosi:

M. Mezard, G. Parisi, M. Virasoro, *Spin Glass Theory and Beyond* (World Scientific, 1987).

Oltre la distribuzione Gaussiana

Nel Capitolo 3 abbiamo discusso in dettaglio come il Teorema del Limite Centrale (TLC) valga sotto ipotesi molto generali e quindi la distribuzione di probabilità gaussiana (e le distribuzioni ad essa strettamente imparentate come la lognormale) è presente in molti contesti (per esempio in molti problemi di fisica, chimica, geologia). Questo non deve comunque indurre il lettore ad indebite estrapolazioni concludendo che non ci siano altre distribuzioni di probabilità che appaiono in modo non artificiale in problemi di interesse fisico. Nella prima parte di questo capitolo discuteremo un'importante generalizzazione del TLC per variabili con varianza infinita. Nella seconda parte tratteremo brevemente alcuni problemi fisici in cui appaiono in modo naturale distribuzioni di probabilità non gaussiane.

8.1 Qualche osservazione

Nel Capitolo 3 discutendo la somma di variabili aleatorie abbiamo visto, con l'aiuto della funzione generatrice e della funzione caratteristica, un'interessante proprietà: la somma di variabili gaussiane è ancora una variabile gaussiana. Analogamente la somma di variabili poissoniane è ancora una variabile poissoniana.

Indicando con $p_{m,\sigma^2}(x)$ la densità di probabilità di una variabile gaussiana con media m e varianza σ^2, abbiamo infatti per la convoluzione

$$\left(p_{m_1,\sigma_1^2} \star p_{m_2,\sigma_2^2} \right)(x) = p_{m,\sigma^2}(x) \tag{8.1}$$

con $m = m_1 + m_2$ e $\sigma^2 = \sigma_1^2 + \sigma_2^2$. Questo tipo di proprietà vale anche per variabili con distribuzione di Pearson (vedi l'Appendice per le definizioni)

$$p_{\lambda,N}(x) = \frac{\lambda^N}{(N-1)!} x^{N-1} e^{-\lambda x}$$

Boffetta G., Vulpiani A.: Probabilità in Fisica. Un'introduzione.
DOI 10.1007/978-88-470-2430-4_8, © Springer-Verlag Italia 2012

è immediato infatti verificare che

$$\left(p_{\lambda,N_1} \star p_{\lambda,N_2} \right)(x) = p_{\lambda,N_1+N_2}(x) \,. \tag{8.2}$$

In meccanica statistica la (8.2) ha un significato fisico ben preciso. In un gas perfetto all'equilibrio termico a temperatura T, contenente N particelle, la densità di probabilità dell'energia x è

$$p_n(x) = \frac{\lambda^n}{(n-1)!} x^{n-1} e^{-\lambda x}$$

dove $n = 3N/2$ e $\lambda = \beta$. La (8.2) corrisponde al fatto che, mettendo a contatto due sistemi con N_1 ed N_2 particelle, ambedue all'equilibrio termico alla stessa temperatura $T = 1/\beta$, si ha un sistema di $N = N_1 + N_2$ particelle in equilibrio termodinamico alla stessa temperatura $T = 1/\beta$.

In modo analogo per la distribuzione di Cauchy:

$$p_{m,a}(x) = \frac{a^2}{\pi[(x-m)^2 + a^2]}$$

si ha

$$\left(p_{m_1,a_1} \star p_{m_2,a_2} \right)(x) = p_{m_1+m_2,a_1+a_2}(x) \,, \tag{8.3}$$

ed anche per le variabili Poissoniane con

$$P_\lambda(k) = \frac{\lambda^k}{k!} e^{-k}$$

si mostra facilmente

$$\left(P_{\lambda_1} \star P_{\lambda_2} \right)(k) = P_{\lambda_1+\lambda_2}(k) \,. \tag{8.4}$$

La validità delle (8.1), (8.2), (8.3) e (8.4) è una conseguenza della forma particolare delle corrispondenti funzioni caratteristiche. Per la distribuzione gaussiana, di Cauchy, di Pearson e quella di Poisson si ha rispettivamente

$$\phi_G(t) = e^{imt - \sigma^2 t} \,, \quad \phi_C(t) = e^{imt - a|t|} \,,$$

$$\phi_{Pe}(t) = \frac{1}{(1 - it/\lambda)^N} \,, \quad \phi_{Po}(t) = e^{\lambda(e^{it} - 1)} \,.$$

Ricordando che la funzione caratteristica di una somma di variabili aleatorie è data dal prodotto delle funzioni caratteristiche, è immediato verificare le (8.1), (8.2), (8.3) e (8.4).

Concludiamo queste osservazioni iniziali notando che anche la probabilità Binomiale

$$P_{p,N}(k) = \frac{N!}{(N-k)!k!} p^k (1-p)^{N-k} \quad k = 0, 1, \dots, N$$

gode della proprietà

$$\left(P_{p,N_1} \star P_{p,N_2}\right)(k) = P_{p,N_1+N_2}(k) \ .$$

Da questa relazione, ricordando che le variabili gaussiana e quelle poissoniane sono casi limite della Binomiale, in modo analogo la distribuzione di Pearson è strettamente collegata con la poissoniana (vedi Capitolo 10), a posteriori la validità delle relazioni (8.1), (8.2) e (8.4) non è sorprendente.

8.2 Distribuzioni di probabilità infinitamente divisibili e distribuzioni stabili

Osserviamo che gli esempi precedenti di distribuzioni di probabilità che rimangono invarianti sotto l'operazione di convoluzione (con opportuno "riscalaggio dei parametri") hanno, a parte quella di Cauchy, tutte varianza finita.

Dal TLC sappiamo che tra le distribuzioni di probabilità con varianza finita la gaussiana gode di uno status particolare: è l'unica che è "attrattiva". Infatti se si considerano N variabili i.i.d. con valor medio m e varianza σ finita, per $N \gg 1$ la variabile

$$z = \frac{1}{\sigma\sqrt{N}} \sum_{j=1}^{N} (x_j - m) \tag{8.5}$$

ha una densità di probabilità gaussiana con media nulla e varianza unitaria.

Cerchiamo ora di andare oltre le osservazioni fatte.

Una variabile Y è detta infinitamente divisibile se per ogni N si può scrivere come somma di variabile i.i.d.:

$$Y = X_1 + X_2 + \dots + X_N \ .$$

In altre parole la Y è infinitamente divisibile se la convoluzione della sua densità di probabilità è invariante (a parte un riscalaggio dei parametri). È facile vedere che la sua funzione caratteristica $\phi_Y(t)$ deve essere l'N-ma potenza di una funzione caratteristica $\phi_X(t, \frac{1}{N})$

$$\phi_Y(t) = \left[\phi_X\left(t, \frac{1}{N}\right)\right]^N \ .$$

Ad esempio per le variabili di Cauchy con $a = 1$ ed $m = 0$ si ha

$$\phi_Y(t) = e^{-|t|} = \left[e^{-\frac{1}{N}|t|}\right]^N \ .$$

È stato dimostrato che la forma più generale di funzione caratteristica di una distribuzione infinitamente divisibile è data da

$$\ln\phi(t) = it\alpha + \int_{-\infty}^{\infty} \left(e^{itx} - 1 - \frac{itx}{1+x^2}\right)\frac{1+x^2}{x^2}dG(x) \tag{8.6}$$

ove α è una costante e $G(x)$ è una funzione reale, limitata, non decrescente con $G(-\infty) = 0$. La (8.6) è detta formula di Levy- Khinchin. Notando che

$$\lim_{x \to 0}\left(e^{itx} - 1 - \frac{itx}{1+x^2}\right)\frac{1+x^2}{x^2} = -\frac{t^2}{2},$$

è facile verificare che prendendo $\alpha = m$ e $G(x) = \sigma\Theta(x)$ (ove Θ è la funzione gradino) si ha la gaussiana, analogamene con $\alpha = m$ e $G(x) = a/2 + (a/\pi)tang^{-1}(x)$ si ha la distribuzione di Cauchy.

Siamo ora pronti per la generalizzazione del TLC per variabili con varianza infinita. L'argomento, che accenniamo senza nessuna pretesa di rigore, è del tutto analogo a quello visto nel Capitolo 3. Consideriamo N variabili $X_1, ..., X_N$ non negative i.i.d. con densità con code a potenza, cioè per grandi $|x|$

$$p(x) \sim \frac{1}{|x|^{1+\mu}}$$

con $0 < \mu < 2$, quindi $E(x^2) = \infty$. Se $1 < \mu < 2$, allora $m = E(x) < \infty$ e per la trasformata di Laplace della $p(x)$ vale l'approssimazione (vedi l'appendice al fondo di questo capitolo)

$$\mathscr{L}[p](s) = \int_0^\infty p(x)e^{-sx}dx \simeq 1 - As^\mu - ms + ... \tag{8.7}$$

ove la costante A dipende dalla $p(x)$. Consideriamo la variabile a media nulla $x' = x - m$, per calcolare la sua trasformata di Laplace basta sottrarre il termine ms:

$$\mathscr{L}_{x'}(s) \simeq 1 - As^\mu + ...$$

Introduciamo ora la variabile

$$y'_N = \frac{1}{(AN)^{\frac{1}{\mu}}} \sum_{j=1}^N (x_j - m)$$

che generalizza la (8.5) al caso con varianza infinita. Ricordando (vedi Appendice) che la trasformata di Laplace è una funzione generatrice dei momenti, poiché le variabili $\{X_j - m\}$ sono indipendenti, si ha:

$$\mathscr{L}_{y'_N}(s) = \left(\mathscr{L}_{x'}(s')\right)^N , \quad s' = \frac{s}{(AN)^{\frac{1}{\mu}}}$$

quindi

$$\mathscr{L}_{y'_N}(s) \simeq \left(1 - \frac{s^\mu}{N} + ...\right)^N \simeq e^{-s^\mu}.$$

Nel caso $0 < \mu < 1$ la (8.7) è sempre valida, vedi Appendice, ove m è sostituito da una costante positiva, in questo caso il termine As^μ è dominante rispetto a quello

$O(s)$ e quindi per la trasformata di Laplace della variabile

$$y_N = \frac{1}{(AN)^{\frac{1}{\mu}}} \sum_{j=1}^{N} X_j$$

si ha

$$\mathscr{L}_{y_N}(s) \simeq \left(1 - \frac{s^\mu}{N} + \ldots\right)^N \simeq e^{-s^\mu}\,.$$

Abbiamo quindi un risultato molto simile a quello visto nel Capitolo 3, ora però il fattore di normalizzazione (che nel caso con variabili a varianza finita è $1/\sqrt{N}$) dipende dalla $p(x)$, in particolare dall'andamento a potenza per $|x| \gg 1$ ed è $N^{-\frac{1}{\mu}}$.

A questo punto, invocando l'equivalenza tra la trasformata di Laplace e la funzione di partenza, possiamo inferire che la distribuzione della variabile Y_N per $N \gg 1$ è una funzione che non dipende dalla forma della $p(x)$ ma solo dal valore di μ (e da altri parametri, come il valore medio).

Il risultato appena discusso in modo euristico è stato dimostrato in modo rigoroso. La distribuzione limite, indicata con $L_\mu(z)$ è detta funzione μ-stabile di Levy. La sua forma non è esplicitamente nota (a parte per alcuni valori di μ), è nota invece la sua funzione caratteristica:

$$\ln \phi(t) = imt - a|t|^\mu \left(1 - i\beta \frac{t}{|t|} \omega(t,\mu)\right)$$

ove $\omega(t,\mu) = tang(\pi\mu/2)$ se $\mu \neq 1$ mentre $\omega(t,\mu) = -\frac{2}{\pi} \ln|t|$ se $\mu = 1$. Il parametro $a > 0$ è una "scala", m è il valore medio, $\beta \in (-1,1)$ è il fattore di asimmetria e $\mu \in (0,2]$. Per $\mu = 2$ si ha la distribuzione gaussiana, la distribuzione di Cauchy corrisponde al caso $\mu = 1$, in generale per $|z| \gg 1$ si ha

$$L_\mu(z) \sim \frac{1}{|z|^{1+\mu}}\,.$$

Abbiamo quindi una generalizzazione del TLC per variabili indipendenti con varianza infinita: siano $x_1, \ldots, x_N$ i.i.d. con code del tipo

$$p(x) \sim \frac{1}{|x|^{1+\mu}} \quad 0 < \mu < 2\,, \tag{8.8}$$

allora la variabile

$$y_N = \frac{1}{N^{\frac{1}{\mu}}} \sum_{j=1}^{N} (x_j - m)$$

se $N \gg 1$, è distribuita come una funzione di Levy L_μ ove i parametri m ed a dipendono dai dettagli di $p(x)$. Notare che le L_μ non solo sono infinitamente divisibili ma anche "attrattive" (da questo il nome stabile), infatti le L_μ sono le distribuzioni limite della convoluzioni ripetuta (con opportuno riscalaggio $N^{-1/\mu}$) di densità di probabilità con comportamento asintotico (8.8).

8.2.1 Un esempio dalla fisica

Accenniamo brevemente ad un esempio di processo fisico in cui appaiono le distribuzioni di Levy. La ben nota legge di Arrhenius stabilisce che il tempo medio τ di uscita da una barriera di energia E vale (vedi Capitolo 6)

$$\tau(E) \sim \tau_0 e^{E/k_B T}$$

ove τ_0 è un tempo tipico del processo. Nei sistemi disordinati l'energia della barriera E è una variabile casuale con densità di probabilità $p_E(E)$, e quindi la $p_\tau(\tau)$ è determinata dalla relazione

$$p_\tau(\tau) = \frac{1}{\left| \frac{d\tau(E)}{dE} \right|} p_E(E) \ . \tag{8.9}$$

In molte situazioni la $p_E(E)$ è una funzione esponenziale:

$$p_E(E) = \frac{1}{E_0} e^{-E/E_0} \tag{8.10}$$

e quindi, utilizzando la (8.9) e (8.10) abbiamo

$$p_\tau(\tau) \sim \frac{A}{\tau^{1+\mu}}$$

ove $\mu = k_B T / E_0$. Notare che se $\mu > 2$ allora sia $< \tau >$ che la varianza sono finiti. Più interessante è il caso $\mu < 2$ (cioè $k_B T < 2 E_0$) in cui la varianza è infinita, mentre se $\mu < 1$ anche $< \tau >$ è infinito. La variabile

$$T_N = \sum_{n=1}^{N} \tau_n$$

è il tempo che il sistema impiega per effettuare N transizioni (tempo totale di intrappolamento) di interesse nei problemi di trasporto dei sistemi disordinati.

8.3 Non sempre i processi di diffusione hanno distribuzione gaussiana

Le distribuzioni di Lévy pur interessanti da un punto di vista matematico non hanno un'immediata applicabilità in fisica. Il motivo è ovviamente dovuto alla varianza infinita, che se pur fisicamente non impossibile, come nel caso del tempo di attesa dell'esempio precedente, in generale è poco compatibile con la maggior parte delle quantità fisiche.

Nondimeno, vi sono molti problemi di grande interesse pratico per i quali il TLC può non valere anche in presenza di distribuzioni con varianza finita. Questo avviene quando siamo in presenza di *correlazioni temporali* $C(\tau)$ molto lunghe, cioè quando

$\int_0^\infty C(\tau)d\tau = \infty$. In questi casi, detti anche *Levy walk*, la variabile aleatoria risulta somma di variabili aleatorie non indipendenti per cui, come visto nel Capitolo 3, il Teorema del limite centrale non è applicabile.

In questa sezione discuteremo due esempi di questo comportamento "anomalo" presenti in problemi di trasporto di traccianti in un fluido. Il primo è il caso della dispersione in turbolenza, mentre il secondo è dato dal trasporto in un particolare flusso laminare.

8.3.1 Dispersione relativa in turbolenza

La turbolenza nei fluidi è un problema di grande interesse pratico presente in fenomeni che vanno dal flusso attorno ad un corpo in moto (automobile, nave, aereo) fino alle scale atmosferiche ed oceaniche planetarie e ancora nei fenomeni convettivi nelle stelle. Tra le proprietà fondamentali della turbolenza, qui ci occupiamo della ben nota efficienza nel mescolamento e trasporto di sostanze. È infatti noto a tutti che un modo molto efficiente di mescolare il latte col caffè (o il vermouth con il gin a seconda delle preferenze) è quello di rimescolare con un cucchiaio che induce dei moti turbolenti nel fluido[1]. Questi provocano un rimescolamento fino alle più piccole scale con tempi che sono ordini di grandezza più brevi rispetto al rimescolamento dovuto al moto molecolare.

Il motivo fisico di questa efficienza è che nella turbolenza sono presenti moti a tutte le scale generati da quella che viene chiamata la *cascata* turbolenta. Senza voler entrare qui nei dettagli (per i quali rimandiamo il lettore interessato alla vasta letteratura presente), ricordiamo che nella cascata turbolenta valgono delle leggi statistiche, dovute originariamente a Kolmogorov, per le fluttuazioni delle velocità ad una cerca scala. Detta $\delta v(\ell)$ la tipica fluttuazione turbolenta di velocità ad una scala ℓ, cioè $\delta v(\ell) = v(x+\ell) - v(x)$ (dove v rappresenta una componente del campo di velocità **u**) si ha lo scaling di Kolmogorov:

$$\delta v(\ell) \sim \varepsilon^{1/3}\ell^{1/3} \qquad (8.11)$$

dove ε rappresenta la densità di energia che fluisce nella cascata per unità di tempo (flusso di energia). Notiamo che la (8.11) va intesa come legge di scaling, nel senso che mancano i prefattori adimensionali e vale solo in senso statistico, cioè $\langle(\delta v(\ell_1))^2\rangle/\langle(\delta v(\ell_2))^2\rangle = (\ell_1/\ell_2)^{2/3}$. Lo scaling di Kolmogorov è verificato in innumerevoli flussi sperimentali, il più delle volte dalla misura dello *spettro di energia* $E(k)$ (trasformata di Fourier del correlatore delle velocità in cui k rappresenta il numero d'onda, cioè una scala inversa). Lo scaling (8.11) si traduce nella predizione dello spettro di Kolmogorov

$$E(k) = C\varepsilon^{2/3}k^{-5/3} \qquad (8.12)$$

dove C è una costante adimensionale da determinarsi sperimentalmente.

---

[1] In realtà, anche campi di velocità non turbolenti possono produrre un mescolamento molto efficace, come l'esempio discusso alla fine di questa sezione.

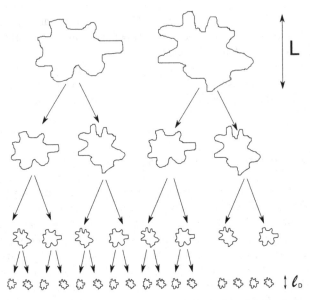

Fig. 8.1 Rappresentazione schematica della cascata turbolenta: i vortici creati alla scala integrale *L* dalla forzante esterna, per instabilità fluidodinamiche generano vortici a scale via via più piccole fino alla scala dissipativa ℓ_D

La legge di scaling (8.11), o equivalentemente la (8.12), vale tra una scala massima *L* che è la scala di correlazione della velocità ed è determinata dalla geometria del flusso e dalla forzante che induce la turbolenza, e una scala minima ℓ_D detta scala dissipativa (o di Kolmogorov) alla quale le fluttuazioni turbolente di velocità vengono trasformate in calore dalla viscosità molecolare. Il range di scale $\ell_D < \ell < L$ della cascata viene detto *range inerziale* e la sua estensione è determinata dal numero di Reynolds *Re* come $L/\ell_D \sim Re^{3/4}$. Notiamo che *Re* è tipicamente molto grande per un flusso macroscopico, ad esempio $Re = O(10^6 - 10^7)$ per il flusso attorno ad un automobile e $Re = O(10^9 - 10^{10})$ per i moti atmosferici a grande scala.

Consideriamo ora il problema *Lagrangiano* di una piccola particella di tracciante (ad esempio una gocciolina di inquinante o una particella di aerosol in atmosfera) trasportato da un flusso turbolento. Come discusso nel Capitolo 7, la posizione della particella è data dalla (7.19) che riscriviamo come

$$\frac{d\mathbf{x}}{dt} = \mathbf{u}(\mathbf{x},t) + \sqrt{2D}\eta . \tag{8.13}$$

Siccome l'effetto del campo turbolento è dominante rispetto a quello della diffusione molecolare, l'ultimo termine nella (8.13) si può trascurare. Due sono gli aspetti statistici fondamentali della dispersione Lagrangiana: la *dispersione assoluta* ovvero lo spostamento quadratico medio della particella rispetto al punto iniziale discussa nel Capitolo 7; e la *dispersione relativa* data dalla separazione quadratica

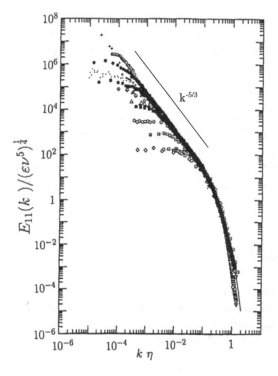

Fig. 8.2 Spettro di energia $E(k)$ per una serie di flussi turbolenti a diversi numeri di Reynolds in funzione del numero d'onda k riscalato con la scala di Kolmogorov $\eta = \ell_D$. La zona intermedia mostra chiaramente un range inerziale con legge di potenza $E(k) \sim k^{-5/3}$ prevista dalla (8.12). Al crescere del numero di Reynolds l'ampiezza del range inerziale cresce in accordo con $L/\ell_D \sim Re^{3/4}$ (fonte: G.S. Saddoughi, S.V. Vecravalli. "Local isotropy in turbolent boundary layers at high Reynolds number", J. Fluid Mech. 268, 1994)

media tra particelle inizialmente vicine. La dispersione relativa descrive la crescita del volume occupato da un insieme di particelle a causa del trasporto turbolento ed è fondamentale nello studio della dispersione di inquinanti. È interessante ricordare che la legge quantitativa per la dispersione relative in turbolenza è stata determinata empiricamente da L.F. Richardson nel 1926, ben 15 anni prima della teoria della turbolenza di Kolmogorov.

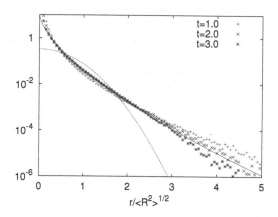

Fig. 8.3 Densità di probabilità di separazione (in una componente) a diversi tempi per coppie di particelle trasportate da un flusso turbolento ottenuto da una simulazione numerica delle equazioni del moto per un fluido. La linea continua è la predizione di Richardson (8.14), la linea tratteggiata rappresenta una Gaussiana

Per lo studio della dispersione relativa introduciamo la distanza tra due particelle $\mathbf{r}(t) = \mathbf{x}_2(t) - \mathbf{x}_1(t)$. Seguendo Richardson, scriviamo per la densità di probabilità di separazione $p(\mathbf{r},t)$ l'equazione di Fokker-Planck (6.16) che nel caso isotropo diviene

$$\frac{\partial p(\mathbf{r},t)}{\partial t} = \frac{1}{r^2}\frac{\partial}{\partial r}\left[r^2 K(r)\frac{\partial p(\mathbf{r},t)}{\partial r}\right]$$

e notiamo che deve soddisfare alla condizione di normalizzazione $\int p(\mathbf{r},t)d\mathbf{r} = 1$. Il coefficiente di diffusione nella (8.14) $K(r)$ è dato dimensionalmente, usando la (8.11), come $K(r) \simeq r\delta v(r) = k_0\varepsilon^{1/3}r^{4/3}$ (la dipendenza $K(r) \sim r^{4/3}$ è stata ottenuta empiricamente da Richardson da dati atmosferici e k_0 rappresenta una costante adimensionale da determinarsi sperimentalmente). La soluzione della (8.14) per una distribuzione iniziale $p(\mathbf{r},0) = \delta(\mathbf{r})$ diviene quindi

$$p(\mathbf{r},t) = \frac{A}{(k_0 t)^{9/2}\varepsilon^{3/2}}\exp\left(-\frac{9r^{2/3}}{4k_0\varepsilon^{1/3}t}\right) \qquad (8.14)$$

dove $A = 2187/(2240\pi^{3/2})$ è il fattore di normalizzazione.

Pertanto abbiamo che la distribuzione delle separazioni in turbolenza segue un legge non Gaussiana e con una varianza che cresce in modo più veloce che quadratico, ovvero secondo la legge (detta "di Richardson")

$$\langle r^2(t)\rangle = \frac{1144}{81}k_0^3\varepsilon t^3 . \qquad (8.15)$$

Una spiegazione intuitiva del motivo fisico per cui il TLC non si applica in questo caso è che l'evoluzione della variabile $\mathbf{r}(t)$ è data una sovrapposizione di velocità via via crescenti, in quanto, in accordo alle (8.11) e (8.15) abbiamo $\langle \delta v^2\rangle \sim \varepsilon^{4/3}t^2$ e quindi avremo varianza infinita per tempi asintotici. In realtà in ogni flusso reale la varianza della velocità è finita, in quanto, come spiegato, il range inerziale in cui vale lo scaling di Kolmogorov è limitato superiormente dalla scala L. Il motivo profondo per il quale, per separazioni all'interno del range inerziale $\ell_D < r < L$, non si osserva un processo diffusivo standard è che non è soddisfatta la richiesta di decorrelazione temporale alla base del TLC, come discusso nel Capitolo 3. Infatti secondo la teoria di Kolmogorov, una fluttuazione di velocità alla scala ℓ ha un tempo di correlazione caratteristico che scala dimensionalmente come $\tau(\ell) \sim \ell/\delta v(\ell) \sim \ell^{2/3}$, che pertanto cresce al crescere della separazione r delle particelle.

8.3.2 Diffusione anomala in presenza di correlazioni temporali lunghe

Descriviamo ora un esempio di diffusione anomala ottenuta dal trasporto di particelle in un flusso random. Il modello è stato originariamente motivato dallo studio del trasporto di fluidi in mezzi porosi (ad esempio nelle falde acquifere) ma è diventato un prototipo della diffusione anomala come risultato dell'effetto combinato di diffusione molecolare e trasporto dovuto ad un campo di velocità.

Consideriamo per semplicità un mezzo poroso bidimensionale costituito da strati di spessore costante δ lungo la direzione y, come mostrato in Fig. 8.4. Ogni strato è caratterizzato da una velocità nella direzione lungo lo strato (cioè lungo x) costante nel tempo. Abbiamo pertanto un campo di velocità orizzontale che dipende dalla coordinata verticale, cioè uno "shear random" $u(y)$ che assumeremo a media nulla. Sovrapposto a questo campo avremo la diffusione molecolare (con coefficiente di diffusione D) e pertanto, in accordo con la (7.19), il moto di una particella sarà dato da

$$\frac{dx}{dt} = u(y(t)) \qquad \frac{dy}{dt} = \sqrt{2D}\eta(t) \qquad (8.16)$$

dove abbiamo trascurato il contributo della diffusione nell'equazione per x in quanto in questa direzione il moto è dominato dal campo di velocità $u(y)$. Per il termine stocastico $\eta(t)$ avremo (vedi Capitolo 6) correlazione temporale $\langle \eta(t)\eta(t') \rangle = \delta(t-t')$ e per semplicità assumeremo che il campo di velocità $u(y)$ abbia distribuzione Gaussiana con correlazione nulla nello spazio ovvero

$$\langle u(y)u(y') \rangle_c = \sigma\delta(y-y') \qquad (8.17)$$

dove la notazione $\langle ... \rangle_c$ indica una media su tutte le possibili configurazioni del mezzo.

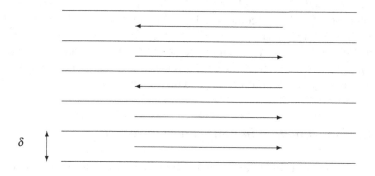

Fig. 8.4 Rappresentazione schematica dello shear random $u(y)$ con strati di spessore δ

Integrando formalmente la (8.16) come $x(t) = \int_0^t u(y(t'))dt'$ e assumendo $x(0) = y(0) = 0$, avremo per la varianza

$$\langle\langle x^2(t)\rangle_\xi\rangle_c = 2\int_0^t dt_2 \int_0^{t_2} dt_1 \langle\langle u(y(t_2))u(y(t_1))\rangle_\xi\rangle_c \, ,$$

ove $\langle ...\rangle_\xi$ indica la media su diverse realizzazioni del rumore molecolare. La correlazione delle velocità può essere calcolata per mezzo della probabilità che il random walk che parte da $y = 0$ visiti due punti y_1 e y_2 ai tempi t_1 e t_2, cioè in termini della probabilità di transizione definita nel Capitolo 6 come

$$\langle\langle u(y(t_2))u(y(t_1))\rangle_\xi\rangle_c =$$
$$\int_{-\infty}^{+\infty} dy_1 \int_{-\infty}^{+\infty} dy_2 P(0,0|y_1,t_1)P(y_1,t_1|y_2,t_2) \times \langle u(y(t_1))u(y(t_2))\rangle_c \, .$$

Poiché nella direzione y si ha un processo diffusivo, abbiamo $P(y_0,t_0|y,t) = \frac{1}{\sqrt{4\pi D(t-t_0)}}e^{-(y-y_0)^2/(4D(t-t_0))}$, pertanto, utilizzando la (8.17) e facendo gli integrali otteniamo

$$\langle\langle x^2(t)\rangle_\xi\rangle_c = 2\int_0^t dt_2 \int_0^{t_2} dt_1 \frac{\sigma}{\sqrt{4\pi D(t_2-t_1)}} = \frac{4\sigma}{3\sqrt{\pi D}}t^{3/2} \qquad (8.18)$$

ovvero diffusione anomala *superdiffusiva* (cioè con esponente temporale per la varianza maggiore di uno). Osserviamo che nel limite $D \to 0$ abbiamo che la varianza diverge. In realtà se $D = 0$ la particella resta in $y = 0$ e pertanto il moto è balistico con $\langle x^2(t)\rangle \sim t^2$.

Si può anche mostrare che la densità di probabilità ha un andamento non gaussiano

$$p(x,t) \sim \frac{1}{t^{3/4}}e^{-c\frac{x^4}{t^3}} \, .$$

L'origine del comportamento anomalo (8.18) può essere compreso anche nel framework generale del trasporto descritto nel Capitolo 7. Il punto fondamentale è che la funzione di correlazione delle velocità $C(\tau) = \langle u(\tau)u(0)\rangle$ in questo caso decade lentamente come $C(\tau) \sim 1/\sqrt{\tau}$ (come si vede nella (8.18)) e peranto l'integrale dell'autocorrelazione Lagrangiana non converge e dalla (7.21) avremo $\langle x^2(t)\rangle \sim t^{3/2}$. Notiamo che la lunga correlazione temporale della velocità è dovuta al carattere congelato (*quenched*) della realizzazione della velocità $u(y)$ che fa si che la velocità si "ricorreli" quando la traiettoria ripassa in un dato strato.

8.3.3 Diffusione anomala in una schiera di vortici

Consideriamo di nuovo il modello di catena di vortici introdotto nel Capitolo 7. Ricordiamo che questo modello è stato introdotto per rappresentare il campo di velocità generato da moti convettivi tra due piani orizzontali a temperatura diverse. All'aumentare della differenza di temperatura si osserva sperimentalmente che il flusso stazionario della Fig. 7.7 diviene instabile e la catena di vortici inizia ad oscillare rigidamente nel piano orizzontale.

Una buona modellizzazione del flusso in questo regime è data dalla funzione di corrente

$$\psi(x,y,t) = \psi_0 \sin(x + B \sin \omega t) \sin y \qquad (8.19)$$

in cui il parametro B rappresenta l'ampiezza dell'oscillazione laterale dei vortici. Ovviamente per $B = 0$ riotteniamo il caso studiato nel Capitolo 7, pertanto consideriamo ora $B > 0$. Fissato B, il secondo parametro di controllo del sistema è la frequenza delle oscillazioni che può essere resa adimensionale introducendo il parametro $\varepsilon = \omega L^2 / \psi_0$ ($L = 2\pi$ è l'ampiezza della singola cella). Il campo di velocità bidimensionale associato alla (8.19) sarà dato da $\mathbf{u}(\mathbf{x},t) = (\partial_y \psi, -\partial_x \psi)$ e le traiettorie $\mathbf{x}(t)$ delle particelle trasportate saranno date dalla equazione differenziale stocastica (7.19)

$$d\mathbf{x}(t) = \mathbf{u}(\mathbf{x}(t),t)dt + \sqrt{2D}\,d\mathbf{W}(t) \qquad (8.20)$$

in cui D rappresenta il coefficiente di diffusione molecolare.

Per $\varepsilon > 0$, il sistema (8.19-8.20) può generare traiettorie caotiche in cui le particelle possono cambiare cella anche per $D = 0$ (a differenza di quanto avviene nel caso stazionario). In generale avremo quindi che a tempi lunghi il moto orizzontale delle particelle è di tipo diffusivo con un coefficiente di diffusione effettivo (o turbolento) D^E che può essere molto maggiore di D.

L'aspetto interessante di questo modello è che per $\varepsilon \simeq 1$ possiamo avere un regime di sicronizzazione tra la frequenza di oscillazione laterale (ω) e la frequenza caratteristica di rotazione in un vortice (di ordine ψ_0/L^2). In queste condizioni di risonanza possiamo avere che la particella "salta" ad ogni periodo nella cella adiacente e pertanto il moto resta correlato per tempi molto lunghi portando ad moto effettivo di tipo superdiffusivo. Questo meccanismo di sincronizzazione, simile a quello della risonanza stocastica discusso nel Capitolo 6, porta ad una diffusione effettiva fortemente dipendente dal valore del parametro ε. In Fig. 8.5 mostriamo il coefficiente di diffusione D^E_{11} nella direzione x in funzione di ε, per diversi valori del coefficiente molecolare D. Osserviamo la presenza di picchi, tipici delle condizioni di sincronizzazione, la cui altezza aumenta al diminuire di D. Nel limite $D \to 0$ abbiamo, in corrispondenza dei picchi, la comparsa di un regime superdiffusivo per il quale $\langle x^2(t) \rangle \sim t^{2\nu}$ con $\nu > 1/2$ per cui formalmente $D^E \to \infty$.

Un esempio di questo comportamento anomalo è dato nella Fig. 8.6 in cui la varianza dello spostamento lungo la direzione x è mostrata in funzione del tempo per un valore $\varepsilon = 1.1$ in corrispondenza di uno dei picchi della Fig. 8.5. La linea tratteggiata rappresenta il *best fit* ottenuto dai dati numerici e corrisponde all'andamento superdiffusivo $\langle x^2 \rangle \sim t^{1.3}$. Anche in questo caso, il comportamento anomalo è una conseguenza della mancata decorrelazione delle traiettorie (cioè formalmente di un tempo di correlazione Lagrangiano τ_L che diverge) che impedisce di applicare i risultati generali del Capitolo 7.4.

La densità di probabilità non è gaussiana, ma purtroppo non esiste una trattazione analitica che permetta di determinarne l'espressione.

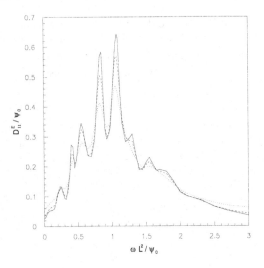

Fig. 8.5 Coefficiente di diffusione effettivo D^E in funzione del parametro $\varepsilon = \omega L^2/\psi_0$ per diversi valori della diffusività D. $D/\psi_0 = 3 \times 10^{-3}$ (linea a punti), $D/\psi_0 = 10^{-3}$ (linea tratteggiata) e $D/\psi_0 = 5 \times 10^{-4}$ (linea continua). I picchi corrispondono alle condizioni di sincronizzazione per le quali $D^E \to \infty$ nel limite $D \to 0$

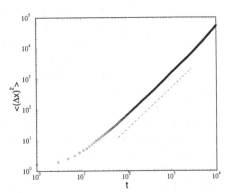

Fig. 8.6 Varianza dello spostamento orizzontale $\langle x^2 \rangle$ per un insieme di traiettorie soluzioni di (8.20) con $D = 0$ e $\varepsilon = 1.1$. La linea tratteggiata rappresenta l'andamento $\langle x^2 \rangle \sim t^{1.3}$ ottenuto da un fit dei dati numerici

8.4 Appendice: la trasformata di Laplace nel calcolo delle probabilità

Data una funzione $f(x)$ con $x \geq 0$ la trasformata (diretta) di Laplace è definita come

$$\mathscr{L}f(s) = \int_0^\infty f(x)e^{-sx}dx \, . \tag{A.1}$$

Se la $f(x)$ è una densità di probabilità allora possiamo scrivere la trasformata di Laplace nella forma

$$\mathscr{L}f(s) = E\left(e^{-sx}\right) \tag{A.2}$$

ed è quindi la funzione generatrice dei momenti (se esistono). Abbiamo infatti per s vicino a 0:

$$\mathscr{L}f(s) \simeq 1 - E(x)s + E(x^2)\frac{s^2}{2} + .. \tag{A.3}$$

$$E(x) = -\frac{d\mathscr{L}f(s)}{ds}\Big|_{s=0} \quad , \quad E(x^2) = \frac{d^2\mathscr{L}f(s)}{ds^2}\Big|_{s=0} .$$

Ci si aspetta che la trasformata di Laplace sia equivalente alla funzione $f(x)$, questo è vero sotto opportune ipotesi (abbastanza generali); si ha infatti la formula di inversione:

$$f(x) = \frac{1}{2\pi i}\int_{x-i\infty}^{x+i\infty} e^{sx}\mathscr{L}f(s)ds .$$

La trasformata di Laplace della densità di probabilità gode di proprietà molto simili a quelle della funzione caratteristica, in particolare se le variabili X e Y sono indipendenti allora, indicando con p_X, p_Y, e p_Z per le densità di probabilità delle variabili X, Y e $Z = X + Y$ abbiamo

$$\mathscr{L}[p_X \star p_Y](s) = \mathscr{L}[p_X](s)\mathscr{L}[p_Y](s) .$$

Discutiamo ora l'andamento a piccoli valori di s della trasformata di Laplace di una densità di probabilità con coda a potenza:

$$p(x) \sim \frac{A}{x^{1+\mu}} \quad , \quad A = \mu x_b^{\mu} . \tag{A.4}$$

Se $\mu > 2$ allora esistono i due primi momenti e vale la (A.3). Più interessante è il problema con $0 < \mu < 2$.

Cominciamo scrivendo $\mathscr{L}[p](s)$ nella forma:

$$\mathscr{L}[p](s) = 1 + \int_0^{\infty} p(x)\left(e^{-sx} - 1\right)dx$$

e dividiamo l'integrale in due parti: da 0 a x^* e da x^* a ∞. Poiché $|e^{-sx} - 1| < sx$ per il primo contributo abbiamo

$$\left|\int_0^{x^*} p(x)\left(e^{-sx} - 1\right)dx\right| \le sx^* .$$

Per il secondo termine, introducendo la variabile $y = sx$ e ricordando la forma della densità di probabilità (A.4) abbiamo

$$\int_{x^*}^{\infty} p(x)\left(e^{-sx} - 1\right)dx = \mu(x_b s)^{\mu}\int_{sx^*}^{\infty}(e^{-y} - 1)y^{-(1+\mu)}dy$$

integrando per parti ed utilizzando il risultato precedente abbiamo

$$\mathscr{L}[p](s) = 1 - A_1 s^{\mu} + cs + .. \tag{A.5}$$

ove $A_1 = x_b^{\mu}\Gamma(1 - \mu)$.

Esercizi

8.1. Si consideri la mappa standard

$$I_{t+1} = I_t + K sin(\theta_t) \ , \ \theta_{t+1} = \theta_t + I_{t+1} \ mod \, 2\pi \ .$$

Calcolare numericamente al variare di K il coefficiente di diffusione

$$D = \lim_{t \to \infty} \frac{1}{2t} < (I_t - I_0)^2 >$$

ove la media è su un grande numero di condizioni iniziali e (I_0, θ_0) distribuiti uniformemente nel quadrato $[0, 2\pi] \times [0, 2\pi]$. Confrontare i risultati con l'approssimazione di fase aleatoria, in cui si assume che le $\{\theta_t\}$ siano indipendenti ed uniformemente distribuite in $[0, 2\pi]$: $D_{FA} = K^2/4$.

Notare che per alcuni valori di K si ha diffusione anomala, cioè $< (I_t - I_0)^2 > \sim t^a$ con $a > 1$, che corrisponde ad un valore infinito del coefficiente di diffusione, vedi ad esempio: P. Castiglione, A. Mazzino, P. Muratore-Ginanneschi, A. Vulpiani, "On strong anomalous diffusion", Physica D **134**, 75 (1999).

8.2. Si consideri la mappa unidimensionale

$$x_{t+1} = [x_t] + F(x_t - [x_t])$$

over $[\ ]$ indica la parte intera e

$$F(z) = \begin{cases} az & se \ 0 \le z < 1/2 \\ 1 + a(z-1) & se \ 1/2 \le z < 1. \end{cases}$$

Calcolare numericamente al variare di $a > 2$ il coefficiente di diffusione

$$D = \lim_{t \to \infty} \frac{1}{2t} < (x_t - x_0)^2 >$$

ove la media è su un grande numero di condizioni iniziali e x_0 è distribuito uniformemente in $[0, 1]$.

Si troverà che $D(a)$ è una funzione non differenziabile, vedi ad esempio R. Klages, J.R. Dorfman, "Simple deterministic dynamical systems with fractal diffusion coefficients" Phys. Rev. E **59**, 5361 (1999).

Letture consigliate

Per una trattazione rigorosa delle distribuzioni infinitamente divisibili e di Lévy si veda il libro di Gnedenko e quello di Renyi già citati nei Capitoli 2 e 3, ed inoltre:

B.V. Gnedenko, A.N. Kolmogorov, *Limit distributions for sums of independent random variables* (Addison-Wesley, 1954).

Per una discussione non troppo tecnica delle distribuzioni di Lévy e le sue applicazioni in fisica:

F. Bardou, J.-P. Bouchaud, A. Aspect, C. Cohen-Tannoudji, *Lévy Statistics and Laser Cooling* (Cambridge University Press, 2001).

Per una moderna introduzione alla teoria della turbolenza:

U. Frisch, *Turbulence* (Cambridge University Press, 1995).

Un'introduzione completa al problema del trasporto anomalo è data dalla rassegna:

J.P. Bouchaud, A. Georges, "Anomalous diffusion in disordered media: statistical mechanisms, models and physical applications", Physics Reports **195**, 127 (1990).

Per la dispersione di coppie di particelle in turbolenza:

G. Boffetta, I.M. Sokolov, "Relative dispersion in fully developed turbulence: The Richardson's Law and Intermittency Corrections", Phys. Rev. Lett. **88**, 094501 (2002).

Per la diffusione anomala nei sistemi deterministici:

P. Castiglione, A. Mazzino, P. Muratore-Ginanneschi, A. Vulpiani, "On strong anomalous diffusion", Physica D **134**, 75 (1999).

9

Entropia, informazione e caos

Questo capitolo conclusivo potrebbe sembrare una parentesi in gran parte estranea al calcolo delle probabilità. Tuttavia, in quanto fisici, abbiamo ritenuto opportuno inserire una breve discussione generale sull'entropia che, come abbiamo già visto nel Capitolo 3, ha un ruolo importante nella teoria delle grande deviazioni. Questo concetto, originariamente introdotto in termodinamica da Clausius, e sviluppato in meccanica statistica, grazie soprattutto al contributo di Boltzmann, è stato poi generalizzato da Wiener e Shannon in teoria delle comunicazioni. In seguito i lavori di Kolmogorov e Sinai hanno permesso di utilizzare l'entropia per la caratterizzazione del comportamento dei sistemi caotici.

9.1 Entropia in termodinamica e meccanica statistica

In termodinamica l'entropia è una funzione di stato di un sistema macroscopico, definita in modo tale che la sua differenza tra due stati di equilibrio A e B sia:

$$\Delta S_{AB} = S(B) - S(A) = \int_A^B \frac{dQ}{T} \, ,$$

ove l'integrale è calcolato lungo una trasformazione arbitraria reversibile che collega A con B. Nel caso di n moli di un gas perfetto monoatomico, indicando con V_A e T_A il volume e la temperatura dello stato A (ed analogamente V_B e T_B il volume e la temperatura dello stato B) un facile calcolo mostra:

$$\Delta S_{AB} = nR \ln\left[\frac{V_B}{V_A}\left(\frac{T_B}{T_A}\right)^{3/2}\right] \, ,$$

ove R è la costante dei gas. Ricordando che in un sistema con N particelle, per l'energia interna U si ha $U = \frac{3}{2}Nk_BT$ (ove indicando con N_A in numero di Avogadro, $k_B = R/N_A$ è la costante di Boltzmann), la formula precedente può essere riscritta

Boffetta G., Vulpiani A.: Probabilità in Fisica. Un'introduzione.
DOI 10.1007/978-88-470-2430-4_9, © Springer-Verlag Italia 2012

nella forma

$$S(N,V,U) = Nk_B \ln\left[\gamma_0 \left(\frac{U}{N}\right)^{3/2} \left(\frac{V}{N}\right)\right] \tag{9.1}$$

ove γ_0 è una costante.

La (9.1) ha un'interpretazione molto istruttiva. Introduciamo le variabili Δx e Δp definite nel seguente modo:

$$(\Delta x)^3 = \frac{V}{N} \ , \ \frac{U}{N} = \frac{1}{2m}\left[\langle p_x^2 \rangle + \langle p_y^2 \rangle + \langle p_z^2 \rangle\right] = \frac{3}{2m}(\Delta p)^2 \ ;$$

Δx può essere pensata come il tipico intervallo a disposizione per ciascuna coordinata spaziale di una particella, in modo analogo Δp è la tipica variazione dell'impulso lungo la singola direzione.

Possiamo riscrivere la (9.1) nella forma

$$S(N,V,U) = k_B \ln\left[\frac{\Delta x \Delta p}{\gamma}\right]^{3N} \tag{9.2}$$

ove $[\Delta x \Delta p/\gamma]^{3N}$ è il volume dello spazio delle fasi (di dimensione $6N$) in unità γ^{3N}.

La (9.2) non è niente altro che un caso particolare del "principio di Boltzmann" che lega le proprietà termodinamiche a quelle meccaniche:

$$S = k_B \ln \Gamma_\Delta (E,V,N) \tag{9.3}$$

ove

$$\Gamma_\Delta (E,V,N) = \int_{E<H<E+\Delta} \frac{d^{3N}x\, d^{3N}p}{N!h^{3N}}$$

è il volume dello spazio delle fasi contenuto tra le ipersuperfici $H = E$ ed $H = E + \Delta$. Il fattore $N!$ è introdotto per evitare il paradosso di Gibbs mentre il termine h^{3N} in ambito classico serve solo per rendere adimensionale la Γ.

La (9.3), che è incisa (con diversa notazione) sulla tomba di Ludwig Boltzmann a Vienna[1], costituisce il ponte fondamentale tra la termodinamica e la meccanica statistica nell'ensemble microcanonico: aggiungendo la "definizione" di temperatura

$$\frac{1}{T} = \frac{\partial S}{\partial E}$$

a partire dalla (9.3) si può ricavare tutta la termodinamica.

Un'altra definizione di entropia, dovuta a Gibbs, è (nell'ensemble canonico):

$$S = -k_B \int p(\mathbf{X}) \ln p(\mathbf{X}) d\mathbf{X} \tag{9.4}$$

---

[1] L'espressione incisa è:

$$S = k \ln W$$

che, almeno in questa forma, non venne introdotta da Boltzmann, ma da Planck.

ove $\mathbf{X} \in R^{6N}$ e $p(\mathbf{X})$ è la densità di probabilità canonica. Il lettore può verificare con un calcolo esplicito che nel limite $N \gg 1$ le due espressioni sono equivalenti[2].

9.2 Principio di massima entropia: cornucopia o vaso di Pandora?

Nel 1957 Jaynes propose il principio di massima entropia come regola per determinare le probabilità in circostanze in cui si hanno solamente informazioni parziali, ad esempio sono noti alcuni valori medi. Cominciamo con il caso di variabili discrete, indichiamo con p_i la probabilità (ignota) che la variabile x valga $x^{(i)}$ (i=1,2, ..., N). Se conosciamo n valori medi:

$$\langle f_k \rangle = \sum_j p_j f_k(x^{(j)}) \quad k = 1,...,n \tag{9.5}$$

(notiamo che per avere la normalizzazione uno dei valori medi sarà $f_k = 1$ cioè $\sum_j p_j = 1$) come determinare le probabilità $\{p_j\}$? La proposta di Jaynes è di massimizzare

$$S = -\sum_j p_j \ln p_j \tag{9.6}$$

con i vincoli (9.5). È facile convincersi che un fattore moltiplicativo nella definizione di S è ininfluente.

Con il metodo dei moltiplicatori di Lagrange si ottiene

$$\delta \left[-\sum_j p_j \ln p_j - \sum_{k=1}^{n} \lambda_k \sum_j p_j f_k(x^{(j)}) \right] = 0$$

da cui

$$p_j = \exp \left[-\sum_{k=1}^{n} \lambda_k f_k(x^{(j)}) \right] ,$$

dove ovviamente i valori dei moltiplicatori di Lagrange $\{\lambda_k\}$ sono determinati dai valori medi $\langle f_k \rangle$.

Si può ripetere facilmente il tutto per variabili continue, ora S è definita come

$$S = -\int p(x) \ln p(x) dx , \tag{9.7}$$

---

[2] La S nel microcanonico è funzione di E, V ed N mentre nel canonico dipende da T, V ed N; la (9.3) e (9.4) sono equivalenti per $N \gg 1$ se $E = U$ ove U è l'energia media nel canonico.

ottenendo un'espressione del tutto simile alla (9.7):

$$p(x) = \exp\left[-\sum_{k=1}^{n} \lambda_k f_k(x)\right].$$

È interessante il fatto che il principio della massima entropia quando applicato alla meccanica statistica di equilibrio porta con estrema facilità alla distribuzione di probabilità del canonico. Infatti indicando con $\mathbf{X}$ il vettore a $6N$ dimensioni che determina lo stato microscopico, se conosciamo il valor medio dell'energia il principio di massima entropia corrisponde a

$$\delta\left[-\int p(\mathbf{X})\ln p(\mathbf{X})d\mathbf{X} - \lambda_1\int p(\mathbf{X})E(\mathbf{X})d\mathbf{X} - \lambda_2\int p(\mathbf{X})d\mathbf{X}\right] = 0$$

da cui la densità di probabilità canonica

$$p(\mathbf{X}) = C\,e^{-\beta E(\mathbf{X})}$$

con C costante di normalizzazione.

Abbiamo già visto nel Capitolo 2 che l'entropia S definita come in (9.7) non è una quantità intrinseca: cambiando variabile la S cambia. Questo ha una conseguenza piuttosto seria (in negativo) per il principio di massima entropia in quanto, una volta fissati i valori medi, la densità di probabilità dipende dalle variabili usate.

Si potrebbe quindi argomentare che il risultato corretto ottenuto per l'ensemble canonico è solo un caso fortuito: utilizzando variabili diverse il risultato cambia. Siamo ritornati al vecchio paradosso di Bertrand!

Per ovviare a questo problema Jaynes ha proposto di sostituire il principo di massima entropia con una sua versione più sofisticata: massimizzare l'entropia relativa

$$\tilde{S} = -\int p(x)\ln\left[\frac{p(x)}{q(x)}\right]dx$$

ove $q(x)$ è una densità di probabilità data (nota). Ovviamente $\tilde{S}$ dipende dalla $q(x)$; ma, a differenza della S, non dipende dalle variabili usate. Se si effettua un cambiamento di variabile $x \to y = f(x)$ ove la trasformazione è invertibile, cioè $f' \neq 0$, la $\tilde{S}$ non cambia, vedi esercizio 9.1. A questo punto si pone il problema di selezionare la $q(x)$ e questo non è tanto diverso dal decidere la "variabile giusta" da usare. Per l'ensemble canonico della meccanica statistica la q "giusta" è la distribuzione uniforme. In questo caso non è difficile giustificare la scelta, infatti nell'ensemble microcanonico la densità di probabilità (come "suggerito" dal teorema di Liouville) è costante. Ma nel caso generale non ci sembra si possa far appello a qualche criterio non ad hoc che indichi la $q(x)$ "giusta".

Jaynes è molto esplicito (potremmo definirlo un "estremista antiboltzmanniano"): la meccanica statistica non è una parte della fisica, bensì una teoria di inferenza statistica, una branca dell'epistemologia. I sostenitori del principio di massima entropia, seguendo Jaynes, sostengono che, nell'ambito della meccanica statistica, il metodo ha almeno un sicuro vantaggio pedagogico in quanto si otterrebbe in modo molto semplice lo stesso risultato che, con il "metodo stardard" richiede una certa fatica: discussione del problema ergodico, giustificazione della densità microcanonica e poi passaggio al canonico. Questo punto di vista non è condiviso dagli autori che ritengono invece fondamentale la connessione tra meccanica statistica e dinamica. A noi sembra che il "vantaggio" sia tutto in un circolo vizioso. A questo proposito possiamo ricordare una frase molto caustica di Lord Russell: *Postulare ciò che si dovrebbe dimostrare ha molti vantaggi: gli stessi che presenta il furto rispetto al lavoro onesto.*

Il dibattito sul principio di massima entropia è stato (ed è ancora) molto acceso, almeno nel caso di variabili continue. La critica di fondo, da noi condivisa, si può riassumere nel vecchio adagio *ex nihilo nihil*; in altri termini l'ignoranza non può essere sorgente di inferenza.

9.3 Entropia ed Informazione

Il concetto di entropia ha un ruolo centrale anche nell'ambito della teoria dell'informazione. Poniamoci il seguente problema: abbiamo uno schema probabilistico A in cui si hanno M eventi con probabilità $p_0, p_1, ..., p_{M-1}$, e si vuole determinare il grado di "incertezza" dello schema. Nel caso $M = 2$ la cosa è piuttosto semplice: tutti sono sicuramente concordi nel considerare lo schema con $(p_0 = 0.2, p_1 = 0.8)$ meno incerto di quello con $(p_0 = 0.3, p_1 = 0.7)$ e quello con $(p_0 = 0.5, p_1 = 0.5)$ più incerto dei due precedenti. Ma già nel caso $M = 3$ le cose si complicano, ad esempio non è semplice decidere "a mani nude" se lo schema con $(p_0 = 0.2, p_1 = 0.3, p_2 = 0.5)$ sia più o meno incerto di quello con $(p_0 = 0.15, p_1 = 0.4, p_2 = 0.45)$.

Il problema è stato risolto nel 1948 da Shannon nel suo fondamentale articolo sulla teoria dell'informazione. La funzione che determina in modo non ambiguo l'incertezza è

$$H = -\lambda \sum_{k=0}^{M-1} p_k \ln p_k \,,$$

ove λ è una costante positiva arbitraria. È possibile mostrare (esercizio per il lettore) che H gode delle seguenti proprietà:

a) H è continua rispetto alle $\{p_k\}$;
b) H è massima per $p_k = 1/M$ (suggerimento: la funzione $f(x) = x \ln x$ è concava, cioè $f'' > 0$);
c) H è zero se esiste uno stato certo, cioè $p_k = \delta_{kj}$;
d) H non cambia se si aggiunge uno stato con probabilità nulla ($p_{M+1} = 0$);
e) dati due schemi probabilistici indipendenti A e B allora

$$H(A,B) = H(A) + H(B) \,;$$

f) dati due schemi probabilistici non indipendenti A e B ove $p_k = P(\alpha_k)$ e $p_{ij} = P(\beta_i|\alpha_j)$ allora

$$H(A,B) = H(A) + H(B|A)$$

ove

$$H(B|A) = \sum_j p_j \left[-\sum_i p_{ij} \ln p_{ij} \right] \leq H(B) \ . \tag{9.8}$$

La disuguaglianza precedente ha un chiaro significato intuitivo: l'incertezza di B sapendo A è sicuramente non maggiore di quella senza sapere A.

Inoltre si può dimostrare (meno semplice) che la H definita in (9.8) è l'unica funzione (a parte la costante λ che è fissata dalle unità di misura) per le quali valgono le 6 proprietà precedenti.

In seguito adotteremo la convenzione $\lambda = 1$ ed i logaritmi sono quelli naturali (in base e), gli informatici a volte usano i logaritmi in base 2.

9.3.1 Entropia di Shannon

Consideriamo una sorgente ergodica che emette simboli $i_1, i_2, \ldots$ a tempi discreti, i simboli appartengono ad un alfabeto con M lettere, ogni i_t assume valori tra 0 ed $M-1$. Indichiamo con W_N le parole di lunghezza N; ad esempio se $M = 2$ (alfabeto binario) le possibili parole W_1 sono solo due: $W_1 = 0$ e $W_1 = 1$, se $N = 2$ si hanno quattro possibilità $W_2 = (0,0), W_2 = (0,1), W_2 = (1,0)$ e $W_2 = (1,1)$, per $N = 3$ si hanno otto possibili parole $W_3 = (0,0,0)$, $W_3 = (0,0,1), W_3 = (0,1,0), W_3 = (1,0,0), W_3 = (1,1,0), W_3 = (1,0,1), W_3 = (0,1,1)$ e $W_3 = (1,1,1)$.

Indicando con $P(W_N)$ la probabilità della parola W_N, possiamo introdurre l'entropia di blocco di lunghezza N:

$$H_N = -\sum_{W_N} P(W_N) \ln P(W_N) \ .$$

La quantità

$$h_N = H_N - H_{N-1}$$

ha un significato ben preciso: è l'incertezza media (nel senso della (9.8)) sull'N-mo simbolo se sono noti i precedenti $N-1$. Infatti notando che $W_N = (W_{N-1}, i_N)$ possiamo scrivere $P(W_N) = P(W_{N-1})P(i_N|W_{N-1})$ e quindi

$$H_N = -\sum_{W_{N-1},i_N} P(W_{N-1})P(i_N|W_{N-1}) \ln P(W_{N-1})$$

$$- \sum_{W_{N-1},i_N} P(W_{N-1})P(i_N|W_{N-1}) \ln P(i_N|W_{N-1}) \ ,$$

sommando su i_N nel primo termine e ricordando che $\sum_{i_N} P(i_N|W_{N-1}) = 1$ abbiamo

$$h_N = H_N - H_{N-1} = - \sum_{W_{N-1},i_N} P(W_{N-1})P(i_N|W_{N-1})\ln P(i_N|W_{N-1}) =$$

$$= \sum_{W_{N-1}} P(W_{N-1})[- \sum_{i_N} P(i_N|W_{N-1})\ln P(i_N|W_{N-1})] \, .$$

Non è difficile mostrare[3] che per $N \to \infty$, $h_N \to h_S$ detta entropia di Shannon.

Il caso più semplice è quello in cui i simboli $\{i_t\}$ siano variabili aleatorie indipendenti:

$$h_S = - \sum_{k=0}^{M-1} p_k \ln p_k \, .$$

Per le catene di Markov si ha (esercizio)

$$h_S = - \sum_{k,j} p_k p_{jk} \ln p_{jk} \, .$$

9.3.2 Teorema di Shannon-McMillan

Discutiamo ora un'importante teorema[4], dovuto a Shannon e McMillan, che mostra la profonda connessione tra l'entropia di Shannon, la meccanica statistica e la compressione dei dati.

Data una successione ergodica $\{i_1, i_2, ...\}$ con entropia di Shannon h_S se $N \gg 1$ per le parole W_N si possono identificare 2 classi $\Omega_N^{(1)}$ e $\Omega_N^{(2)}$ con le seguenti proprietà

$$\lim_{N\to\infty} \sum_{W_N \in \Omega_N^{(1)}} P(W_N) = 0 \, ,$$

mentre se $W_N \in \Omega_N^{(2)}$ allora

$$P(W_N) \sim e^{-h_S N} \tag{9.9}$$

ed inoltre

$$\lim_{N\to\infty} \sum_{W_N \in \Omega_N^{(2)}} P(W_N) = 1 \, .$$

---

[3] Suggerimento: si ricordi la (9.8), ed il noto teorema sulle successioni monotone limitate superiormente ed inferiormente.

[4] Questo teorema è fortemente imparentato con la legge dei grandi numeri. Il lettore è invitato a trovare una dimostrazione nel caso di variabili indipendenti (ricordandosi della legge dei grandi numeri) e per catene di Markov ergodiche.

In altri termini per grandi valori di N si hanno due classi di parole: quelle tipiche (nella classe $\Omega_N^{(2)}$) e quelle non tipiche (contenute in $\Omega_N^{(1)}$). Dalla (9.9) abbiamo che il numero di parole tipiche è

$$\mathcal{N}(N) \sim e^{h_S N} . \tag{9.10}$$

Se $h_S < \ln M$ allora il numero di parole tipiche è molto più piccolo del numero delle parole possibili $M^N = e^{\ln M N}$.

Prendendo il logaritmo della (9.10) e ricordando che per $N \gg 1$, $H_N \simeq h_S N$, si ottiene

$$H_N \sim \ln \mathcal{N}(N)$$

che non è altro che il "principio di Boltzmann" nell'ambito della teoria dell'informazione.

Da notare che le parole tipiche non sono affatto quelle singolarmente più probabili (che sono invece nella classe $\Omega_N^{(1)}$). Per capire questo basta considerare il caso di variabili binarie indipendenti 0 ed 1 con probabilità diverse da $1/2$ ad esempio 0.9 e 0.1; per ogni N la parola più probabile è chiaramente quella costituita da tutti zeri, cioè $(0,0,...,0)$ ed ha probabilità $(0.9)^N = e^{\ln(0.9)N}$. Invece le parole tipiche per $N \gg 1$, in accordo con il teorema di Shannon-McMillan (che in questo caso non è altro che la legge dei grandi numeri), sono quelle in cui il numero di zeri è il 90%. Per ognuna di queste parole la probabilità è $(0.9)^{0.9N}(0.1)^{0.1N} = e^{-h_S N} \ll e^{\ln(0.9)N}$, ove $h_S = -0.1\ln(0.1) - 0.9\ln(0.9) \simeq 0.324$ mentre $\ln(0.9) \simeq -0.105$.

9.3.2.1 Entropia e compressione dei dati

Il teorema di Shannon-McMillan ha un'importante conseguenza nelle applicazioni informatiche. Data una successione abbastanza lunga $\{i_1, i_2, ..., i_T\}$ in cui i simboli sono in un alfabeto con M elementi, si vuole "comprimere" la scrittura (cioè il file) con una nuova serie (per semplicità sempre con lo stesso alfabeto) $\{j_1, j_2, ..., j_L\}$ in modo tale che non si abbia perdita di informazione (cioè sia possibile ricostruire esattamente il file originario). Shannon ha mostrato che esiste un limite sul valore di L: se T è abbastanza grande allora vale la seguente disuguaglianza

$$\frac{L}{T} \geq \frac{h_S}{\ln M} .$$

In altre parole la possibilità di comprimere dei dati non dipende solo dalla nostra bravura, ma ha un limite intrinseco determinato dall'entropia di Shannon: se la successione ha bassa entropia si può comprimere molto (se si è bravi), mentre se h_S è vicina al valore massimo $\ln M$ (in altre parole i dati sono "molto random") allora non c'è possibilità di migliorare molto, e questo indipendentemente dalla nostra abilità.

9.3.3 Entropia e caos

L'entropia di Shannon, con opportune modifiche, trova un importante utilizzo nell'ambito dei sistemi caotici.

Consideriamo un sistema dinamico deterministico, per semplicità ci limitiamo al caso a tempo discreto:

$$\mathbf{x}_{t+1} = \mathbf{g}(\mathbf{x}_t) , \tag{9.11}$$

una volta assegnata la condizione iniziale $\mathbf{x}_0$ si ha una traiettoria $\{\mathbf{x}_1, \mathbf{x}_1, ..., \mathbf{x}_T, ...\}$. Consideriamo il caso in cui si abbia caos deterministico (vedi Capitolo 7), cioè la distanza tra due traiettorie inizialmente molto vicine cresce esponenzialmente nel tempo:

$$|\delta\mathbf{x}_t| \sim |\delta\mathbf{x}_0| e^{\lambda_1 t}$$

ove $\lambda_1 > 0$ è (il massimo) esponente di Lyapunov.

Introduciamo ora una partizione[5] $\mathscr{A}$ dello spazio delle fasi (ad esempio in celle regolari di grandezza ε), alla traiettoria $\{\mathbf{x}_1, \mathbf{x}_1, ..., \mathbf{x}_T, \}$ è associata una successione di numeri interi $\{i_1(\mathscr{A}), i_2(\mathscr{A}), ..., i_T(\mathscr{A})\}$ ove $i_1(\mathscr{A})$ è il numero che corrisponde alla cella che contiene $\mathbf{x}_1$, $i_2(\mathscr{A})$ quello determinato dalla cella che contiene $\mathbf{x}_2$, e così via. A questo punto possiamo ripetere la procedura discussa per la teoria dell'informazione: calcolare le $P(W_N)$, le H_N e poi nel limite $N \gg 1$ l'entropia di Shannon[6] $h_S(\mathscr{A})$ ($h_S(\varepsilon)$ nel caso di celle regolari di grandezza ε) che dipende dalla partizione scelta. Per ovviare a questo ed ottenere una quantità che dipenda solo dal sistema (9.11) si introduce l'entropia di Kolmogorov- Sinai:

$$h_{KS} = \sup_{\mathscr{A}} h_S(\mathscr{A}) ,$$

in modo equivalente (un po' più intuitivo) nel caso di partizione in celle di grandezza ε si ha:

$$h_{KS} = \lim_{\varepsilon \to 0} h_S(\varepsilon) .$$

Il significato "fisico" dell'entropia di Kolomogorov–Sinai è del tutto analogo all'entropia di Shannon: h_{KS} misura la proliferazione esponenziale delle traiettorie. Una volta introdotta la partizione in celle, dato il simbolo iniziale $i_1(\varepsilon)$ si possono generare diverse successioni, infatti ad una data cella corrispondono diverse condizioni iniziali. Il numero di successioni di lunghezza t (in pratica le traiettorie con un coarse graining ε) cresce come

$$\mathcal{N}(t) \sim e^{h_{KS} t} . \tag{9.12}$$

---

[5] La necessità di introdurre una partizione può nascere per vari motivi, ad esempio strumenti di osservazione con risoluzione finita, oppure per esigenze di una "descrizione efficace" del problema; ad esempio per le previsioni del tempo potremmo accontentarci (almeno a livello giornalistico) di una partizione con 3 elementi: tempo bello, tempo brutto e tempo incerto.

[6] Si assume che il sistema sia ergodico e quindi le probabilità $P(W_N)$ sono calcolabili da una successione molto lunga, in termini delle frequenze delle parole W_N.

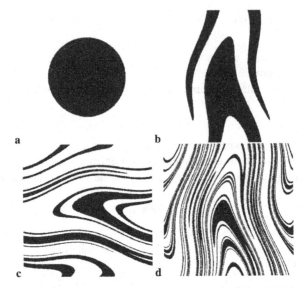

Fig. 9.1 Evoluzione temporale di un insieme di traiettorie con condizione iniziale in un cerchio di raggio ε in una mappa bidimensionale caotica sul toro

Il risultato non banale è la validità dell'equazione precedente indipendentemente dal valore di ε se ε è abbastanza piccolo.

L'entropia h_{KS} è determinata dall'instabilità esponenziale delle traiettorie (sensibile dipendenza dalle condizioni iniziali) del sistema caotico, in particolare dagli esponenti di Lyapunov. In collegamento tra entropia ed esponenti di Lyapunov può essere compreso semplicemente nel caso di sistemi a bassa dimensione (cioè con un solo esponente di Lyapunov positivo), ad esempio la mappa di Hénon o la mappa standard. Immaginiamo di seguire le traiettorie generate dalle condizioni iniziali contenute in una cerchio di raggio ε. Al passare del tempo, per effetto del meccanismo di stiramento e ripiegamento presente nei sistemi caotici, si avrà una sorta di filamento contorto, vedi Fig. 9.1.

Per effetto del caos la lunghezza di questo filamento è $\sim \varepsilon e^{\lambda_1 t}$, quindi il numero di celle occupate cresce come $\sim e^{\lambda_1 t}$. Un momento di riflessione ci convince che anche il numero di traiettorie (con coarse graining ε) è $\sim e^{\lambda_1 t}$ (basta ripercorrere al contrario la traiettoria a partire da ogni cella finale occupata). Abbiamo quindi

$$h_{KS} = \lambda_1 \ .$$

In sistemi con più esponenti di Lyapunov positivi l'espressione precedente è generalizzata dalla formula di Pesin: l'entropia di Kolmogorov-Sinai è la somma di tutti gli esponenti di Lyapunov positivi

$$h_{KS} = \sum_{i:\lambda_i>0} \lambda_i \ .$$

9.4 Osservazioni conclusive

Abbiamo discusso diverse entropie: per la meccanica statistica (Boltzmann e Gibbs), per la teoria dell'informazione (Shannon) e per i sistemi dinamici caotici (Kolmogorov- Sinai). È opportuno sottolineare che il comune nome entropia usato in tutti i casi è pienamente giustificato e non solo a livello formale. Infatti, pur avendo ognuna il suo campo di applicazione, le varie entropie condividono un importante elemento: contano come avviene la "proliferazione esponenziale": in meccanica statistica (9.3) l'aumento del volume dello spazio delle fasi al variare del numero di particelle, in teoria dell'informazione il numero di parole tipiche al crescere della lunghezza (9.10). Notiamo che una conseguenza del teorema di Shannon- McMillan (9.10) è del tutto analoga al "principio di Boltzmann". Analogamente per i sistemi dinamici l'entropia di Kolmogorov- Sinai è il tasso di crescita esponenziale del numero di traiettorie all'aumentare del tempo.

Esercizi

9.1. Si dimostri che l'entropia relativa

$$\tilde{S}[p|q] = -\int p(x) \ln\left[\frac{p(x)}{q(x)}\right] dx$$

non dipende dalle variabili usate, cioè è invariante sotto un cambiamento di variabile $x \to y = f(x)$ ove la trasformazione è invertibile.

9.2. Una particella si muove con velocità costante sul segmento $[0, L]$, quando tocca il bordo $x = L$ la velocità cambia segno, invece quando tocca $x = 0$ viene estratta una nuova velocità con densità di probabilità:

$$g(v) = \theta(v) v e^{-v^2/2} ,$$

ove $\theta(v)$ è la funzione gradino, ed ogni estrazione è indipendente dalle altre. Mostrare che, osservando la particella per un tempo molto lungo, per le densità di probabilità si osserverà una gaussiana per la velocità ed una distribuzione uniforme per la posizione:

$$p_V(v) = \frac{1}{\sqrt{2\pi}} e^{-v^2/2} , \quad p_X(x) = \frac{1}{L} .$$

Questo risultato è usato nelle simulazioni di meccanica statistica in cui intervengono bagni termici, vedi ad esempio R. Tehver, F. Toigo, J. Koplik and J.R. Banavar, "Thermal walls in computer simulations" Phys. Rev. E **57**, R17 (1998).

9.3. Mostrare che in una catena di Markov ergodica si ha

$$H(x_n|x_0) = H(x_0|x_n) ,$$

ove

$$H(x_0|x_n) = -\sum_{i,j} P(x_n = i)P(x_0 = j|x_n = i)\ln P(x_0 = j|x_n = i) \ .$$

In altre parole il presente ha un'entropia condizionata dalla conoscenza del passato pari a quella condizionata dalla conoscenza del futuro.

Discutere il limite $n \gg 1$.

9.4. Mostrare che in una catena di Markov ergodica in cui vale il bilancio dettagliato si ha

$$H(x_n|x_0 = i) = H(x_0|x_n = i) \ ,$$

per ogni i, ove

$$H(x_n|x_0 = i) = -\sum_{j} P(x_0 = j|x_n = i)\ln P(x_0 = j|x_n = i) \ .$$

Notare che questa proprietà è più forte di quella dell'esercizio precedente.

9.5. Consideriamo una catena di Markov con due stati:

$$P_{1\to1} = p \ , \ P_{1\to2} = 1 - p \ , \ P_{2\to1} = 1 \ , \ P_{2\to2} = 0 \ .$$

Mostrare che, per ogni $p \in (0,1)$ il numero delle possibili parole $\mathcal{N}(N)$ di lunghezza N, per $N \gg 1$ cresce come G^N ove G è la sezione aurea $G = (1 + \sqrt{5})/2$. *Suggerimento*: cercare una relazione tra $\mathcal{N}(N)$, $\mathcal{N}(N-1)$ e $\mathcal{N}(N-2)$. *Nota*: la catena di Markov nell'esercizio *E7.4* corrisponde al caso $p = 1/2$.

9.6. Si consideri la mappa caotica

$$x_{t+1} = 3x_t \ mod \ 1 \ ,$$

calcolare numericamente l'entropia di Shannon relativa ad una partizione con intervalli $\varepsilon = 1/m$ con $m = 2, 3, 4, \ldots$. Verificare che per m multiplo di 3 si ottiene il risultato previsto dalla formula di Pesin $h_{KS} = \ln 4$.

Letture consigliate

Un bel libro di meccanica statistica in cui si discutono molti aspetti dell'entropia:

J.P. Sethna, *Statistical Mechanics: Entropy, Order Parameters and Complexity* (Oxford University Press, 2006).

Su L. Boltzmann uomo, fisico e filosofo:

C. Cercignani, *Ludwig Boltzmann: the man who trusted atoms* (Oxford University Press, 1998).

Per la massima entropia: il libro che riassume l'approccio di Jaynes:

E.T. Jaynes, *Probability Theory,The Logic of Science* (Cambridge University Press, 2003).

J. Uffink, "Can the maximum entropy principle be explained as a consistency requirement?", Studies In History and Philosophy of Modern Physics **26**, 223 (1995).

Un piccolo grande classico della teoria dell'informazione:

A.I. Khinchin, *On the Fundamental Theorems of Information Theory* (Dover Publications, 1956).

Per caos ed entropia:

M. Cencini, F. Cecconi, A.Vulpiani, *Chaos: From Simple Models to Complex Systems* (World Scientific, 2009).

Appendice

Qualche risultato utile e complementi

Questa Appendice è stata introdotta per completezza, in modo da riassumere alcuni risultati già noti al lettore, qualche risultato utile e dei complementi.

A.1 Densità di probabilità marginali e condizionate

Nel Capitolo 1 trattando il caso di una variabile aleatoria scalare, abbiamo introdotto la funzione di distribuzione $F_X(x) = P(X < x)$. Per variabili aleatorie in più dimensioni si ha un'ovvia generalizzazione. Per semplicità di notazione cominciamo con il caso con 2 variabili definendo la funzione di distribuzione congiunta

$$F_{X,Y}(x,y) = P(X < x, Y < y) \ . \qquad (A.1)$$

Naturalmente per ogni fissato valore di y la $F_{X,Y}(x,y)$ è una funzione non decrescente della x; analogamente per ogni x la $F_{X,Y}(x,y)$ è una funzione non decrescente della y.

Nel caso $F_{X,Y}(x,y)$ sia differenziabile si può introdurre la densità di probabilità congiunta

$$p_{X,Y}(x,y) = \frac{\partial^2}{\partial x \partial y} F_{X,Y}(x,y) \ . \qquad (A.2)$$

Il significato della $p_{X,Y}(x,y)$ è evidente:

$$P((x,y) \in A) = \int_A p_{X,Y}(x',y') dx' dy' \ .$$

Se si accetta di considerare come densità di probabilità anche funzioni singolari (ad esempio la delta di Dirac), allora non è necessario trattare separatamente variabili aleatorie discrete e continue.

Si possono introdurre le funzioni di distribuzione marginali

$$F_X(x) = P(X < x) = F_{X,Y}(x,\infty) \ , \ F_Y(y) = P(Y < y) = F_{X,Y}(\infty,y) \ ,$$

Boffetta G., Vulpiani, A.: Probabilità in Fisica. Un'introduzione.
DOI 10.1007/978-88-470-2430-4_10, © Springer-Verlag Italia 2012

e le densità di probabilità marginali:

$$p_X(x) = \int p_{X,Y}(x,y)dy \ , \ p_Y(y) = \int p_{X,Y}(x,y)dx \ , \qquad \text{(A.3)}$$

ovviamente

$$p_X(x) = \frac{d}{dx}F_X(x) \ , \ p_Y(y) = \frac{d}{dy}F_Y(y) \ .$$

A.1.1 Densità di probabilità condizionata

Dati due intervalli $a = [x_1, x_2]$ e $b = [y_1, y_2]$ la probabilità di avere la variabile Y in b condizionata al fatto che X sia in a è una quantità ben definita:

$$P(Y \in b | X \in a) = \frac{P(X \in a, Y \in b)}{P(X \in a)} \ .$$

È interessante il fatto che la probabilità condizionata sopra introdotta è ben definita anche nel limite $P(X \in a) \to 0$. Consideriamo il caso $x_2 = x_1 + \Delta x$, $y_2 = y_1 + \Delta y$ con Δx e Δy piccoli, abbiamo

$$P(Y \in b | X \in a) = \frac{p_{X,Y}(x_1, y_1)\Delta x \Delta y}{p_X(x_1)\Delta x} \ ,$$

possiamo quindi definire in modo coerente una densità di probabilità condizionata:

$$p_{Y|X}(y|x) = \frac{p_{X,Y}(x,y)}{p_X(x)} \qquad \text{(A.4)}$$

in modo tale che

$$P(Y \in b | X = x_1) = p_{Y|X}(y_1|x_1)\Delta y \ .$$

Notare che la (A.4) ha la "stessa forma" del caso discreto[1].

Nel caso di variabili indipendenti si ha

$$p_{X,Y}(x,y) = p_X(x)p_Y(y) \ , \ p_{Y|X}(y|x) = p_Y(y) \ , \ p_{X|Y}(x|y) = p_X(x) \ .$$

---

[1] Indicando con $P_{i,j}$ la probabilità $P(x = x_i, y = y_j)$, ove $x_1, x_2...$ sono i possibili valori discreti della variabile X (ed analogamente per la Y) le probabilità marginali sono

$$P_i^X = \sum_j P_{i,j} \ , \ P_j^Y = \sum_i P_{i,j}$$

e le probabilità condizionate (con ovvio significato dei simboli)

$$P_{i|j}^{X|Y} = \frac{P_{i,j}}{P_j^Y} \ , \ P_{j|i}^{Y|X} = \frac{P_{i,j}}{P_i^X} \ .$$

Come esempio consideriamo un caso particolare della distribuzione gaussiana bivariata (che sarà ripresa in seguito):

$$p_{X,Y}(x,y) = \frac{1}{2\pi\sqrt{1-\rho^2}} \, exp - \frac{x^2+y^2-2\rho xy}{2(1-\rho^2)} \, ,$$

ove ρ è detto coefficiente di correlazione tra X e Y, $|\rho| \leq 1$, e ovviamente se $\rho = 0$, X e Y sono indipendenti. Come esercizio il lettore può verificare che, per ogni valore di ρ le distribuzioni marginali sono gaussiane, come anche le distribuzioni condizionate.

A.1.2 Tre o più variabili

Nel caso con 3 variabili abbiamo la funzione di distribuzione congiunta

$$F_{X,Y,Z}(x,y,z) = P(X < x, Y < y, Z < z)$$

e la densità di probabilità

$$p_{X,Y,Z}(x,y,z) = \frac{\partial^3}{\partial x \partial y \partial z} F_{X,Y,Z}(x,y,z) \, .$$

Si possono introdurre 3 densità di probabilità dipendenti da una sola variabile:

$$p_X(x) = \int \int p_{X,Y,Z}(x,y,z)dydz$$

ed analogamente $p_Y(y)$, $p_Z(z)$; ed anche 3 densità che dipendono da 2 variabili:

$$p_{X,Y}(x,y) = \int p_{X,Y,Z}(x,y,z)dz$$

ed analogamente $p_{Y,Z}(y,z)$, $p_{X,Z}(x,z)$.

Abbiamo due diversi tipi di densità condizionate; se si condiziona rispetto ad una variabile (ad esempio la z) abbiamo

$$p_{\{X,Y\}|Z}(x,y|z) = \frac{p_{X,Y,Z}(x,y,z)}{p_Z(z)} \, ,$$

se si condiziona rispetto a due variabile (ad esempio y e z) abbiamo

$$p_{X|\{Y,Z\}}(x|\{y,z\}) = \frac{p_{X,Y,Z}(x,y,z)}{p_{Y,Z}(y,z)} \, .$$

Il caso con più variabili può essere generalizzato in modo ovvio senza alcuna difficoltà.

A.2 Valori medi

Data una variabile aleatoria X con densità di probabilità $p_X(x)$ il valor medio di una funzione $f(x)$ è definito come

$$< f(x) >= E(f(x)) = \int f(x) p_X(x) dx \, ; \qquad (\text{A.5})$$

nel caso multidimensionale

$$< f(\mathbf{x}) >= E(f(\mathbf{x})) = \int f(\mathbf{x}) p_{X_1,...,X_N}(x_1,...,x_N) dx_1...dx_N \, .$$

Particolarmente importanti sono i casi con $f(x) = x$ e $f(x) = x^2$, la varianza σ_x^2 è definita come

$$\sigma_x^2 =< x^2 > - < x >^2 =< (x - < x >)^2 > \, .$$

Indichiamo con y la somma $a_1 x_1 + ... + a_N x_N$ ove $x_1,...,x_N$ variabili aleatorie e $a_1,...,a_N$ costanti reali, le seguenti proprietà sono di facile dimostrazione (lasciata al lettore):

$$E(y) = E(a_1 x_1 + ... + a_N x_N) = a_1 E(x_1) + ... + a_N E(x_N) \, ,$$

$$\sigma_y^2 = \sum_{j=1}^{N} a_j^2 \sigma_{x_j}^2 + 2 \sum_{j<n} a_j a_n E\left((x_j - E(x_j))(x_n - E(x_n)) \right) \, .$$

Nel caso di variabili indipendenti:

$$E\left(\prod_{j=1}^{N} f_j(x_j) \right) = \prod_{j=1}^{N} E(f_j(x_j)) \, , \quad \sigma_y^2 = \sum_{j=1}^{N} a_j^2 \sigma_{x_j}^2 \, .$$

A.2.1 Una disuguaglianza spesso utile

Consideriamo il caso in cui $f(x)$ sia una funzione concava, cioè $f''(x) \geq 0$, vale la seguente disuguaglianza (di Jensen):

$$E(f(x)) \geq f(E(x)) \, . \qquad (\text{A.6})$$

La dimostrazione è molto semplice. Dalla proprietà di concavità si ha che per ogni x_0 vale la relazione

$$f(x) \geq f(x_0) + f'(x_0)(x - x_0) \, .$$

Facendo la media della disuguaglianza precedente e ponendo $x_0 = E(x)$ si ottiene la (A.6). In modo analogo se $f(x)$ è una funzione convessa, cioè $f''(x) \leq 0$, si ha

$$E(f(x)) \leq f(E(x)) \, .$$

Dalle disuguaglianze di Jensen seguono utili relazione del tipo:

$$E(x^2) \geq [E(|x|)]^2 \, , \, E(x^4) \geq [E(x^2)]^2$$

$$E\left[e^{ax}\right] \geq e^{aE(x)} \, , \, E(\ln x) \leq \ln E(x) \, .$$

A.2.2 Valori medi condizionati

Per semplicità di notazione consideriamo il caso di due variabili X ed Y con densità di probabilità congiunta $p_{X,Y}(x,y)$, definiamo il valore di aspettazione di una funzione $f(x)$ condizionato ad un dato valore y come

$$E(f(x)|y) = \int f(x) p_{X|Y}(x|y) dx \, ,$$

è possibile esprimere il valor medio non condizionato $E(f(x))$ come segue

$$E(f(x)) = E_Y(E(f(x)|y)) = \int E(f(x)|y) p_Y(y) dy \, , \quad (A.7)$$

ove E_Y indica che il valor medio è calcolato con la distribuzione marginale della variabile Y. La dimostrazione è immediata: scrivendo $p_{X,Y}(x,y) = p_{X|Y}(x|y) p_Y(y)$ abbiamo

$$E(f(x)) = \int \int f(x) p_{X,Y}(x,y) dx dy = \int \left[\int f(x) p_{X|Y}(x|y) dx \right] p_Y(y) dy =$$

$$\int E(f(x)|y) p_Y(y) dy = E_Y(E(f(x)|y)) \, .$$

A.2.3 Dai momenti alla densità di probabilità

Naturalmente nota la densità di probabilità $p_X(x)$ si possono calcolare i momenti $M_n = <x^n>$, ci si può domandare se sia possibile determinare la $p_X(x)$ a partire dai momenti. Poiché possiamo scrivere la funzione caratteristica nella forma

$$\phi_X(t) = 1 + \sum_{n=1} \frac{M_n}{n!} (it)^n \, ,$$

ricordando i teoremi di analisi complessa sulle serie di potenze è chiaro che se i momenti M_n non crescono troppo velocemente con n, ad esempio $M_n < C^n$, allora dalla conoscenza di tutti i momenti è possibile trovare, in modo unico, la $\phi_X(t)$ e quindi la $p_X(x)$.

Tuttavia se M_n cresce troppo velocemente con n non è possibile ricostruire $p_X(x)$ a partire da $\{M_n\}$, in altre parole si possono avere due densità di probabilità diverse con gli stessi momenti.

Come esempio possiamo considerare la distribuzione lognormale definita per $x > 0$:

$$p_{LN}(x) = \frac{1}{x\sqrt{2\pi}} e^{-(\ln x)^2/2} \, ,$$

e la funzione

$$f(x) = \frac{1}{x\sqrt{2\pi}} \left[1 + b\sin(\ln(x)) \right] e^{-(\ln x)^2/2} \, .$$

È facile verificare (esercizio per il lettore) che se $|b| < 1$ allora $f(x) \geq 0$ ed inoltre

$$\int_0^\infty f(x)dx = 1 \, ,$$

quindi la $f(x)$ è una densità di probabilità ed è chiaramente diversa da $p_{LN}(x)$. Il calcolo dei momenti (lasciato come esercizio) mostra che

$$\int_0^\infty f(x)x^n dx = \int_0^\infty p_{LN}(x)x^n dx = e^{n^2/2} \, ,$$

abbiamo quindi due densità di probabilità diverse con gli stessi momenti.

A.2.4 Cumulanti

Ricordiamo dal Capitolo 3 che i cumulanti sono definiti dalla funzione generatrice dei cumulanti

$$L(q) = \ln \left[E\left(e^{qx} \right) \right] \, .$$

La funzione caratteristica $\phi_X(t)$ può essere scritta in termini dei momenti (se esistono). Può essere utile esprimere la $\phi_X(t)$ in modo diverso con i cumulanti $c_1, c_2, \ldots$:

$$\ln \phi_X(t) = \sum_{n=1}^\infty \frac{c_n}{n!} (it)^n \, .$$

Naturalmente i cumulanti sono strettamente imparentati con i momenti, un facile calcolo mostra:

$$c_1 = M_1 \, , \quad c_2 = M_2 - M_1^2 \, ,$$

$$c_3 = <(x - M_1)^3> \, , \quad c_4 = <(x - M_1)^4> - 3(c_2)^2 \, \ldots .$$

È immediato verificare che se la $p_X(x)$ è gaussiana per $n > 3$ si ha $c_n = 0$.

A.3 Qualche distribuzione notevole

A.3.1 Distribuzione binomiale

Questa distribuzione, pur elementare, ha un ruolo importante nel calcolo della probabilità. Consideriamo la variabile $y_N = x_1 + x_2 + \ldots + x_N$, ove le $\{x_i\}$ sono i.i.d. e valgono 1 oppure 0 con probabilità p e $1 - p$ rispettivamente. La probabilità di avere

$y_N = k$ è:

$$P_N(k) = C_{N,k}\, p^k (1-p)^{N-k}$$

ove $C_{N,k}$ è il numero di modi (combinazioni) in cui si possono disporre k oggetti indistinguibili in una sequenza lunga N. L'espressione ben nota[2] per $C_{N,k}$ è

$$C_{N,k} = \frac{N!}{k!(N-k)!}\,, \tag{A.8}$$

e quindi

$$P_N(k) = \frac{N!}{k!(N-k)!}\, p^k (1-p)^{N-k}\,. \tag{A.9}$$

Il calcolo della media e della varianza di y_N sono elementari: poiché le $\{x_i\}$ sono i.i.d. si ha

$$E(y_N) = NE(x) = Np\,, \quad \sigma_{y_N}^2 = N\sigma_x^2 = Np(1-p)\,,$$

ovviamente si possono ottenere gli stessi risultati a partire dalla (A.9).

Dalla distribuzione binomiale nel limite $N \gg 1$ e p finita si ottiene la distribuzione Gaussiana, per i dettagli della derivazione basata sull'approssimazione di Stirling si veda la Sezione 4 del Capitolo 3.

Un altro caso interessante è quello con $N \gg 1$ e $p = \lambda/N$.

A.3.2 Distribuzione di Poisson

Consideriamo il caso limite della distribuzione binomiale in cui $N \gg 1$, $p = \lambda/N$ con $\lambda = O(1)$ e $k \ll N$. Notando che

$$\frac{N!}{k!(N-k)!} = \frac{N(N-1)\ldots(N-k+1)}{k!} \simeq \frac{N^k}{k!}$$

e

$$(1-p)^{N-k} = \left(1 - \frac{\lambda}{N}\right)^{N-k} \simeq \left(1 - \frac{\lambda}{N}\right)^{N} \simeq e^{-\lambda}\,,$$

dalla (A.9) si ha

$$P(k) = \frac{\lambda^k}{k!}e^{-\lambda} \quad k = 0, 1, 2, \ldots \tag{A.10}$$

cioè un'espressione indipendente da N. Notare che la probabilità è normalizzata correttamente: $P(0) + P(1) + \ldots = 1$. Il significato di λ è chiaro dal calcolo di

---

[2] La (A.8) è una formula elementare del calcolo combinatorio. Per completezza ricaviamola a partire dalla relazione di ricorrenza

$$C_{N+1,k} = C_{N,k} + C_{N,k-1}$$

che esprime in formule l'osservazione che le sequenze binarie di lunghezza $N+1$ che contengono k volte 1 sono quelle di lunghezza N con k volte 1, seguite da uno 0 più quelle di lunghezza N con $k-1$ volte 1, seguite da un 1. Notando che $C_{N,1} = N$ e $C_{N,0} = 1$, per induzione si ottiene il risultato (A.8).

$E(k) = <k>$:

$$E(k) = \sum_{k=0}^{\infty} kP(k) = \sum_{k=0}^{\infty} k\frac{\lambda^k}{k!}e^{-\lambda} = e^{-\lambda}\lambda\frac{\partial}{\partial\lambda}\sum_{k=0}^{\infty}\frac{\lambda^k}{k!} = \lambda \, ,$$

con un calcolo analogo si ha

$$\sigma^2 = E(k^2) - E(k)^2 = \lambda \, .$$

Un'applicazione elementare, ma interessante per la meccanica statistica, della distribuzione di Poisson è la probabilità di trovare k particelle in una piccola regione di volume ΔV in un recipiente di volume $V \gg \Delta V$, contenente un numero N molto grandi di particelle. Assumendo che le particelle siano distribuite uniformemente allora la probabilità che una data particella sia contenuta in una regione di volume ΔV è $p = \Delta V/V$. Introducendo la densità $\rho = N/V$ si può scrivere $p = \rho\Delta V/V = <k>/N$, ove il numero medio di particelle è $<k> = Np$. Abbiamo quindi che nel gran canonico la probabilità di avere k particelle è data dalla (A.10) con $\lambda = <k>$.

A.3.3 Distribuzione χ^2 di Pearson

Siano $x_1, ..., x_N$ variabili i.i.d. con densità di probabilità gaussiana con media nulla e varianza unitaria, abbiamo

$$p_{X_1,...,X_N}(x_1,...,x_N) = \sqrt{\frac{1}{(2\pi)^N}}\, exp -\frac{1}{2}\sum_{j=1}^{N}x_j^2 \, .$$

Consideriamo la variabile

$$\chi_N^2 = \sum_{j=1}^{N}x_j^2$$

utilizzando la (2.16) per la variabile $y = \chi_N^2$, e ricordando la definizione della funzione gamma di Eulero (vedi dopo), si ha

$$p_Y(y) = \frac{y^{(N/2-1)}}{2^{N/2}\Gamma(N/2)}e^{-\frac{y}{2}} \, . \tag{A.11}$$

La precedente funzione è chiamata distribuzione di χ^2 di Pearson per N gradi di libertà.

Analogamente per la variabile $z = \chi_N$ si ha

$$p_Z(z) = 2\frac{z^{N-1}}{2^{N/2}\Gamma(N/2)}e^{-\frac{z^2}{2}} \, . \tag{A.12}$$

La distribuzione di probabilità di χ^2 (o equivalentemente quella per χ) ha un ruolo importante nel trattamento dei dati sperimentali. È naturale infatti aspettarsi che la differenza tra un'osservazione sperimentale ed il valore "vero" sia una variabile gaussiana.

A.3.4 Ancora sulla distribuzione di Poisson

Consideriamo $x_1, ..., x_N$ variabili positive i.i.d. con densità di probabilità esponenziale

$$p_1(x) = \lambda\, e^{-\lambda x}. \tag{A.13}$$

Calcoliamo la densità di probabilità di $z = x_1 + x_2$:

$$p_2(z) = \int p_1(x)p_1(z-x)dx = (p_1 * p_1)(z) = \lambda^2 z e^{-\lambda z}.$$

È facile ripete il calcolo per $z = x_1 + ... + x_N$:

$$p_N(z) = \frac{\lambda^N}{(N-1)!} z^{N-1} e^{-\lambda z}, \tag{A.14}$$

che non è altro che la (A.11) con $N/2$ rimpiazzato da N e $1/2$ sostituito con λ.

La distribuzione di probabilità (A.14) ha un ruolo importante nella statistica degli incidenti industriali. Infatti come dato empirico si ha che la (A.13) descrive in modo soddisfacente la densità di probabilità del tempo di rottura di un macchinario (ed anche la durata di una lampadina); quindi se immaginiamo di sostituire subito il macchinario dopo l'incidente la (A.14) rappresenta la distribuzione di probabilità della durata di N macchine.

Domandiamoci ora la probabilità $P_T(n)$ che nell'intervallo $(0, T)$ si abbiano n rotture. Indicando con x_j il tempo di durata della j−ma macchina, si hanno n rotture in $(0, T)$ se

$$\sum_{j=1}^{n} x_j < T \ e \ \sum_{j=1}^{n+1} x_j > T,$$

quindi

$$P_T(n) = \int_0^T p_n(x)dx - \int_0^T p_{n+1}(x)dx$$

ove le $p_n(x)$ e $p_{n+1}(x)$ sono date dalla (A.14). Integrando per parti il primo integrale si ottiene

$$P_T(n) = \frac{(\lambda T)^n}{n!} e^{-\lambda T},$$

abbiamo quindi che il numero di rotture, in un intervallo di durata T, è una variabile Poissoniana con $< n >= \lambda T$.

A.3.5 Distribuzione multidimensionale di variabili gaussiane

Abbiamo incontrato più volte la distribuzione di probabilità gaussiana con media m e varianza σ^2:

$$p_X(x) = \frac{1}{\sqrt{2\pi\sigma^2}} exp\left[-\frac{1}{2\sigma^2}(x-m)^2\right] ,$$

la sua generalizzazione al caso di N variabili $x_1,...,x_N$ indipendenti ciascuna con media m_j e varianza σ_j^2, è immediata:

$$p_{X_1,..,X_N}(x_1,..,x_N) = \prod_n \frac{1}{\sqrt{2\pi\sigma_n^2}} exp\left[-\sum_n \frac{1}{2\sigma_n^2}(x_n-m_n)^2\right] .$$

Consideriamo delle nuove variabili $y_1,...,y_N$ esprimibili come combinazioni lineari delle $x_1,...,x_N$:

$$\mathbf{y} = \mathscr{B}\mathbf{x} + \mathbf{a}$$

ove $\mathscr{B}$ è una matrice con determinante non nullo. È facile vedere che la distribuzioni di probabilità delle $\mathbf{y}$ è della forma:

$$p_{\mathbf{Y}}(y_1,...,y_N) = \sqrt{\frac{|det\mathscr{A}|}{(2\pi)^N}} exp\left[-\frac{1}{2}\sum_{i,j}(y_i-b_i)(y_j-b_j)A_{ij}\right] , \qquad (A.15)$$

ove $\mathscr{A}$ è una matrice simmetrica definita positiva (cioè con autovalori positivi) e $\{b_j\}$ sono i valori medi di $\{y_j\}$. Si dimostra facilmente[3] che:

$$< (y_i-b_i)(y_j-b_j) > = \left[\mathscr{A}^{-1}\right]_{ij} .$$

La (A.15) è detta gaussiana multivariata.

Nel caso $N = 2$ ove $< x_1 > = < x_2 > = 0$ e $\sigma_1 = \sigma_2 = 1$ la forma più generale di gaussiana bivariata è:

$$p_{X_1,X_2}(x_1,x_2) = \frac{1}{2\pi\sqrt{1-\rho^2}} exp\left[-\frac{x_1^2+x_2^2-2\rho x_1 x_2}{2(1-\rho^2)}\right] , \qquad (A.16)$$

ove ρ è il coefficiente di correlazione tra x_1 e x_2: $< x_1 x_2 > = \rho$ e $|\rho| \leq 1$. Il caso generale di due variabili y_1 e y_2, con valori medi m_1 e m_2, e varianze σ_1^2 e σ_2^2, con distribuzione gaussiana bivariata si ottiene facilmente dalla (A.16) con il cambio di variabili:

$$y_1 = m_1 + \sigma_1 x_1 \quad y_2 = m_2 + \sigma_2 x_2$$

---

[3] Basta cambiare variabile:

$$\mathbf{y} \to \mathbf{z} = \mathscr{C}(\mathbf{y}-\mathbf{b})$$

in modo tale che $z_1,...,z_N$ siano indipendenti, calcolare $< z_j^2 >$ e poi tornare a $< (y_i-b_i)(y_j-b_j) >$.

ottenendo così:

$$p_{Y_1,Y_2}(y_1,y_2) = \frac{1}{2\pi\sigma_1\sigma_2\sqrt{1-\rho^2}} \times$$

$$\times exp\left\{-\frac{1}{2(1-\rho^2)}\left[\left(\frac{y_1-m_1}{\sigma_1}\right)^2 - 2\rho\left(\frac{y_1-m_1}{\sigma_1}\right)\left(\frac{y_2-m_2}{\sigma_2}\right) + \left(\frac{y_1-m_2}{\sigma_2}\right)^2\right]\right\},$$

e

$$\rho = \frac{1}{\sigma_1\sigma_2} < (y_1-m_1)(y_2-m_2) > .$$

A.4 Funzione gamma di Eulero ed approssimazione di Stirling

Nel calcolo delle probabilità, ed in meccanica statistica, spesso interviene la funzione gamma di Eulero

$$\Gamma(x) = \int_0^\infty t^{x-1}e^{-t}dt .$$

Ci limitiamo al caso con x reale e positivo, integrando per parti è immediato verificare che

$$\Gamma(1) = 1 , \ \Gamma(x+1) = x\Gamma(x) ,$$

quindi per valori di n interi si ha $\Gamma(n+1) = n!$.

La funzione gamma interviene nel calcolo del volume delle ipersfere di dimensione D:

$$V_D(R) = \int_{\sum_{j=1}^D x_j^2 \leq R^2} dx_1....dx_D = C_D R^D ,$$

ove C_D è il volume dell'ipersfera di dimensione D e raggio unitario. La determinazione di C_D in termini della funzione gamma si può ottenere nel seguente modo. Consideriamo l'integrale

$$I_D = \int e^{-\sum_{j=1}^D x_j^2} dx_1....dx_D = \pi^{\frac{D}{2}} ,$$

notando che $dV_D(R) = DC_D R^{D-1}dR$, abbiamo

$$I_D = DC_D \int_0^\infty R^{D-1}e^{-R^2}dR ,$$

con il cambio di variabili $x = R^2$ si ha

$$I_D = \frac{D}{2}C_D \int_0^\infty x^{D/2-1}e^{-x}dx = \frac{D}{2}C_D\Gamma(\frac{D}{2}) ,$$

da cui

$$C_D = \frac{\pi^{\frac{D}{2}}}{\frac{D}{2}\Gamma(\frac{D}{2})} = \frac{\pi^{\frac{D}{2}}}{\Gamma(\frac{D}{2}+1)} .$$

È facile rendersi conto che $N! = \Gamma(N+1)$ cresce molto rapidamente con N (ad esempio $5! = 120$, $20! \simeq 2.432 \times 10^{18}$) ed è quindi importante avere un'espressione (anche approssimata) di $N!$ per grandi N. La risposta a questo problema è l'approssimazione di Stirling.

Scriviamo $N!$ nella forma

$$N! = \Gamma(N+1) = \int_0^\infty t^N e^{-t} dt \,,$$

introducendo la variabile $z = t/N$ abbiamo

$$N! = N^{N+1} \int_0^\infty e^{N(\ln z - z)} dz \,. \tag{A.17}$$

Per grandi N l'integrale può essere calcolato (approssimativamente) con il metodo di Laplace.

A.4.1 Il metodo di Laplace

Consideriamo l'integrale

$$I = \int_a^b e^{Nf(x)} dx \tag{A.18}$$

ove $N \gg 1$ ed $f(x)$ ha un massimo quadratico in $x_0 \in [a,b]$. È facile convincersi, almeno ad un livello non rigoroso, che il contributo dominante ad I proviene dalla regione intorno ad x_0, quindi approssimando $f(x)$ con lo sviluppo di Taylor:

$$f(x) \simeq f(x_0) - \frac{1}{2} |f_0''| (x - x_0)^2 \,,$$

ove f_0'' indica la derivata seconda in x_0, si ha

$$I \simeq e^{Nf(x_0)} \int_a^b e^{-\frac{N}{2} |f_0''| (x-x_0)^2} dx \,,$$

poiché $x_0 \in [a,b]$, ed $N \gg 1$, si può approssimare I come

$$I \simeq e^{Nf(x_0)} \int_{-\infty}^\infty e^{-\frac{N}{2} |f_0''| (x-x_0)^2} dx$$

in quanto i contributi per $x < a$ e $x > b$ sono esponenzialmente piccoli. A questo punto ricordando la ben nota formula dell'integrale gaussiano

$$\int_{-\infty}^\infty e^{-ax^2} dx = \sqrt{\frac{\pi}{a}} \,,$$

si ottiene

$$I \simeq e^{Nf(x_0)} \sqrt{\frac{2\pi}{N|f''(x_0)|}} \,.$$

Utilizzando il risultato appena ottenuto per la (A.17) con $f(x) = \ln x - x$, si ottiene:

$$N! = \Gamma(N+1) \simeq N^N e^{-N} \sqrt{2\pi N} \,,$$

questa approssimazione (detta di Stirling) è molto precisa anche per piccoli valori di N, ad esempio per $N = 2, 3, 20, 40$ e 100 con Stirling per $N!$ si ottiene $1.91, 5.95, 2.42 \times 10^{18}, 8.14 \times 10^{47}$ e 9.32×10^{157}, da confrontare con i valori esatti $2, 6, 2.43 \times 10^{18}, 8.16 \times 10^{47}$ e 9.33×10^{157} rispettivamente.

Se si vuole un'espressione più accurata si può usare

$$N! = \Gamma(N+1) \simeq N^N e^{-N} \sqrt{2\pi N}\left[1 + \frac{1}{12N} + \frac{1}{144N^2} + O(N^{-3})\right].$$

A.5 Il contributo di un grande matematico alla probabilità in genetica: un calcolo elementare

G.H. Hardy, una figura di spicco della matematica del XX secolo, famoso per i sui contributi alla teoria dei numeri, vedeva la matematica come una scienza completemente avulsa dal mondo reale e si vantava che nessuno dei sui lavori avesse mai avuto alcuna rilevanza pratica. Nonostante questo, per somma ironia, il suo nome è oggi molto più diffuso nei testi di biologia per un suo (occasionale) contributo di due sole pagine con un calcolo elementare di probabilità applicata alla genetica, che non nei libri di matematica per i sui sofisticati lavori di analisi.

Il problema risolto da Hardy è il seguente[4]:

... perché un carattere genetico dominante non aumenta, nell'arco delle generazioni, la sua frequenza in modo tale che il carattere recessivo asintoticamente scompaia?

Consideriamo le tre possibili coppie di caratteri Mendeliani (genotipi) nel caso in cui si abbiano solo due tipi di geni A e S: AA, AS e SS; sia AA il carattere puramente dominante, AS quello eterozigote e SS quello puramente recessivo. Assumiamo che alla generazione iniziale le probabilità di AA, AS e SS siano p_0, $2q_0$ e r_0, con $p_0 + 2q_0 + r_0 = 1$. Supponiamo che le unioni avvengano senza preferenze e che la probabilità del carattere non dipenda dal sesso; sotto queste ipotesi il calcolo delle probabilità di AA, AS e SS dopo una generazione è un semplice esercizio[5]. Si può

---

[4] Il risultato venne ottenuto indipendentemente anche dal medico W. Weinberg ed in biologia è noto come *equilibrio di Hardy-Weinberg*. Sembra che all'origine del lavoro ci sia una discussione a cena al Trinity College di Cambridge con il genetista (e suo compagno di cricket) R.O. Punnet. Hardy risolse il problema immediatamente, ma riteneva il risultato così banale da non meritare una pubblicazione; ecco come inizia l'articolo: "Sono riluttante ad intromettermi in un argomento del quale non ho conoscenze approfondite, e mi sarei aspettato che la semplicissima osservazione che intendo presentare sia familiare ai biologi."

[5] Hardy non ritenne importante entrare in dettagli decisamente troppo elementari per il grande esperto di teoria dei numeri *A little mathematics of the multiplication table type is enough to show.*

avere AA solo con la combinazione di AA con AA; AA con AS ed AS con AS, quindi

$$p_1 = p_0^2 + 2q_0 p_0 + q_0^2 = (q_0 + p_0)^2 \qquad (A.19a)$$

in modo analogo si ottiene

$$2q_1 = 2(r_0 + p_0)(q_0 + p_0) \ , \quad r_1 = (q_0 + r_0)^2 \ . \qquad (A.19b)$$

Introduciamo il concetto di frequenza genica del gene A, come il rapporto tra il numero di geni A presenti in una (grande) popolazione, contenente N individui, ed il numero totale di geni. Alla generazione iniziale si ha:

$$f_0(A) = \frac{2p_0 N + 2q_0 N}{2N} = p_0 + q_0 \ , \quad f_0(S) = r_0 + q_0 \ ,$$

ovviamente $f_0(A) + f_0(S) = 1$. Le (A.19) possono essere riscritte nella forma:

$$p_1 = f_0(A)^2 \ , \ 2q_1 = 2f_0(A)f_0(S) \ , \ r_1 = f_0(S)^2 \ .$$

Dopo una generazione abbiamo

$$f_1(A) = p_1 + q_1 = (q_0 + p_0)^2 + (q_0 + p_0)(q_0 + r_0) = f_0(A)[f_0(A) + f_0(S)] = f_0(A) \ ,$$

abbiamo quindi che per $n \geq 1$

$$p_n = p_1 \ , \ 2q_n = 2q_1 \ , \ r_n = r_1 \ .$$

Al passare delle generazioni, dalla seconda in poi, le frequenze relative dei genotipi AA, AS e SS, in contrasto con quanto l'intuizione erroneamente suggerisce, non cambiano.

Ovviamente nella realtà le ipotesi alla base di questo calcolo (ad esempio la non preferenza delle unioni) non sono sempre del tutto realistiche. Scostamenti dalle previsioni sono un'indicazione che sono intervenuti fattori esterni che hanno modificato l'equilibrio di Hardy-Weinberg.

A.6 Statistica degli eventi estremi

Un problema di ovvio interesse pratico è il comportamento statistico dei valori estremi di variabili aleatorie. Si pensi ad esempio alle piene di un fiume: se si vuole pianificare la costruzione di argini (e quindi decidere l'altezza delle barriere di protezione) si deve avere una buona conoscenza della distribuzione di probabilità della massima portata in un dato intervallo temporale.

Consideriamo una variabile aleatoria X con funzione di distribuzione $F_X(x)$, cioè:

$$F_X(x) = P(X < x) \ .$$

Nel caso X sia la portata massima di un fiume in un anno allora $F_X(x)$ è la probabilità che la portata massima non ecceda il valore x. Un'utile quantità è

$$T(x) = \frac{1}{1 - F_X(x)} \, ,$$

che ha un'interpretazione piuttosto evidente: $T(x)$ è il tempo medio (nell'esempio delle piene del fiume il tempo in anni) affinché $X > x$. Se si effettuano n osservazioni la relazione

$$n(1 - F_X(u_n)) = 1$$

definisce la variabile u_n che può essere interpretato come il "valore massimo tipico" in n osservazione.

Consideriamo n variabili aleatorie $x_1, ..., x_n$ i.i.d. con funzione di distribuzione $F_X(x)$, e densità di probabilità $p_X(x) = dF_X(x)/dx$. Indichiamo con y_n il massimo tra le $x_1, ..., x_n$: $y_n = max\{x_1, ..., x_n\}$, si ha

$$F_{Y_n}(y) = P(Y_n < y) = \prod_{j=1}^{n} P(x_j < y) = F_X(y)^n \ .$$

La densità di probabilità del massimo y_n è:

$$p_{Y_n}(y) = \frac{dF_X(y)^n}{dy} = nF_X(y)^{n-1} p_X(y) \ .$$

Come esempio consideriamo il caso in cui la le $x_1, ..., x_n$ siano uniformemente distribuite tra 0 e X_M: $F_X(x) = x/X_M = 1 - (1 - x/X_M)$ ove $0 < x < X_M$. Abbiamo quindi

$$p_{Y_n}(y) = \frac{n}{X_M} \left[1 - \left(1 - \frac{y}{X_M} \right) \right]^{n-1} ,$$

se introduciamo una nuova variabile

$$z = \frac{1}{n} \left(1 - \frac{y}{X_M} \right)$$

nel limite $n \to \infty$ si ottiene

$$p_Z(z) = e^{-z} \ .$$

Ripetiamo il calcolo precedente nel caso $F_X(x) = 1 - e^{-\lambda x}$, $p_X(x) = \lambda e^{-\lambda x}$:

$$F_{Y_n}(y) = \left(1 - e^{-\lambda y} \right)^n ,$$

nel limite $n \gg 1$ si ha

$$F_{Y_n}(y) \sim e^{-ne^{-\lambda y}} \ .$$

Se introduciamo la variabile

$$z = \lambda y + \ln(n) \, ,$$

otteniamo

$$F_Z(z) = e^{-e^{-z}} .$$

(A.20)

Questa distribuzione è detta di Gumbel e appare molto spesso nella statistica degli eventi estremi.

Nei due casi precedentemente discussi abbiamo visto come con un opportuno cambio di variabili:

$$x \to z = a_n x + b_n$$

per $n \gg 1$ si ottiene una funzione di distribuzione indipendente da n, anche se dipendente da $p_X(x)$.

La distribuzione di Gumbel descrive la statistica degli eventi estremi sotto ipotesi molto generali, cioè per tutte quelle densità di probabilità $p_X(x)$ tali che per grandi x:

$$\frac{p_X'(x)}{p_X(x)} \sim \frac{p_X''(x)}{p_X'(x)} \sim \frac{p_X'''(x)}{p_X''(x)} .$$

(A.21a)

Per semplicità ci limitiamo a discutere il caso

$$\frac{p_X'(x)}{p_X(x)} \to const.$$

(A.21b)

La strategia consiste nell'introdurre una coppia di parametri dipendenti da $p_X(x)$ e poi una variabile "naturale":

a) il primo parametro è u_n definito dalla relazione

$$F_X(u_n) = 1 - \frac{1}{n} ,$$

(A.22)

ove n è il numero di osservazioni; u_n è il valore di x per il quale il tempo medio di ritorno è n;

b) il secondo parametro α_n è dato da

$$\alpha_n = n p_X(u_n) .$$

(A.23)

Eliminando n dalle due precedenti equazioni si ha

$$\alpha_n = \frac{p_X(u_n)}{1 - F_X(u_n)} .$$

Nel limite $u_n \to \infty$, si ha $p_X(u_n) \to 0$ e $F_X(u_n) \to 1$, usando la regola di del'Hopital otteniamo

$$\alpha_n \simeq -\frac{p_X'(u_n)}{p_X(u_n)} .$$

I due parametri u_n e α_n permettono di definire una nuova variabile "naturale":

$$z = \alpha_n(x - u_n) .$$

Notare che questo procedimento è analogo a quello che si usa nel TLC: u_n ed α_n hanno un ruolo analogo al valore medio ed all'inverso della varianza. Mostriamo ora come ricavare la distribuzione di Gumbel. Consideriamo l'identità

$$\ln[n(1 - F_X(x))] = \ln[n(1 - F_X(u_n) + F_X(u_n) - F_X(u_n + (x - u_n)))] \, ,$$

utilizzando la (A.23) si ha

$$F_X(u_n + (x - u_n)) - F_X(u_n) \simeq p_X(u_n)(x - u_n) = \frac{p_X(u_n)}{\alpha_n} z = \frac{z}{n} \, ,$$

e ricordando che $1 - F_X(u_n) = 1/n$ otteniamo

$$\ln[n(1 - F_Y(x))] \simeq \ln(1 - z + ...) \simeq -z \, ,$$

da cui

$$F_X(x) \simeq 1 - \frac{1}{n} e^{-z} \, .$$

Quindi per la variabile $z = \alpha_n(x - u_n)$ nel limite $n \gg 1$ abbiamo la distribuzione di Gumbel:

$$F_Z(z) = F_X'(x)^n \simeq e^{-e^{-z}} \, .$$

Tra le densità di probabilità $p_X(x)$ che soddisfano la (A.21b) e quindi gli eventi estremi sono descritti (con opportuno cambio di variabili) dalla distribuzione di Gumbel, citiamo la distribuzione gamma

$$p_X(x) = C_a x^a e^{-\lambda y} \ a > 0 \ \lambda > 0$$

e la distribuzione logistica

$$p_X(x) = \frac{a}{1 + e^{bx}} \, .$$

Il risultato che abbiamo ricavato nel caso particolare della (A.21b) $p_X'(x)/p_X(x) \to$ *const.* è valido anche per una vasta classe, che comprende la gaussiana e la lognormale, per la quale vale la (A.21a).

A.7 Distribuzione dei numeri primi: un'applicazione (al limite del consentito) della teoria della probabilità

Discutiamo ora un esempio di come la teoria della probabilità, anche in forma elementare, possa essere utile in branche della matematica apparentemente molto distanti.

Domandiamoci come sono distribuiti i numeri primi, cioè quanti numeri primi sono contenuti tra due numeri dati n ed $n + \Delta n$, o equivalentemente quanti numeri primi sono minori di un dato n. L'argomento probabilistico che presentiamo è stato ideato da Schroeder quando era un giovane studente, e pur nella sua semplicità fornisce una risposta molto accurata.

Cominciamo notando che la probabilità che un numero intero sia divisibile per p_j (ove p_j è un numero primo) è $1/p_j$. Infatti un numero ogni due è divisibile per 2, un numero ogni tre è divisibile per 3, un numero ogni cinque è divisibile per 5, e così via[6]. Supponendo che la divisibilità sia una proprietà indipendente abbiamo che la probabilità che x sia primo è

$$p(x) = \left(1 - \frac{1}{2}\right)\left(1 - \frac{1}{3}\right)\dots = \prod_{p_j < x}\left(1 - \frac{1}{p_j}\right). \tag{A.24}$$

Per la precisione basterebbe limitare la produttoria a $p_j < \sqrt{x}$, ma la cosa è inessenziale e non cambia il risultato in modo rilevante almeno per grandi x.

Passando al logaritmo abbiamo

$$\ln p(x) = \sum_{p_j < x}\ln\left(1 - \frac{1}{p_j}\right) \simeq -\sum_{p_j < x}\frac{1}{p_j}. \tag{A.25}$$

Notiamo ora che nell'equazione precedente nella sommatoria ogni termine $1/p_j$ appare con la frequenza data dalla probabilità che p_j sia primo $p(p_j)$, quindi possiamo riscrivere la (A.25) nella forma

$$\ln p(x) = -\sum_{n=2}^{x}\frac{p(n)}{n} \simeq -\int_2^x \frac{p(x')}{x'}dx',$$

derivando rispetto ad x si ha:

$$\frac{p'(x)}{p(x)} = -\frac{p(x)}{x}. \tag{A.26}$$

Introducendo la variabile $A(x) = 1/p(x)$, interpretabile come la distanza media tra due numeri primi intorno ad x, dalla (A.26) abbiamo

$$\frac{d}{dx}A(x) = \frac{1}{x}$$

da cui $A(x) = \ln x$ e quindi

$$p(x) = \frac{1}{\ln x}. \tag{A.27}$$

Poiché l'integrale di $p(x)$ è divergente, la $p(x)$ non è una "vera" distribuzione di probabilità. Comunque la quantità

$$\Pi(x) = \textit{Numero di primi minori di x}$$

può essere espressa come

$$\Pi(x) = \int_2^x p(x')dx'.$$

---

[6] Ovviamente dobbiamo interpretare quello che stiamo facendo *cum granu salis* in quanto un numero o è primo o non lo è.

Con la stima (A.27) abbiamo

$$\Pi(x) = \int_2^x \frac{1}{\ln x'} dx' \simeq \frac{x}{\ln x} \qquad (A.28)$$

che costituisce un'approssimazione molto precisa.

Il procedimento che abbiamo presentato non ha, ovviamente, alcuna pretesa di rigore, ma suggerisce la soluzione corretta e dà indicazioni per la dimostrazione rigorosa. È stato dimostrato infatti che

$$\lim_{x \to \infty} \frac{\Pi(x) \ln x}{x} = 1 \ .$$

Diamo qualche esempio dell'accuratezza della (A.28): per $n = 10^3$, $n = 10^5$ e $n = 10^9$ i valori esatti di $\Pi(n)$ sono $168, 9592$ e 50847534 da confrontare con l'approssimazione (A.28) $177, 9629$ e 50849234.

Letture consigliate

A parte le ultime tre sezioni, il materiale di questo capitolo è standard, non è quindi necessario dare ulteriori indicazioni.
Per un'introduzione a genetica e probabilità:

W.F. Bodmer, L.L. Cavalli-Sforza, *Genetica, evoluzione, uomo*, Vol. II (Edizioni scientifiche e tecniche Mondadori, 1976).
G.H. Hardy, "Mendelian proportions in a mixed population", Science **28**, 49 (19808).

Per una breve discussione sulla statistica degli eventi estremi si può leggere il Capitolo 8 del libro:

E.W. Montrol, W.W. Badger, *Introduction to quantitative aspects of social phenomena* (Gorgon and Breach Science Publ., 1974).

Per la teoria dei numeri e le sue connessioni con la probabilità si veda il Capitolo 4 del libro:

M.R. Schroeder, *La teoria dei numeri* (Franco Muzzio Editore, 1986).

Soluzioni

Esercizi del Capitolo 1

1.1. Fare un disegno le (E.1) e (E.2) saranno autoevidenti.

Se si vuole procedere in modo formale notare che possiamo scrivere $A \cup B$ nella forma $C_1 \cup C_2 \cup C_3$ ove $C_1 = A - (A \cap B)$, $C_2 = (A \cap B)$, $C_3 = B - (A \cap B)$. Poiché questi tre insiemi sono senza sovrapposizione si ha $P(A \cup B) = P(C_1) + P(C_2) + P(C_3)$, a questo punto poiché C_1 e $A \cap B$ sono disgiunti e $A = C_1 \cup (A \cap B))$, allora $P(C_1) = P(A) - P(A \cap B)$, analogamente $P(C_3) = P(B) - P(A \cap B)$, da cui segue la (E.1). In modo del tutto analogo si ottiene la (E.2).

1.2. Dalla (E.1) abbiamo che $P(A \cap B) = P(A) + P(B) - P(A \cup B)$, poiché $P(A \cup B) \leq 1$ segue $P(A \cap B) \geq 3/4 + 1/3 - 1 = 1/12$.

1.3. Usando la (E.1) si ha

$$P((\Omega - A) \cap (\Omega - B)) = P(\Omega - A) + P(\Omega - B) - P((\Omega - A) \cup (\Omega - B))$$

poiché $P((\Omega - A) \cup (\Omega - B)) \leq 1$, $P(\Omega - A) = 1 - P(A)$ e $P(\Omega - B) = 1 - P(B)$, si ha $P((\Omega - A) \cap (\Omega - B)) > 1 - P(A) - P(B) = 1 - 4/10 - 3/10 = 3/10$ quindi non possono esistere due insiemi A e B che soddisfano le richieste.

1.4. Usando la notazione

$$C_{N,k} = \frac{N!}{k!(N-k)!} ,$$

il numero di possibili estrazioni è $C_{90,5}$. Per calcolare la probabilità di avere un ambo, cioè che escano due numeri dati (n_1, n_2), si deve determinare il numero dei casi favorevoli del tipo $(n_1, n_2, m_1, m_2, m_3)$ ove i numeri m_1, m_2 ed m_3 sono estratti dai restanti 88 numeri, abbiamo quindi

$$P(ambo) = \frac{C_{88,3}}{C_{90,5}} = \frac{2}{801} ,$$

Boffetta G., Vulpiani, A.: Probabilità in Fisica. Un'introduzione.
DOI 10.1007/978-88-470-2430-4_11, © Springer-Verlag Italia 2012

in modo analogo

$$P(singolo\ estratto) = \frac{C_{89,4}}{C_{90,5}} = \frac{1}{18},$$

$$P(terno) = \frac{C_{87,2}}{C_{90,5}} = \frac{1}{11748},$$

$$P(quaterna) = \frac{C_{86,1}}{C_{90,5}} = \frac{1}{511038}.$$

Esercizi del Capitolo 2

2.1.

a) Indichiamo con $P = 1/6$ la probabilità di avere un 6 in un lancio, si hanno due possibilità: 6 al primo lancio oppure al secondo, la probabilità cercata è $2(1 - P)P$.

b) La probabilità di avere un numero pari in un lancio è $p = 1/2$, la probabilità che entrambi i numeri siano pari è p^2.

c) Si hanno 3 possibilità indipendenti $(1,3), (2,2)$ e $(3,1)$ quindi la probabilità che la somma dei numeri sia 4 è $3P^2$.

d) La somma dei numeri è un multiplo di 3 se è 3, 6, 9 oppure 12; si può avere 3 in 2 modi $(1,2)$ e $(2,1)$; 6 può avvenire in 5 modi $(1,5), (2,4), (3,3), (4,2)$, e $(5,1)$; 9 può avvenire in 4 modi $(3,6),(4,5), (5,4)$, e $(6,3)$; 12 in un solo modo $(6,6)$ quindi la probabilità cercata è $12P^2$.

2.2. Indichiamo con $P = 1/2$ la probabilità di avere testa in un lancio:

a) $(1-P)^{N-1}P$;

b) $C_{N,N/2}P^{N/2}(1-P)^{N/2}$;

c) $C_{N,2}P^2(1-P)^{N-2}$;

d) $1 - C_{N,0}(1-P)^N - C_{N,1}P(1-P)^{N-1} = 1 - (1-P)^N - NP(1-P)^{N-1}$.

2.3. Indichiamo con $P_I = 2/3$ e $P_{II} = 1/3$ rispettivamente le probabilità che un pezzo sia prodotto dall'industria I oppure II, con $P(d|I) = 1/5$ e $P(d|II) = 1/50$ le probabilità condizionate di avere un pezzo difettoso proveniente dall'industria I oppure II.

a) usando il teorema della probabilità totale

$$P(un\ pezzo\ difettoso) = P(d) = P(d|I)P_I + P(d|II)P_{II};$$

b) usando la formula di Bayes

$$P(I|d) = P(d|I)\frac{P_I}{P(d)}.$$

2.4. Poiché $P(X = k) = P(Y = k) = 2^{-k}$ si ha:

a) $P(X = Y) = \displaystyle\sum_{k=1}^{\infty} P(X = k)P(Y = k) = \sum_{k=1}^{\infty} 2^{-2k} = \frac{1}{3}$;

b) notiamo che $P(X < Y) = P(Y < X)$ e $P(X < Y) + P(Y < X) + P(X = Y) = 1$ dal risultato precedente $P(X < Y) = 1/3$;

c) $P(X \text{ triplo di } Y) = \displaystyle\sum_{k=1}^{\infty} P(X = 3k)P(Y = k) = \sum_{k=1}^{\infty} 16^{-k} = \frac{1}{15}$.

2.5. La probabilità che nascano $n - 1$ femmine ed un maschio all'n-mo tentativo è $(1 - P)^{n-1}P$; il numero medio di maschi è 1, infatti per ogni P si ha

$$< n_m >= \sum_{n=1}^{\infty} (1 - P)^{n-1}P = 1 \ .$$

Il numero medio di femmine è

$$< n_f >= \sum_{n=1}^{\infty} (n - 1)(1 - P)^{n-1}P = \frac{1 - P}{P} \ ,$$

per $P = 1/2$, $< n_f >= 1$.

2.6. La probabilità che $Y_n < y$ è

$$F_{Y_N}(y) = \prod_{n=1}^{N} P(x_n < y) = F_X(y)^N$$

quindi

$$p_{Y_N}(y) = N F_X(y)^{N-1} p_X(y) \ .$$

In modo analogo la probabilità che $Z_n < z$ è

$$F_{Z_N}(z) = 1 - \prod_{n=1}^{N} P(x_n > z) = 1 - \left(1 - F_X(z)\right)^N$$

da cui

$$p_{Z_N}(z) = N \left(1 - F_X(z)\right)^{N-1} p_X(z) \ .$$

2.7. Usiamo le variabili polari

$$r = \sqrt{x_1^2 + x_2^2} \ , \quad \theta = atang\, z = atang\, \frac{x_2}{x_1} \ ,$$

poiché

$$p_{X_1, X_2}(x_1, x_2) = \frac{1}{2\pi} e^{-(x_1^2 + x_2^2)/2}$$

ed inoltre $dx_1 dx_2 = r \, dr \, d\theta$, la densità di variabili per (r, θ) è

$$p_{r,\theta}(r, \theta) = \frac{1}{2\pi} r e^{-r^2/2}$$

quindi

$$p_r(r) = r e^{-r^2/2} \ , \ p_\theta(\theta) = \frac{1}{2\pi} \ .$$

Usando il cambio di variabili da θ a $z = tang \, \theta$, si badi in $\theta \in [-\pi/2, \pi/2]$ in modo che la trasformazione sia invertibile, poiché $dz/d\theta = 1 + z^2$, si ha

$$p_z(z) = \frac{1}{\pi(1 + z^2)} \ .$$

2.8. In quanto combinazioni lineari di variabili gaussiane z e q sono ancora gaussiane, è immediato verificare che sono scorrelate, quindi, poiché variabili gaussiane sono anche indipendenti.

2.9. Usare il risultato dell'esercizio 2.7.

2.10. Indichiamo con X ed Y i tempi di arrivo (in minuti), si ha un incontro se $|x - y| < 5$ quindi poiché la probabilità è uniforme

$$P(incontro) = \frac{1}{60^2} \int \int_{|x-y|<5} dx \, dy$$

ove x ed y variano tra 0 e 60 quindi $P(incontro) = 1 - (11/12)^2 = 23/144$.

2.11. Notare che $G(s)$ è la parte reale di una funzione analitica. Ricordarsi del teorema di Abel sulle serie di potenze.

2.12. La variabile $Z = X + Y$ è Poissoniana con parametro $\lambda_z = \lambda_x + \lambda_y$. Poiché Y ed X sono indipendenti $P(X = k, X + Y = n) = P(X = k)P(Y = n - k)$. Ricordando che

$$P(X = k) = e^{-\lambda_x} \frac{\lambda_x^k}{k!} \ , \ P(Y = k) = e^{-\lambda_y} \frac{\lambda_y^k}{k!} \ , \ P(Z = n) = e^{-\lambda_z} \frac{\lambda_z^n}{n!} \ ,$$

abbiamo

$$P(X = k | X + Y = n) = \frac{P(X = k)P(Y = n - k)}{P(Z = n)} =$$

$$\frac{n!}{(n-k)!k!} \left(\frac{\lambda_x}{\lambda_x + \lambda_y} \right)^k \left(1 - \frac{\lambda_x}{\lambda_x + \lambda_y} \right)^{n-k}$$

cioè la X, condizionata a $X + Y = n$, ha una distribuzione binomiale.

2.13. La probabilità di avere 6 in un lancio è $P = 1/6$, la probabilità di avere 6 per la prima volta all'n-mo lancio è $P_n = (1-P)^{n-1}P$ ed il numero medio è

$$<n> = \sum_{n=1}^{\infty} n(1-P)^{n-1}P = \frac{1}{P} = 6 \, .$$

2.14. Si consideri il risultato dell'esercizio precedente. Al primo tentativo si ha sicuramente un numero, dopo la probabilità di avere un numero diverso è $4/5$, quindi il numero medio di scatole da comprare è $5/4$, per il terzo numero il numero medio è $5/3$ e così via. Il numero medio di scatole da comprare per avere un omaggio è quindi

$$1 + \frac{5}{4} + \frac{5}{3} + \frac{5}{2} + 5 = 5\left(\frac{1}{5} + \frac{1}{4} + \frac{1}{3} + \frac{1}{2} + 1\right) \, .$$

Nel caso con N bollini si ha

$$N \sum_{k=1}^{N} \frac{1}{k} \, ,$$

nel limite $N \gg 1$ vale l'approssimazione $N(\ln N + \gamma)$ ove $\gamma = 0.57721..$ è la costante di Eulero- Mascheroni.

2.15. Usando le proprietà della delta di Dirac abbiamo:

$$p_Z(z) = \int \int p_X(x) p_Y(y) \delta(z - xy) dy dx = \int \int p_X\left(\frac{z}{y}\right) p_Y(y) \frac{dy}{|y|}$$

$$p_Q(q) = \int \int p_X(x) p_Y(y) \delta\left(q - \frac{x}{y}\right) dy dx = \int \int p_X(qy) p_Y(y) |y| dy \, .$$

2.16. Un calcolo esplicito mostra che $P(X = i) = P(Y = i) = 1/3$ per ogni i ed inoltre

$$\langle XY \rangle = 0 \, , \ \langle X \rangle = 0 \, , \ \langle Y \rangle = 0 \, .$$

Notiamo che

$$P(X = 0, Y = 0) = \frac{1}{3} \neq P(X = 0)P(Y = 0) = \frac{1}{9} \, .$$

Esercizi del Capitolo 3

3.1. Si possono dare due stime utilizzando la diseguaglianza di Chebyshev (DC), oppure il TLC. Sia x_n la variabile aleatoria che vale 1 (quando l'ago interseca una linea) oppure 0 con probabilità rispettivamente p e $1 - p$, naturalmente

$$<x> = p \, , \ \sigma_x^2 = p(1-p)$$

indichiamo con $F_N = x_1 + x_2 + ... + x_N$ il numero di volte che l'ago interseca. Dalla DC si ha

$$P\left(\left|1 - \frac{F_N}{Np}\right| > \varepsilon\right) \le \frac{(1-p)}{\varepsilon^2 Np} \ .$$

Quindi se vogliamo una probabilità minore di δ che l'errore percentuale sia non più di ε, il minimo N si ottiene imponendo

$$\frac{(1-p)}{\varepsilon^2 Np} = \delta$$

quindi

$$N = \frac{(1-p)}{\varepsilon^2 \delta p} \ .$$

Nel nostro caso $N = (1-p)10^9/p$, un numero decisamente grande.

La stima precedente è pessimista, utilizzando il TLC per $N \gg 1$ abbiamo

$$P\left(\left|1 - \frac{F_N}{Np}\right| > \varepsilon\right) = P\left(\left|\frac{F_N - Np}{\sqrt{p(1-p)N}}\right| > \frac{\varepsilon p \sqrt{N}}{\sqrt{p(1-p)}}\right) \simeq 1 - 2\Phi\left(\frac{\varepsilon p \sqrt{N}}{\sqrt{p(1-p)}}\right)$$

ove

$$\Phi(x) = \frac{1}{\sqrt{2\pi}} \int_0^x e^{-z^2/2} dz \ .$$

Il valore cercato è quindi

$$N = \frac{A^2(1-p)}{\varepsilon^2 p}$$

ove A è determinato dall'equazione

$$1 - 2\Phi(A) = \delta$$

nel nostro caso $\Phi(A) = 0.4995$, dalle tavole numeriche si ha $A \simeq 3.3$ quindi

$$N \simeq \frac{(1-p)}{p} 10^7$$

decisamente più piccolo della stima ottenuta con la DC.

Notare che la dipendenza di A (e quindi di N) da δ è molto debole, lo si capisce dal comportamento asintotico per grandi x di $\Phi(x)$:

$$\Phi(x) \simeq \frac{1}{2} - \frac{1}{\sqrt{2\pi}x} e^{-x^2/2}\left(1 - \frac{1}{x^2} + \frac{3}{x^4} + ...\right) \ .$$

Al contrario usando la DC, N è proporzionale a δ^{-1}.

3.2. Usare le formule di convoluzione per la somma di variabili indipendenti.

3.3. Calcoliamo la funzione caratteristica della x_N

$$\phi_{x_N}(t) = \prod_{j=1}^{N} \left[\frac{1 + e^{it2^{-j}}}{2} \right],$$

notando che

$$1 + e^{it2^{-j}} = \frac{1 - \left(e^{it2^{-j}} \right)^2}{1 - e^{it2^{-j}}} = \frac{1 - e^{it2^{-(j-1)}}}{1 - e^{it2^{-j}}},$$

possiamo scrivere

$$\phi_{x_N}(t) = \frac{1}{2^N} \prod_{j=1}^{N} \left[\frac{1 - e^{it2^{-(j-1)}}}{1 - e^{it2^{-j}}} \right] = \frac{1}{2^N} \left[\frac{1 - e^{it}}{1 - e^{it2^{-N}}} \right]$$

nel limite $N \gg 1$

$$\phi_{x_N}(t) \simeq \frac{1 - e^{it}}{-it}$$

che è la funzione caratteristica della densità di probabilità uniforme in $[0, 1]$.

Nel caso generale con un calcolo del tutto analogo si ha:

$$\phi_{x_N}(t) = \frac{1}{M^N} \prod_{j=1}^{N} \left[\sum_{k=0}^{M-1} e^{itkM^{-j}} \right] = \frac{1}{M^N} \prod_{j=1}^{N} \left[\frac{1 - e^{itM^{-(j-1)}}}{1 - e^{itM^{-j}}} \right] = \frac{1}{M^N} \left[\frac{1 - e^{it}}{1 - e^{itM^{-N}}} \right]$$

nel limite $N \gg 1$

$$\phi_{x_N}(t) \simeq \frac{1 - e^{it}}{-it}.$$

3.4. Il calcolo (facile) della funzione caratteristica della variabile gaussiana x_k con m_k e varianza σ_k^2 fornisce

$$\phi_{x_k} = e^{im_k t - \sigma_k^2 t^2 / 2}$$

usando l'indipendenza si ha

$$\phi_y = e^{iM_N t - S_N^2 t^2 / 2}$$

ove

$$M_N = \sum_{k=1}^{N} m_k, \quad S_N = \sum_{k=1}^{N} \sigma_k^2$$

da cui il risultato.

3.5. Effettuare un cambiamento di variabili:

$$x_j = \sum_n C_{jn} z_n$$

in modo tale che le $\{z_n\}$ siano a media nulla ed indipendenti: $<z_n z_j> = \delta_{jn}$. Questo è sempre possibile in quanto la matrice $A_{ij} = <x_i x_j>$ è simmetrica, abbiamo

$$y = \sum_{j,n} C_{jn} z_n$$

e si può utilizzare il risultato dell'esercizio precedente, quindi y è gaussiana con

$$<y> = 0 \quad <y^2> = <(\sum_n x_n)^2> = \sum_n <x_n^2> + 2\sum_{j<k} <x_j x_k>$$

da cui il risultato.

3.6. Il calcolo del volume dello spazio delle fasi con energia minore di E si riduce a quello del volume di una sfera di raggio $\sqrt{2mE}$ in $d = 2N$ dimensioni. Ricordando che il volume di una sfera d- dimensionale di raggio R è $cost. R^d$ (il valore della costante è inessenziale) si ha

$$\Sigma(E) = \int_{H<E} d^{2N}\mathbf{q}\, d^{2N}\mathbf{p} = const.\, L^{2N}(\sqrt{2mE})^{2N} = CE^N$$

il valore di C non è importante:

$$\omega(E) = \frac{\partial \Sigma(E)}{\partial E} = cost.\, E^{N-1} .$$

Poiché

$$p(E) = cost.\, \omega(E) e^{-\beta E}$$

abbiamo

$$p(E) = \frac{E^{N-1} e^{-E/k_B T}}{\int_0^\infty E^{N-1} e^{-E/k_B T} dE} = \frac{E^{N-1} e^{-E/k_B T}}{(k_B T)^N \Gamma(N)} ,$$

che assume il suo valore massimo in $E^* = (N-1)k_B T$.

Il calcolo dei momenti $<E^n>$ è immediato (basta ricordarsi della definizione della funzione gamma di Eulero):

$$<E^n> = \frac{\int_0^\infty E^{N+n-1} e^{-E/k_B T}}{(k_B T)^N \Gamma(N)} = (k_B T)^n \frac{\Gamma(N+n)}{\Gamma(N)} , \quad <E> = Nk_B T ,$$

da cui il risultato.

3.7. Con un opportuno cambiamento di variabile:

$$x_j = \sum_n C_{jn} z_n$$

l'Hamiltoniana viene diagonalizzata, notare che questo è sempre possibile in quanto la matrice A_{ij} è simmetrica, si ha quindi

$$H = \sum_{n=1}^N \left[\frac{p_n^2}{2m} + a_n x_n^2\right]$$

ove $\{a_n\}$ sono gli autovalori positivi della matrice $\{A_{n,j}\}$, a questo punto il problema è del tutto analogo al precedente.

3.8. Poiché il sistema è in equilibrio termico a temperatura T la densità di probabilità congiunta delle posizione delle particelle leggere e di quella pesante è

$$p(x_1,x_2,...,x_N,X) = cost.\, e^{-\beta V(x_1,x_2,...,x_N,X)}$$

ove

$$V(x_1,x_2,...,x_N,X) = \begin{cases} FX & se\ per\ ogni\ n\ x_n \in [0,X] \\ \infty & altrimenti \end{cases}$$

abbiamo quindi

$$p(x_1,x_2,...,x_N,X) = cost. \prod_{n=1}^{N} \theta(X-x_n) e^{-\beta FX}$$

ove $\theta(\ )$ è la funzione gradino. Per ottenere la densità di probabilità (marginale) della X, si deve integrare su $x_1, x_1, ..., x_N$:

$$p(X) = cost.\, X^N e^{-\beta FX} = \frac{(\beta F)^{N+1}}{N!} X^N e^{-\beta FX}\,,$$

ove la costante di normalizzazione è determinata utilizzando le funzioni gamma.

Per il caso b) nel calcolo della nuova densità di probabilità $\tilde{p}(X)$ si deve tenere conto del vincolo che una delle $\{x_n\}$ vale zero quindi

$$\tilde{p}(X) = cost. \int \prod_{n=1}^{N} \theta(X-x_n) \sum_{n=1}^{N} \delta(x_n) e^{-\beta FX} dx_1, dx_2, ...dx_N =$$

$$\frac{(\beta F)^N}{(N-1)!} X^{N-1} e^{-\beta FX}\,.$$

3.9. Un semplice calcolo di analisi complessa mostra che

$$\phi_{x_j}(t) = \int_{-\infty}^{\infty} \frac{e^{itx}}{\pi(1+x^2)} dx = e^{-|t|}\,,$$

poiché

$$\phi_y(t) = \left[\phi_x(t/N)\right]^N = e^{-|t|}\,,$$

abbiamo che la densità di probabilità della variabile Y è

$$p_Y(y) = \frac{1}{\pi(1+y^2)}\,.$$

Poiché la varianza delle $\{x_j\}$ è infinita non si può utilizzare la legge dei grandi numeri.

3.10. Una volta generati due serie di numeri aleatori i.i.d. uniformemente distribuiti in $(0,1)$

$$x_1, x_2, ..., x_N \quad , \quad y_1, y_2, ..., y_N$$

introduciamo le variabili $\{i_n\}$:

$$i_n = \begin{cases} 1 & se \ y_n < f(x_n) \\ 0 & se \ y_n > f(x_n). \end{cases}$$

La quantità

$$I_N = \frac{1}{N} \sum_{n=1}^{N} i_n$$

è la frazione di punti che cadono tra 0 e la curva $f(x)$ e, per la legge dei grandi numeri, nel limite $N \gg 1$ tende a

$$\int_0^1 f(x)dx .$$

Per una stima della convergenza di I_N e dell'errore si procede come nell'esercizio 3.1.

3.11. Consideriamo $n_1, n_2, ..., n_N$ variabili i.i.d. Poissoniane con

$$P(n_j = k) = \frac{\lambda^k}{k!} e^{-\lambda}$$

la variabile $S_N = n_1 + n_2 + ... + n_N$ è ancora Poissoniana con

$$P(S_N = k) = \frac{(\lambda N)^k}{k!} e^{-\lambda N} .$$

Quindi se $\lambda = 1$

$$P(S_N \leq N) = e^{-N} \left(1 + N + \frac{N^2}{2!} + \frac{N^3}{3!} + ... + \frac{N^N}{N!} \right) .$$

Se $N \gg 1$ allora, poiché $< n_j > = \sigma_{n_j} = 1$, per il TLC la probabilità precedente può essere calcolata nel seguente modo

$$\lim_{N \to \infty} P(\frac{S_N - N}{\sqrt{N}} \leq 0) = \frac{1}{\sqrt{2\pi}} \int_{-\infty}^0 e^{-x^2/2} dx = \frac{1}{2} ,$$

da cui il primo risultato.

In modo analogo abbiamo

$$P(x_1 \leq \frac{S_N - N}{\sqrt{N}} \leq x_2) = e^{-N} \sum_{k=[N+x_1\sqrt{N}]}^{[N+x_2\sqrt{N}]} \frac{N^k}{k!} .$$

Nel limite $N \to \infty$ possiamo utilizzare il TLC e quindi

$$\lim_{N \to \infty} e^{-N} \sum_{k=[N+x_1\sqrt{N}]}^{[N+x_2\sqrt{N}]} \frac{N^k}{k!} = \frac{1}{\sqrt{2\pi}} \int_{x_1}^{x_2} e^{-x^2/2} dx \,.$$

Esercizi del Capitolo 4

4.1. Procedendo come nella Sezione 4.4 si ha che

$$<v_n> = <v_0> a^n \,, \quad <v_{n+k}v_n> = <v^2> a^k \,, \quad <v_{n+1}^2> = a^2 <v_n^2> + \sigma_z^2$$

quindi nel limite $n \to \infty$

$$<v> = 0 \,, \quad <v^2> = \frac{\sigma_z^2}{1-a^2} \,.$$

a) Indicando con $p_V(v,n)$ la densità di probabilità di v_n sia ha

$$p_V(v,n+1) = \iint p_V(v',n) p_Z(z) \delta(v-av'-z) dv' dz = \int p_V\left(\frac{v-z}{a},n\right) p_Z(z) \frac{dz}{|a|} \,,$$

assumendo che per $n \to \infty$, $p_V(v,n) \to p_V(v)$ otteniamo

$$p_V(v) = \iint p_V(v') p_Z(z) \delta(v-av'-z) dv' dz = \int p_V\left(\frac{v-z}{a}\right) p_Z(z) \frac{dz}{|a|} \,,$$

che ha soluzione gaussiana solo se $p_Z(z)$ è gaussiana. Questo è evidente se si scrive l'equazione precedente in termini di funzioni caratteristiche:

$$\phi_V(t) = \phi_V(at) \phi_Z(t) \,, \quad \ln \phi_V(t) = \ln \phi_V(at) + \ln \phi_Z(t) \,,$$

se z non è una variabile gaussiana allora $\ln \phi_Z(t) \neq -cost.t^2$, anche $\phi_V(t) \neq -cost.t^2$ e quindi v non è gaussiana.

b) Scriviamo

$$x_n - x_0 = \sum_{j=0}^{n-1} v_j \,,$$

le $\{v_j\}$ sono debolmente correlate quindi vale il TLC, un calcolo del tutto analogo a quello fatto nel Capitolo 4 mostra

$$D = <v^2> \left(\frac{1}{2} + \sum_{j=1}^{\infty} a^j\right) = <v^2> \left(\frac{1}{2} + \frac{a}{1-a}\right) \,.$$

4.2. Poiché $x_{n+1} = ax_n + z_n$ ove x_n e z_n sono indipendenti, indicando rispettivamente con $\phi_n(t)$ e $\phi_z(t)$ le funzioni caratteristiche di x_n e z abbiamo

$$\phi_{n+1}(t) = \phi_n(at)\phi_z(t) \,, \; \ln \phi_{n+1}(t) = \ln \phi_n(at) + \ln \phi_z(t) \,.$$

Indicando con c_k e $C_k^{(n)}$ i cumulanti di ordine k rispettivamente di z e x_n abbiamo:

$$\sum_{k=1} \frac{C_k^{(n+1)}}{k!}(it)^k = \sum_{k=1} \frac{C_k^{(n)}}{k!}(iat)^k + \sum_{k=1} \frac{c_k}{k!}(it)^k \,,$$

da cui la regola di ricorrenza

$$C_k^{(n+1)} = a^k C_k^{(n)} + c_k$$

che si risolve facilmente:

$$C_k^{(n)} = C_k^{(\infty)} + a^{kn}\left(C_k^{(0)} - C_k^{(\infty)}\right) \,, \; C_k^{(\infty)} = \frac{c_k}{1-a^k} \,,$$

abbiamo quindi:

$$\lim_{n\to\infty} \ln \phi_{x_n}(t) = \sum_{k=1} \frac{c_k}{k!}\left[\frac{1}{1-a^k}\right](it)^k \,.$$

Nel caso in cui z è una gaussiana a media nulla si ottiene il risultato visto nella Sezione 4.4 per il modello a tempo discreto di Moto Browniano.

Il tempo di rilassamento del $k-$ mo cumulante è

$$n_k = -\frac{1}{\ln|a^k|} = -\frac{1}{k\ln|a|} \,,$$

il tempo di rilassamento della $p_{x_n}(x)$ è determinato dal tempo più lungo quindi n_1 se $c_1 = <z> \neq 0$ oppure $n_2 = n_1/2$ se $<z> = 0$.

Esercizi del Capitolo 5

5.1. Scriviamo l'equazione per l'evoluzione della probabilità di essere nello stato 1 al tempo $t+1$:

$$P_1(t+1) = P_1(t)P_{1\to 1} + P_2(t)P_{2\to 1} \,.$$

Notando che $P_2(t) = 1 - P_1(t)$ si ha

$$P_1(t+1) = (1 - a - b)P_1(t) + b$$

che si risolve facilmente:

$$P_1(t) = \frac{b}{a+b} + (1-a-b)^t \left[P_1(0) - \frac{b}{a+b} \right]$$

quindi per $t \to \infty$

$$(P_1(t), P_1(t)) \to (\pi_1, \pi_2)$$

ove

$$(\pi_1, \pi_2) = \left[\frac{b}{a+b}, \frac{a}{a+b} \right].$$

Il tempo caratteristico di rilassamente è

$$\tau_c = \frac{-1}{\ln|1-a-b|}$$

che diverge quando $|1-a-b| \to 1$, ad esempio $a \to 0$ e $b \to 0$; oppure $a \to 1$ e $b \to 1$.

Il bilancio dettagliato $\pi_1 P_{1\to 2} = \pi_2 P_{2\to 1}$ vale per ogni a e b tali che $0 < a < 1$, $0 < b < 1$.

5.2. Le equazioni per le probabilità invarianti sono

$$\pi_k = \sum_{j=1}^{N} P_{j\to k} \pi_j ,$$

è immediato verificare che se

$$\sum_{j=1}^{N} P_{j\to k} = 1 \quad per\ ogni\ k$$

una soluzione è $\pi_j = 1/N$, se la catena è ergodica questa è l'unica soluzione.

5.3. Indichiamo con 1 e 2 rispettivamente lo stato tempo bello e tempo brutto, abbiamo $P_{1\to 1} = 2/3$ e $P_{2\to 2} = 3/4$, le probabilità invarianti si trovano dall'esercizio *E5.1* con $a = 1/3$ e $b = 1/4$:

$$\pi_1 = \frac{3}{7} \quad , \quad \pi_2 = \frac{4}{7} ;$$

a) il numero medio di giorni belli in un anno è $365\pi_1 \simeq 156$;
b) per avere 5 giorni belli di seguito dopo un giorno brutto si deve avere una transizione $2 \to 1$ e poi 4 transizioni $1 \to 1$ quindi la probabilità è

$$P_{2\to 1}(P_{1\to 1})^4 = \frac{1}{4}\left(\frac{2}{3}\right)^4 .$$

5.4. Le probabilità di transizione sono:

$$P_{n \to n} = \frac{1}{2} \ , \ P_{n \to k} = \frac{1}{4} \ , \ se \ n \neq k \ .$$

a) $\pi_n = 1/3$, è evidente anche per simmetria;
b) se $y_t = I$ allora $x_t = 1$ e si possono avere, per le variabili originarie, 3 transizioni possibili $x_{t+1} = 1$ con probabilità $1/2$, oppure 2 o 3 ambedue con probabilità $1/4$ abbiamo quindi che, poiché le $\{x_t\}$ sono una catena di Markov le transizioni della variabile $\{y_t\}$ a partire dallo stato I non dipendono dal passato e si ha

$$P_{I \to I} = \frac{1}{2} \ , \ P_{I \to II} = \frac{1}{2} \ .$$

Consideriamo ora il caso $y_t = II$, questo significa che x_t vale 2 oppure 3, partendo da uno di questi due stati c'è una probabilità $1/4$, indipendente dal passato, di transire in $x_{t+1} = 1$ (e quindi in $y_{t+1} = I$), invece con probabilità $3/4$ si rimane in II:

$$P_{II \to I} = \frac{1}{4} \ , \ P_{II \to II} = \frac{3}{4} \ ,$$

quindi $\{y_t\}$ è una catena di Markov.

Le probabilità invarianti sono ($\pi_I = 1/3, \pi_{II} = 2/3$); notare che $\pi_I = \pi_1$ e $\pi_{II} = \pi_2 + \pi_3$.

In generale NON è vero che partendo da una catena di Markov raggruppando degli stati si ha ancora una catena di Markov, vedi il seguente esercizio.

5.5. Consideriamo il caso $y_t = I$, la probabilità di avere $y_{t+1} = I$ oppure $y_{t+1} = II$ dipende da y_{t-1}, infatti se $y_{t-1} = II$ allora si avrà $y_{t+1} = I$ con probabilità 1, al contrario se $y_{t-1} = I$ allora si avrà $y_{t+1} = I$ con probabilità diversa da 1. Quindi il processo stocastico $\{y_t\}$ non è una catena di Markov.

5.6. Le probabilità di transizione sono

$$P_{n \to n} = 0 \ , \ P_{n \to k} = \frac{1}{3} \ , \ se \ n \neq 4 \ e \ k \neq n \ ,$$

$$P_{4 \to 4} = 1 \ , \ P_{4 \to n} = 0 \ se \ n \neq 4 \ .$$

Ad ogni passo se si è in uno stato j diverso da 4 la probabilità di non farsi intrappolare è

$$\sum_{n \neq 4} P_{j \to n} = \frac{2}{3} \ ,$$

quindi la probabilità cercata è $(2/3)^N$.

5.7. Indichiamo con y_{n+1} il risultato ottenuto all'$n+1$- mo lancio, abbiamo

$$x_{n+1} = \max(x_n, y_{n+1}) \ .$$

Se $x_n = 1$ tutte le transizioni sono equiprobabili:

$$P_{1 \to j} = \frac{1}{6} \ \text{per ogni } j \ ,$$

se $x_n = 2$, la transizione verso 1 è impossibile, quella verso 2 avviene se y_{n+1} vale 1 oppure 2, quella verso $j \geq 3$ avviene se $y_{n+1} = j$ quindi

$$P_{2 \to j} = \begin{cases} 0 \ se \ j = 1 \\ 1/3 \ se \ j = 2 \\ 1/6 \ se \ j \geq 3 \ . \end{cases}$$

Si modo analogo

$$P_{3 \to j} = \begin{cases} 0 \ se \ j = 1,2 \\ 1/2 \ se \ j = 3 \\ 1/6 \ se \ j \geq 4 \end{cases}$$

e così via, quindi

$$P_{i \to j} = \begin{cases} 0 \ se \ j < i \\ j/6 \ se \ j = i \\ 1/6 \ se \ j > i \ . \end{cases}$$

Lo stato 6 è assorbente e le probabilità invarianti sono $(0,0,0,0,0,1)$.

5.8. Scriviamo le equazione per le probabilità invarianti:

$$\pi_1 = \frac{1}{2}\pi_2 \ , \ \pi_L = \frac{1}{2}\pi_{L-1} \ , \ \pi_2 = \pi_1 + \frac{1}{2}\pi_3 \ , \ \pi_{L-1} = \pi_L + \frac{1}{2}\pi_{L-2}$$

$$\pi_n = \frac{1}{2}(\pi_{n-1} + \pi_{n+1}) \ , \ n = 3,4,...,L-2 \ .$$

La soluzione è:

$$\pi_1 = \pi_L = \frac{1}{2(L-1)} \ , \ \pi_n = \frac{1}{(L-1)} \ , \ n = 2,3,...,L-1 \ .$$

5.9. Scriviamo le equazione per le probabilità invarianti:

$$\pi_0 = \frac{\pi_1}{1+r} \ , \ \pi_1 = \pi_0 + \frac{\pi_2}{1+r}$$

$$\pi_n = \frac{\pi_{n+1}}{1+r} + \frac{r}{1+r}\pi_{n-1} \ , \ n \geq 2 \ .$$

Per $r < 1$ si ha come soluzione

$$\pi_{n+1} = r\pi_n = r^n \pi_1 \ , \ n > 1$$

imponendo la normalizzazione

$$\sum_{n=0}^{\infty} \pi_n = 1$$

si calcolano π_1 e π_0:

$$\pi_0 = \frac{1-r}{2} \quad , \quad \pi_n = \frac{1-r^2}{2} r^{n-1} \quad , \quad n \geq 1 .$$

5.10. Scriviamo le equazione per le probabilità invarianti:

$$\pi_n = \pi_{n+1} + f_n \pi_0 ,$$

in forma ricorsiva:

$$\pi_{n+1} = \pi_n - f_n \pi_0 .$$

Cercando una soluzione del tipo

$$\pi_n = c_n \pi_0 ,$$

otteniamo

$$c_{n+1} = c_n - f_n \ , \ c_n = 1 - \sum_{k=0}^{n-1} f_k$$

e quindi

$$\pi_n = \left(1 - \sum_{k=0}^{n-1} f_k\right) \pi_0 .$$

La probabilità π_0 è determinata dalla condizione di normalizzazione

$$\pi_0 + \sum_{n=1}^{\infty} \pi_n = 1 \ , \ \pi_0 = \frac{1}{1 + \sum_{n=1}^{\infty} c_n} .$$

Se $f_n \sim n^{-\beta}$ ricordando che

$$\sum_{k=0}^{\infty} f_k = 1$$

abbiamo

$$c_n = 1 - \sum_{k=0}^{n-1} f_k = \sum_{k=n}^{\infty} f_k \sim n^{-(\beta-1)}$$

e quindi, se $\beta > 2$

$$\sum_n c_n$$

è finito, e la normalizzazione è possibile.

Nel caso contrario ($1 < \beta \leq 2$) non si hanno probabilità invarianti: il sistema "scappa all'infinito", vedi l'articolo di Wang citato.

5.11. La probabilità $P_{n \to j}$ è data dal coefficiente della potenza s^j nello sviluppo in serie della funzione generatrice $G_n(s)$ corrispondente al sistema con n individui. Questa funzione non è altro che la potenza $n - ma$ della $G(s)$:

$$G(s) = \sum_{k=0}^{\infty} s^k P_k = \sum_{k=0}^{\infty} \frac{s^k \lambda^k}{k!} e^{-\lambda} = e^{\lambda(s-1)} \, ,$$

quindi

$$G(s)^n = e^{n\lambda(s-1)} = \sum_{k=0}^{\infty} \frac{s^k (n\lambda)^k}{k!} e^{-n\lambda} \, ,$$

da cui

$$P_{n \to j} = \frac{(n\lambda)^j}{j!} e^{-n\lambda} \, .$$

5.12.

a) Calcoliamo le probabilità di transizione a due passi:

$$P^{(2)}_{1 \to 1} = 1 \, , \; P^{(2)}_{2 \to 2} = P^{(2)}_{2 \to 3} = P^{(2)}_{3 \to 2} = P^{(2)}_{3 \to 3} = \frac{1}{2}$$

le altre sono nulle; calcolando quelle a tre passi si trova

$$P^{(3)}_{i \to j} = P_{i \to j} \, ,$$

da cui abbiamo

$$P^{(2n-1)}_{i \to j} = P_{i \to j} \, , \; P^{(2n)}_{i \to j} = P^{(2)}_{i \to j} \, ,$$

quindi la catena è periodica.

b) Notiamo che se al tempo zero il sistema è nello stato 1 non sarà mai in questo stato ai tempi dispari e ci sarà sicuramente ai tempi pari, abbiamo quindi $f_1 = 1/2$, in modo analogo si ottiene $f_2 = f_3 = 1/4$.

Esercizi del Capitolo 6

6.1. Integriamo l'equazione di Langevin a partire da una data $x(0)$:

$$x(t) = x(0)e^{-t/\tau} + c \int_0^t e^{-(t-t')/\tau} \eta(t') dt'$$

quindi

$$< x(t)x(0) > = < x(0)^2 > e^{-t/\tau} + c \int_0^t e^{-(t-t')/\tau} < x(0)\eta(t') > dt'$$

da cui, poiché $< x(0)\eta(t') > = 0$, segue il risultato.

6.2. Mediando la

$$x_{t+1} = ax_t + b \sum_{j=0}^{N-1} 2^{-j} z_{t-j}$$

si ha

$$<x_{t+1}> = a<x_t> \; , \; <x_t> = <x_0> a^t \; .$$

In modo analogo

$$<x_{t+1}^2> = a^2<x_t> + b^2 \sum_{j=0}^{N-1} 4^{-j} = a^2<x_t> + C \; , \; C = 4b^2 \frac{1-4^{-N}}{3} \; .$$

Nel limite $t \to \infty$:

$$<x> = 0 \; , \; <x^2> = \sigma_x^2 = \frac{C}{1-a^2} \; .$$

Introducendo la variabile

$$Q_{t+1} = b \sum_{j=0}^{N-1} 2^{-j} z_{t-j}$$

possiamo scrivere, $x_1 = ax_0 + Q_1,$ $, x_2 = a(ax_0 + Q_1) + Q_2 = a^2 x_0 + aQ_1 + Q_2,$ iterando:

$$x_t = a^t x_0 + a^{t-1} Q_1 + a^{t-2} Q_2 + \dots + aQ_{t-1} + Q_t$$

per grandi t il primo termine è irrilevante, usando il risultato dell'esercizio 3.5 segue il risultato.

Esercizi del Capitolo 7

7.1. Consideriamo una funzione abbastanza regolare

$$A(x) = A_0 + \sum_{n \neq 0}^{\infty} A_n e^{2\pi i n x}$$

ove A_n decade a zero rapidamente per $|n| \to \infty$ (ad esempio $|A_n| < cost.C^{|n|}$ con $C < 1$), ovviamente

$$<A> = A_0 \; .$$

Poiché $x_t = x_0 + \omega t \bmod 1$ possiamo scrivere la media temporale fino al tempo T come

$$\frac{1}{T} \sum_{t=0}^{T-1} A(x_t) = A_0 + \frac{1}{T} \sum_{t=0}^{T-1} \sum_{n \neq 0}^{\infty} A_n e^{2\pi i n(x_0 + \omega t)}$$

utilizzando la formula per la somma di serie geometriche abbiamo

$$\frac{1}{T}\sum_{t=0}^{T-1}A(x_t) = A_0 + \frac{1}{T}\sum_{n\neq 0}A_n e^{2\pi i n x_0}\left[\frac{1-e^{2\pi i n\omega T}}{1-e^{2\pi i n\omega}}\right].$$

Se ω è irrazionale $n\omega$ non può essere intero quindi il termine in parentesi quadra è limitato e nel limite $T \to \infty$ il valore medio temporale tende a $A_0 = <A>$ indipendentemente da x_0.

Se ω è razionale si può scrivere nella forma $\omega = p/q$ ove p e q sono interi, quindi il moto è periodico, infatti $x_{t=q} = x_0 + p \bmod 1 = x_0$, ed il sistema non è non ergodico.

7.2. Si consideri la funzione

$$A(x) = \begin{cases} A_1 & se\ x \in I_1 \\ A_2 & se\ x \in I_2 \end{cases},$$

ove $I_1 = [0, 1/4] \cup [3/4, 1]$ e $I_2 = [1/4, 3/4]$. È facile vedere che I_1 è un intervallo invariante sotto la dinamica, infatti se $x_0 \in I_1$ allora per ogni t si avrà $x_t \in I_1$, quindi la media temporale di $A(x)$ sarà A_1; in modo analogo se $x_0 \in I_2$ si ottiene A_2; mentre la media di $A(x)$ rispetto alla densità di probabilità uniforme è $(A_1 + A_2)/2$, quindi il sistema non è ergodico.

7.3. Scriviamo l'equazione per la densità invariante, Si hanno 2 preimmagini di x: $x^{(1)} = xp$ e $x^{(2)} = 1 - x(1-p)$, poiché $f'(x^{(1)}) = 1/p$ e $f'(x^{(2)}) = 1/(p-1)$, si ha

$$\rho_{inv}(x) = p\rho_{inv}(x^{(1)}) + (1-p)\rho_{inv}(x^{(2)}),$$

che ammette soluzione

$$\rho_{inv}(x) = 1.$$

7.4. Se $x \in (0, 1/2)$ si hanno 2 preimmagini $x^{(1)} = x/2$ e $x^{(2)} = 1/2 + x$, se $x \in (1/2, 1)$ solamente $x^{(1)} = x/2$, $f'(x^{(1)}) = 2$ e $f'(x^{(2)}) = 1$.

Abbiamo quindi

$$\rho_{inv}(x) = \begin{cases} \rho_{inv}(x/2)/2 + \rho_{inv}(1/2+x) & se\ 0 \leq x < 1/2 \\ \rho_{inv}(x/2)/2 & se\ 1/2 \leq x < 1. \end{cases}$$

È immediato vedere che una soluzione è

$$\rho_{inv}(x) = \begin{cases} 4/3 & se\ 0 \leq x_t < 1/2 \\ 2/3 & se\ 1/2 \leq x_t < 1. \end{cases}$$

Se si studia il problema con una catena di Markov a due stati, ove lo stato 1 corrisponde a $x \in [0, 1/2]$ ed il 2 se $x \in (1/2, 1)$, abbiamo

$$P_{1 \to 1} = \frac{1}{2} \ , \ P_{1 \to 2} = \frac{1}{2} \ , \ P_{2 \to 1} = 1 \ , \ P_{2 \to 2} = 0 \ ,$$

da cui

$$\pi_1 = \frac{2}{3} \ , \ \pi_1 = \frac{1}{3} \ ,$$

notare che

$$\pi_1 = \int_0^{1/2} \rho_{inv}(x) dx \ , \ \pi_2 = \int_{1/2}^1 \rho_{inv}(x) dx \ .$$

Esercizi del Capitolo 9

9.1. Per chiarezza usiamo la notazione $p_X(x)$ e $q_X(x)$ per indicare le densità di probabilità, con un cambio di variabili $x \to y = f(x)$ ove la trasformazione è invertibile, si ottiene $p_Y(y)$:

$$p_Y(y) = \frac{p_X(x^*)}{|f'(x^*)|} \ \ ove \ x^* = f^{(-1)}(y)$$

ed analogamente la $q_Y(y)$, notare che

$$\frac{p_X(x)}{q_X(x)} = \frac{p_Y(y)}{q_Y(y)} \ ,$$

ed inoltre

$$\tilde{S}[p|q] = -\int p_X(x) \ln \left[\frac{p_X(x)}{q_X(x)} \right] dx = -E \left(\ln \left[\frac{p_X(x)}{q_X(x)} \right] \right)$$

da cui segue il risultato.

9.2. Una volta sorteggiata una velocità positiva v il tempo di attraversamento da $x = 0$ ad $x = L$ è $\Delta t(v) = L/v$, e questo è anche il tempo di ritorno.

Consideriamo il caso con $v > 0$: in un intervallo di tempo T molto lungo si hanno $N \gg 1$ sorteggi, per la legge dei grandi numeri abbiamo che la frazione di volte in cui $\Delta t \in [\Delta t(v), \Delta t(v - dv)]$ è

$$F(v, dv) = cost. \, g(v) \, dv \ ,$$

per calcolare la frazione di tempo in cui si ha una velocità nell'intervallo $[v - dv, v]$ si deve moltiplicare $F(v, dv)$ per $\Delta t(v) = L/v$, abbiamo quindi

$$p_V(v) = cost. \, \frac{g(v)}{v} \ .$$

Per simmetria si ha lo stesso risultato nel caso $v < 0$, quindi:

$$p_V(v) = \frac{1}{\sqrt{2\pi}} e^{-v^2/2} .$$

Notando che una volta estratta una v il tempo di permanenza in $[x - \Delta x, x]$ è indipendente da x e da v, si ha

$$p_X(x) = \frac{1}{L} .$$

9.3. Dalla formula di Bayes abbiamo

$$P(x_0 = j | x_n = i) = P(x_n = i | x_0 = j) \frac{P(x_0 = j)}{P(x_n = i)} ,$$

usando la notazione

$$P(x_0 = j) = \pi_j , \quad P(x_n = i | x_0 = j) = P^{(n)}_{j \to i} ,$$

otteniamo

$$H(x_0 | x_n) = -\sum_{i,j} P(x_n = i) P(x_0 = j | x_n = i) \ln P(x_0 = j | x_n = i) =$$

$$-\sum_{i,j} \pi_j P^{(n)}_{j \to i} \left(\ln P^{(n)}_{j \to i} + \ln \pi_j - \ln \pi_i \right) .$$

Il primo termine

$$-\sum_{i,j} \pi_j P^{(n)}_{j \to i} \ln P^{(n)}_{j \to i}$$

non è altro che $H(x_n | x_0)$, gli altri due si cancellano a vicenda. Infatti poiché $\sum_i P^{(n)}_{j \to i} = 1$, si ha

$$-\sum_{i,j} \pi_j P^{(n)}_{j \to i} \ln \pi_j = -\sum_j \pi_j \ln \pi_j$$

analogamente notando che $\sum_j \pi_j P^{(n)}_{j \to i} = \pi_i$, abbiamo

$$\sum_{i,j} \pi_j P^{(n)}_{j \to i} \ln \pi_i = \sum_i \pi_i \ln \pi_i ,$$

da cui il risultato. Nel limite $n \gg 1$ si ha $P^{(n)}_{j \to i} \simeq \pi_i$ e quindi $H(x_0 | x_n) = H(x_n | x_0) \simeq -\sum_i \pi_i \ln \pi_i$.

9.4. Usando la notazione dell'esercizio precedente possiamo scrivere $H(x_n | x_0 = i)$ nella forma

$$H(x_n | x_0 = i) = -\sum_j P^{(n)}_{i \to j} \ln P^{(n)}_{i \to j} .$$

Dalla formula di Bayes

$$P(x_0 = j | x_n = i) = P_{j \to i}^{(n)} \frac{\pi_j}{\pi_i} \, ,$$

e dal bilancio dettagliato

$$P_{i \to j}^{(n)} \pi_i = P_{j \to i}^{(n)} \pi_j$$

otteniamo

$$P(x_0 = j | x_n = i) = P_{i \to j}^{(n)} \, .$$

Abbiamo quindi

$$H(x_0 | x_n = i) = -\sum_j P(x_0 = j | x_n = i) \ln P(x_0 = j | x_n = i) =$$

$$-\sum_j P_{i \to j}^{(n)} \ln P_{i \to j}^{(n)} = H(x_n | x_0 = i) \, .$$

9.5. Notare che non si ha mai una transizione $2 \to 2$, quindi le parole di lunghezza N che finiscono con 2 sono necessariamente generate da quelle di lunghezza $N - 1$ che finiscono con 1, al contrario le parole di lunghezza N che finiscono con 1 sono generate sia da quelle di lunghezza $N - 1$ che finiscono con 1, che da quelle che finiscono con 2. Indicando con $\mathcal{N}_1(N)$ e $\mathcal{N}_2(N)$ il numero di parole di lunghezza N che finiscono rispettivamente con 1 e 2 abbiamo

$$\mathcal{N}_1(N) = \mathcal{N}_1(N-1) + \mathcal{N}_2(N-1) \, , \quad \mathcal{N}_2(N) = \mathcal{N}_1(N-1) \, .$$

Il numero totale delle parole lunghe N è $\mathcal{N}(N) = \mathcal{N}_1(N) + \mathcal{N}_2(N)$, dall'equazione precedente abbiamo

$$\mathcal{N}(N) = \mathcal{N}(N-1) + \mathcal{N}(N-2) \, ,$$

che non è altro che la progressione di Fibonacci. Assumendo che $\mathcal{N}(N) \sim G^N$ si ottiene

$$G = 1 + \frac{1}{G}$$

da cui $G = (1 + \sqrt{5})/2$. Confrontiamo il numero delle parole consentite $\sim G^N$ con quello delle parole tipiche (teorema di Shannon-McMillan) $\sim e^{h_S N}$ ove

$$h_S = -\frac{1}{2-p} \Big[p \ln p + (1-p) \ln(1-p) \Big] \le \ln G \, ,$$

l'uguaglianza si ha per $p = G - 1$, quindi (a parte il caso $p = G - 1$) si ha

$$G^N \gg e^{h_S N} \, .$$

Indice analitico

accessibile
  stato, 82
additività numerabile, 10
ago di Buffon, 4
algoritmo di Metropolis, 92
anomala
  diffusione, 165
approssimazione di Stirling, 199
Arrhenius
  formula di, 114
assiomi di Kolmogorov, 7

Bachelier L., 75
barriera assorbente, 108
  matrice di transizione, 80
barriera riflettente, 107
  matrice di transizione, 80
barriere
  equazione di Fokker–Planck, 107
Bayes
  formula di, 18
Bertrand
  paradosso di, 5
bilancio dettagliato, 86
binomiale
  distribuzione, 192
Boltzmann
  teorema H, 90
Boltzmann–Einstein
  principio, 52
Brown R., 63
Browniano
  moto, 63
Buffon
  ago di, 4

cambio di variabili, 27
cammino casuale, 71
Cantoni G., 64
caos deterministico, 129
catena di Markov, 76
  ergodica, 84
  irriducibile, 82
  periodica, 84
  persistente, 82
  reversibile, 86
Chapman-Kolmogorov
  equazione di, 78, 101
Chebyshev
  disuguaglianza di, 37
Chernoff
  disuguaglianza di, 38
coefficiente
  di diffusione, 104
  di drift, 105
convoluzione, 40
correlazione
  funzione di, 45
corrente di probabilità, 107
Cramer
  funzione di, 49
cumulanti, 192

densità di probabilità
  condizionata, 188
  congiunta, 187
  lognormale, 192
  marginale, 29
deviazioni
  grandi, 46, 48
diffusione
  anomala, 165

coefficiente di, 67, 104
distribuzione
    di Pearson, 194
    di Poisson, 193
    funzione di, 8
    infinitamente divisibile, 157
    lognormale, 47, 56
    stabile, 157
    stazionaria, 78
disuguaglianza
    di Chebyshev, 37
    di Chernoff, 38
    di Jensen, 190
    di Markov, 38
drift
    coefficiente di, 105

Ehrenfest
    modello di, 87
Einstein
    moto Browniano, 64
    teoria delle fluttuazioni, 51
entropia
    di Kolmogorov-Sinai, 181
    di Shannon, 178
    principio di massima, 175
equazione
    di Chapman-Kolmogorov, 101
    di Fokker-Planck, 103
    di Perron-Frobenius, 134
equazioni differenziali stocastiche, 114
    e clima, 120
ergodicità, 137
    e meccanica statistica, 144
estinzione
    probabilità di, 26
eventi
    estremi, 200
    indipendenti, 9

Faraday M., 64
fluttuazioni
    in meccanica statistica, 50
    teoria di Einstein, 51
Fokker-Planck
    equazione, 103
formula
    di Arrhenius, 114
    di Kramers, 112
Fourier
    trasformata, 106
FPU, 147

frequenza
    e legge dei grandi numeri, 37
    e probabilità, 2
funzione
    caratteristica, 40
    di correlazione, 45
    gamma di Eulero, 197
    generatrice, 23

generatrice
    funzione, 23
genetica e probabilità, 199
Gouy L.G., 64
grafo
    random walk, 79
grandi deviazioni, 46, 48
grandi numeri, 2
Gumbel
    distribuzione di, 202

indipendenti
    eventi, 9
infinitamente divisibile, 157
    distribuzione, 157
informazione
    ed entropia, 177
    teoria della, 177
irriducibile
    catena di Markov, 82
Ito
    formula, 115

Jensen
    disuguaglianza di, 190

Kac
    lemma, 85
KAM, 149
Khinchin A.Y., 150
Kolmogorov
    assiomi di, 7
Kolmogorov-Sinai
    entropia di, 181
Kramers
    formula di, 112

Lagrangiano
    trasporto, 141
Langevin
    equazione, 114
    modello di, 69
Laplace
    trasformata di, 168
Laplace P.S., 3

lemma di Kac, 85
Levy
    distribuzioni stabili, 159
    walk, 161
limite centrale
    teorema, 40
    variabili indipendenti, 40
lognormale
    distribuzione, 56, 192
Lorenz
    modello di, 130
Lyapunov
    esponente di, 181

Mach E., 65
mappa
    a tenda; 132
    logistica, 136
marginale
    densità di probabilità, 29
Markov
    catena di, 76
    disuguaglianza di, 38
    partizione di, 141
master equation, 94
matrice di transizione, 77
Maxwell, distribuzione, 31
McMillan
    teorema di, 179
media, 190
Metropolis
    algoritmo di, 92
mixing
    sistemi, 139
modello
    di Ehrenfest, 87
    di Lorenz, 130
momenti, 191
Monte Carlo
    metodo, 91
moto browniano geometrico, 119

nascita e morte
    processi di, 95
numeri
    legge dei grandi, 37
numeri primi e probabilità, 203

Ornstein-Uhlenbeck
    equazione differenziale stocastica, 118
    processo, 105
Ostwald W., 65

Pearson
    distribuzione di, 194

periodica
    catena, 84
Perrin J.B., 68
Perron-Frobenius
    equazione di, 134
Pesin
    relazione di, 182
Poisson distribuzione di, 193
principo di Boltzmann–Einstein, 52
probabilità
    condizionata, 17
    di transizione, 100
    e teoria della misura, 7
    geometrica, 3
processo
    di nascita e morte, 95
    di ramificazione, 98
    moltiplicativo, 56
    senza memoria, 100
    stazionario, 77
    stocastico, 75

ramificazione
    processo di, 98
random walk, 71
relazione di Einstein-Smoluchowski, 67
reversibile
    catena di Markov, 86
Richardson,
    dispersione di, 164

Shannon
    entropia di, 178
Shannon-McMillan
    teorema di, 179
Sinai
    entropia di, 181
Smoluchowski M., 65
stabile
    distribuzione, 157
stato
    assorbente, 80
    persistente, 82
stazionaria
    distribuzione, 78
Stirling
    approssimazione di, 198
Sutherland W., 66

tempo di primo ritorno, 84
tempo di uscita, 110
teorema
    del limite centrale, 40
    H, 90

transizione
    probabilità di, 77
trasformata di Fourier, 106
trasporto anomalo, 161
turbolenza
    dispersione, 164
    leggi di scala, 161

uscita
    tempo di, 110

valore medio, 190

Wiener
    processo, 114

UNITEXT – Collana di Fisica e Astronomia

A cura di:

Michele Cini
Stefano Forte
Massimo Inguscio
Guida Montagna
Oreste Nicrosini
Franco Pacini
Luca Peliti
Alberto Rotondi

Editor in Springer:
Marina Forlizzi
marina.forlizzi@springer.com

Atomi, Molecole e Solidi
Esercizi Risolti
Adalberto Balzarotti, Michele Cini, Massimo Fanfoni
2004, VIII, 304 pp, ISBN 978-88-470-0270-8

Elaborazione dei dati sperimentali
Maurizio Dapor, Monica Ropele
2005, X, 170 pp., ISBN 978-88470-0271-5

An Introduction to Relativistic Processes and the Standard Model of Electroweak Interactions
Carlo M. Becchi, Giovanni Ridolfi
2006, VIII, 139 pp., ISBN 978-88-470-0420-7

Elementi di Fisica Teorica
Michele Cini
2005, ristampa corretta 2006, XIV, 260 pp., ISBN 978-88-470-0424-5

Esercizi di Fisica: Meccanica e Termodinamica
Giuseppe Dalba, Paolo Fornasini
2006, ristampa 2011, X, 361 pp., ISBN 978-88-470-0404-7

Structure of Matter
An Introductory Corse with Problems and Solutions
Attilio Rigamonti, Pietro Carretta
2nd ed. 2009, XVII, 490 pp., ISBN 978-88-470-1128-1

Introduction to the Basic Concepts of Modern Physics
Special Relativity, Quantum and Statistical Physics
Carlo M. Becchi, Massimo D'Elia
2007, 2nd ed. 2010, X, 190 pp., ISBN 978-88-470-1615-6

Introduzione alla Teoria della elasticità
Meccanica dei solidi continui in regime lineare elastico
Luciano Colombo, Stefano Giordano
2007, XII, 292 pp., ISBN 978-88-470-0697-3

Fisica Solare
Egidio Landi Degl'Innocenti
2008, X, 294 pp., ISBN 978-88-470-0677-5

Meccanica quantistica: problemi scelti
100 problemi risolti di meccanica quantistica
Leonardo Angelini
2008, X, 134 pp., ISBN 978-88-470-0744-4

Fenomeni radioattivi
Dai nuclei alle stelle
Giorgio Bendiscioli
2008, XVI, 464 pp., ISBN 978-88-470-0803-8

Problemi di Fisica
Michelangelo Fazio
2008, XII, 212 pp., ISBN 978-88-470-0795-6

Metodi matematici della Fisica
Giampaolo Cicogna
2008, ristampa 2009, X, 242 pp., ISBN 978-88-470-0833-5

Spettroscopia atomica e processi radiativi
Egidio Landi Degl'Innocenti
2009, XII, 496 pp., ISBN 978-88-470-1158-8

Particelle e interazioni fondamentali
Il mondo delle particelle
Sylvie Braibant, Giorgio Giacomelli, Maurizio Spurio
2009, ristampa 2010, XIV, 504 pp., ISBN 978-88-470-1160-1

I capricci del caso
Introduzione alla statistica, al calcolo della probabilità e alla teoria degli errori
Roberto Piazza
2009, XII, 254 pp., ISBN 978-88-470-1115-1

Relatività Generale e Teoria della Gravitazione
Maurizio Gasperini
2010, XVIII, 294 pp., ISBN 978-88-470-1420-6

Manuale di Relatività Ristretta
Maurizio Gasperini
2010, XVI, 158 pp., ISBN 978-88-470-1604-0

Metodi matematici per la teoria dell'evoluzione
Armando Bazzani, Marcello Buiatti, Paolo Freguglia
2011, X, 192 pp., ISBN 978-88-470-0857-1

Esercizi di metodi matematici della fisica
Con complementi di teoria
G. G. N. Angilella
2011, XII, 294 pp., ISBN 978-88-470-1952-2

Il rumore elettrico
Dalla fisica alla progettazione
Giovanni Vittorio Pallottino
2011, XII, 148 pp., ISBN 978-88-470-1985-0

Note di fisica statistica
(con qualche accordo)
Roberto Piazza
2011, XII, 306 pp., ISBN 978-88-470-1964-5

Stelle, galassie e universo
Fondamenti di astrofisica
Attilio Ferrari
2011, XVIII, 558 pp., ISBN 978-88-470-1832-7

Introduzione ai frattali in fisica
Sergio Peppino Ratti
2011, XIV, 306 pp., ISBN 978-88-470-1961-4

From Special Relativity to Feynman Diagrams
A Course of Theoretical Particle Physics for Beginners
Riccardo D'Auria, Mario Trigiante
2011, X, 562 pp., ISBN 978-88-470-1503-6

Problems in Quantum Mechanics with solutions
Emilio d'Emilio, Luigi E. Picasso
2011, X, 354 pp., ISBN 978-88-470-2305-5

Fisica del Plasma
Fondamenti e applicazioni astrofisiche
Claudio Chiuderi, Marco Velli
2011, X, 222 pp., ISBN 978-88-470-1847-1

Solved Problems in Quantum and Statistical Mechanics
Michele Cini, Francesco Fucito, Mauro Sbragaglia
2012, VIII, 396 pp., ISBN 978-88-470-2314-7

Lezioni di Cosmologia Teorica
Maurizio Gasperini
2012, XIV, 250 pp., ISBN 978-88-470-2483-0

Probabilità in Fisica
Un introduzione
Guido Boffetta, Angelo Vulpiani
2012, XII, 232 pp., ISBN 978-88-470-2429-8